Yvan Gauthier

# Einspritzdruck bei modernen PKW-Dieselmotoren

VIEWEG+TEUBNER RESEARCH

Yvan Gauthier

# Einspritzdruck bei modernen PKW-Dieselmotoren

Einfluss auf die Rußemission

VIEWEG+TEUBNER RESEARCH

Bibliografische Information der Deutschen Nationalbibliothek
Die Deutsche Nationalbibliothek verzeichnet diese Publikation in der
Deutschen Nationalbibliografie; detaillierte bibliografische Daten sind im Internet über
<http://dnb.d-nb.de> abrufbar.


Dissertation Helmut-Schmidt-Universität/Universität der Bundeswehr Hamburg, 2009


1. Auflage 2009

Alle Rechte vorbehalten
© Vieweg+Teubner | GWV Fachverlage GmbH, Wiesbaden 2009

Lektorat: Dorothee Koch / Britta Göhrisch-Radmacher

Vieweg+Teubner ist Teil der Fachverlagsgruppe Springer Science+Business Media.
www.viewegteubner.de

Das Werk einschließlich aller seiner Teile ist urheberrechtlich geschützt.
Jede Verwertung außerhalb der engen Grenzen des Urheberrechtsgeset-
zes ist ohne Zustimmung des Verlags unzulässig und strafbar. Das gilt
insbesondere für Vervielfältigungen, Übersetzungen, Mikroverfilmungen
und die Einspeicherung und Verarbeitung in elektronischen Systemen.

Die Wiedergabe von Gebrauchsnamen, Handelsnamen, Warenbezeichnungen usw. in diesem Werk berechtigt auch ohne besondere Kennzeichnung nicht zu der Annahme, dass
solche Namen im Sinne der Warenzeichen- und Markenschutz-Gesetzgebung als frei zu betrachten wären und daher von jedermann benutzt werden dürften.

Umschlaggestaltung: KünkelLopka Medienentwicklung, Heidelberg
Gedruckt auf säurefreiem und chlorfrei gebleichtem Papier.
Printed in Germany

ISBN 978-3-8348-0936-0

# Vorwort

"Ich glaube, man müsste – um wirklich vorwärts zu kommen – wieder ein allgemeines, der Natur abgelauschtes Prinzip finden."

*Albert Einstein*
*in einem Brief an Seinem Freund Weyl im Jahr 1922*

Die vorliegende Arbeit entstand im Rahmen meiner Tätigkeit im Motorenprüffeld des Geschäftsbereichs Diesel Systems der Firma Robert Bosch GmbH in Stuttgart-Feuerbach. Betreut wurde sie durch den Fachbereich Maschinenbau der Helmut-Schmidt-Universität / Universität der Bundeswehr Hamburg.

Herrn Prof. Dr.-Ing. W. Thiemann gilt mein besonderer Dank für die Anregung zu dieser Arbeit, für die stetige und wohlwollende Unterstützung, sowie für die Durchsicht der schriftlichen Fassung. Herrn Prof. Dr.-Ing. F. Joos danke ich für die Übernahme des Korreferates und das Interesse an meiner Arbeit.

Mein Dank gilt ferner Herrn Dr.-Ing. F. Wirbeleit, Herrn Dipl. Ing. D. Naber und Herrn Dipl.-Ing. J.-O. Stein, die mich seitens der Robert Bosch GmbH betreut haben und bei der Durchführung dieser Arbeit unterstützten. Der Firma Robert Bosch GmbH danke ich für die Bereitstellung des Versuchsträgers, speziell möchte ich Herrn Dr.-Ing. M. Dürnholz für die Förderung dieser Arbeit danken.

Ganz herzlich danke ich den Herren Dipl.-Ing. (FH) S. Feuerstack, Dipl.-Ing. D. Nolz, Dipl.-Ing. C. Kluck, die durch ihre Diplomarbeiten zum Fortschritt der Untersuchungen beigetragen haben. Den Kollegen der Gruppe DS/EVL2 sowie allen anderen Mitarbeitern der Robert Bosch GmbH, die mir bei der Durchführung der Versuche zur Seite standen, entrichte ich meinen Dank für ihre entgegengebrachte Unterstützung, für ihre Ratschläge, für ihre wertvollen Diskussionsbeiträge zu dieser Arbeit sowie für das stets angenehme Arbeitsklima.

Ganz besonders bedanke ich mich bei meiner Frau für die geleistete Hilfe und die liebevolle Unterstützung.

Yvan Gauthier

# Inhaltsverzeichnis

# Verwendete Abkürzungen und Symbole

## Abkürzungen

| Bezeichnung | Einheit | Bedeutung |
| --- | --- | --- |
| ABHE | °KW | Ansteuerbeginn der Haupteinspritzung |
| ABVE | °KW | Absteuerbeginn der Voreinspritzung |
| ADHE | µs | Ansteuerdauer der Haupteinspritzung |
| ADVE | µs | Ansteuerdauer der Voreinspritzung |
| AMESim | - | Simulationstool für Hydraulikkomponente |
| AVL | - | Firma, die die Prüfstandsmessgeräte herstellt |
| CAD | - | Rechnergestütztes Zeichnungsherstellung |
| CRI3.0 | - | Bosch Common-Rail-Injektor mit max. 1600bar |
| CRS3.3 | - | Bosch Common-Rail-System mit max. 2000bar |
| DI | - | Direkteinspritzung |
| DPF | - | Diesel-Partikelfilter |
| ETH | - | Eidgenossische Technische Hochschule in Zürich |
| EU | - | Europäische Union |
| EURO V | - | Richtlinie der EU-Emissionsgrenzwert ab 2009 |
| FSN | - | Filter Smoke Number |
| GSU | - | Geometrischer Strahlursprung |
| HADI | - | High-pressure Amplified Diesel Injector |
| JANAF | - | Joint Army Navy Air Force |
| MI | - | Main Injection (Haupteinspritzung) |
| MNEFZ | - | Europäischer Fahrzyklus für Abgastest |
| MTS | - | Massenträgheitsschwerpunkt |
| NASA | - | National Aeronautics and Space Administration |
| NKW | - | Nutzlast Kraft Wagen |
| OT | - | Oberer Totpunkt (zOT: OT mit Zündung) |
| PAK | - | Polyzyklischer Aromatischer Kohlenwasserstoffe |
| PI | - | Pilot Injection (Voreinspritzung) |
| PKW | - | Personen Kraft Wagen |
| PM | - | Particulate Matter |
| SMD | - | mittlerer Sauterdurchmesser |
| UT | - | Unterer Totpunkt |
| VdW | - | Van der Waals'scher Ansatz für Realgasgleichung |
| C | - | Kohlenstoff |
| $C_2H_2$ | - | Acethylen |
| CO | - | Kohlenmonoxid |
| $CO_2$ | - | Kohlendioxidmolekül |
| H | - | Wasserstoff |
| HC | - | Kohlenwasserstoff |
| $H_2O$ | - | Wassermolekül |
| $N_2$ | - | Stickstoff |
| NO | - | Stickstoffmonoxid |
| $NO_2$ | - | Stickstoffdioxid |
| $NO_x$ | - | Stickoxide |
| $O_2$ | - | Sauerstoffmolekül |
| OH | - | Hydroxylradikal |

## Formelzeichen

| Bezeichnung | Einheit | Bedeutung |
| --- | --- | --- |
| $a_a$ | kg·m⁵/kmol²/s² | Kohäsionsdruck für Luft als VdW-Realgas |
| $A_a(x)$ | m² | Strahlquerschnittsanteil mit Luft, Abstand x |
| $A_{Bildung}$ | - | Koeffizient für die Rußbildung |
| $A_{Oxidation}$ | - | Koeffizient für die Rußoxidation |
| $a_D$ | kg·m⁵/kmol²/s² | Kohäsionsdruck für n-Tridekan als VdW-Realgas |
| $A_f(0)$ | m² | Strahlquerschnittsanteil mit Kraftstoff, Lochaustritt |
| $A_f(x)$ | m² | Strahlquerschnittsanteil mit Kraftstoff, Abstand x |
| $b_a$ | m³/kg | Kovolumen für Luft als VdW-Realgas |
| $b_D$ | m³/kg | Kovolumen für n-Tridekan als VdW-Realgas |
| $b_i$ | g/kWh | indizierter Kraftstoffverbrauch |
| $c_a$ | m/s | axiale Strömungsgeschwindigkeit, Drallmessung nach Thien |
| $c_m$ | m/s | mittlere Kolbengeschwindigkeit im Zylinder |
| $c_p$ | J/(kg·K) | spezifische Wärmekapazität bei konstantem Druck |
| $c_{SL}$ | - | Flächenkontraktionsbeiwert durch die Spritzlochgeometrie |
| $c_u$ | m/s | Umfangsgeschwindigkeit der Drallströmung nach Thien |
| $c_v$ | - | Geschwindigkeitsbeiwert durch die Spritzlochgeometrie |
| $c_w$ | - | Strömungswiderstandsbeiwert in Newton'scher Gleichung |
| $c_\alpha$ | - | Geometriebeiwert für die Spritzlochgeometrie nach Siebers |
| $dp_{Zylinder}/d\alpha$ | bar/°KW | Gradient des Zylinderdruckes über Grad Kurbelwinkel |
| $d_{SL}$ | µm | geometrischer Spritzlochaustrittsdurchmesser |
| $dt$ | s | infinitesimal kleines Zeitintervall |
| $d_T$ | µm | Tropfendurchmesser |
| $d_{32}$ | µm | Sauterdurchmesser der Tropfen in Gleichung 3.5 |
| $d\alpha$ | Grad | infinitesimal kleines Kurbelwinkelintervall |
| $F_K$ | N | Kohäsionskraft der Flüssigkeitströpfchen |
| $F_W$ | N | aerodynamische Strömungswiderstandskraft |
| $F_W(0\ bis\ x)$ | N | kumulierte Strömungswiderstandskraft zwischen 0 und x |
| $\vec{g}$ | kg/(m²·s) | Vektor der Impulsdichte |
| $h_a$ | J | Enthalpie des im Strahl gesaugten Gases aus der Umgebung |
| $H/C$ | - | molares Verhältnis von Wasser und Kohlenstoff |
| $HFR$ | cm³/30s/100bar | hydraulischer Durchfluss der Einspritzdüse bei Δp= 100 bar |
| $h_K$ | J | Enthalpie des flüssigen Kraftstoffs im Einspritzstrahl |
| $J(\alpha)$ | mm⁵ | Massenträgheitsmoment bei der Kurbelwinkelstellung α |
| $k$ | - | Konstante im Strahlgeschwindigkeitsmodell |
| $ks$ | - | Konizität der Spritzlochgeometrie, strömungsoptimiert |
| $l_{Fl}$ | mm | maximale Eindringtiefe der Flüssigkeit im Einspritzstrahl |
| $L_{st}$ | - | stöchiometrischer Luftbedarf |
| $\dot{m}_a(x)$ | kg/s | Massenstrom an eingesaugten Gas im Einspritzstrahl bei x |
| $\dot{m}_A, \dot{m}_{Abgas}$ | kg/s | Abgasmassenstrom |
| $m_{AGe}$ | mg/AS | extern rückgeführte Abgasmasse pro Arbeitsspiel |
| $m_B$ | mg/AS | eingespritzte Kraftstoffmasse pro Arbeitsspiel |
| $\dot{m}_D$ | kg/s | Massenstrom von Kraftstoffdampf |
| $\dot{m}_{Fl}$ | kg/s | Massenstrom von flüssigem Kraftstoff |
| $m_g$ | mg/AS | gesamte angesaugte Gasmasse im Zylinder pro Arbeitsspiel |
| $\dot{m}_i$ | kg/s | angesaugter Gasmassenstrom, Ventilhubstellung i |
| $\dot{m}_K(x)$ | kg/s | Massenstrom von flüssigem Kraftstoff bei x |
| $m_L, m_{Luft}$ | mg/AS | angesaugte Luftmasse pro Arbeitsspiel |

| Symbol | Einheit | Beschreibung |
|---|---|---|
| $m_{O_2}$ | mg/AS | angesaugte Sauerstoffmasse pro Arbeitspiel |
| $M$ | kg/kmol | Molmasse |
| $n$ | U/min | Motordrehzahl |
| $n_{SL}$ | - | Anzahl Düsenlöcher |
| $n(d_T)$ | - | Anzahl der Tropfen mit dem Durch-    messer $d_T$ |
| $p_a$ | bar | Druck des in den Strahl gesaugten Gases aus der Umgebung |
| $p_D$ | bar | Druck des Kraftstoffdampfes im Strahl |
| $p_{Inj}$ | bar | Einspritzdruck |
| $p_{Kammer}$ | bar | Brennkammerdruck |
| $pme$ | bar | effektiver Mitteldruck |
| $pmi$ | bar | indizierter Mitteldruck |
| $p_{Norm}$ | bar | Druckniveau im Normzustand |
| $p_{Rail}$ | bar | Druck im Common Rail |
| $p_s$ | bar | Sättigungsdruck des Kraftstoffdampfes im Strahl |
| $p_{Sackloch}$ | bar | Druck im Düsensackloch |
| $p_{Strahl}$ | bar | Gesamtdruck im Gasstrahl |
| $p_z$ | bar | Zylinderdruck |
| $Q_{hyd}$ | cm³/30s/100bar | hydraulischer Durchfluss der Düse bei $\Delta p = 100$ bar |
| $r_{Verdampfung}$ | kJ/kg | Verdampfungsenthalpie pro Kilogramm |
| $R_a$ | J/(kg·K) | spezifische Gaskonstante der Luft |
| $R_D$ | J/(kg·K) | spezifische Gaskonstante des dampf-förmigen n-Tridekans |
| $Ruß$ | g Ruß/kg Fuel | emittierte Rußmasse im Abgas pro Kilogramm Kraftstoff |
| $s(\alpha)$ | mm | Kolbenhub an der Kurbelwinkelstellung $\alpha$ |
| $SZ$ | FSN | Schwärzungszahl nach dem Filtermeßprinzip von Bosch |
| $t$ | s | Zeit |
| $T_a$ | K | Temperatur der im Einspritzstrahl eingesaugte Luft |
| $T_{aus}$ | K | Temperatur des Kraftstoffs im Strahl am Spritzlochaustritt |
| $T_D$ | K | Temperatur des Kraftstoffdampfes im Einspritzstrahl |
| $T_{Kammer}$ | K | Temperatur des vom Einspritzstrahl umgebenden Gases |
| $T_{min}$ | K | minimale Bildungstemperatur des Rußes |
| $T_{Norm}$ | K | Temperatur des Gases im Normzustand |
| $T_{Strahl}$ | K | Temperatur im Gasstrahl |
| $T_S$ | K | Sättigungstemperatur des Kraftstoffdampfes im Strahl |
| $T_V$ | K | Verdampfungstemperatur |
| $U_{aus}$ | m/s | Geschwindigkeit des Strahls am Spritzlochaustritt |
| $U(x)$ | m/s | Geschwindigkeit des ausgebildeten Einspritzstrahls bei x |
| $U(x/2)$ | m/s | Geschwindigkeit des ausgebildeten Einspritzstrahls bei x/2 |
| $Umfang(x)$ | m | Umfang des Einspritzstrahls quer zur Mittenachse bei x |
| $U_T$ | m/s | Geschwindigkeit des Tropfens |
| $V_c$ | cm³ | Kompressionsendvolumen |
| $V_{eff}$ | m³ | effektiver Meßvolumen bei dem Filtermeßprinzip von Bosch |
| $V_{Gesamt}(\alpha)$ | cm³ | Volumen des Brennraums bei Kurbelwinkelstellung $\alpha$ |
| $V_h$ | cm³ | Hubraum |
| $\dot{V}$ | m³/s | Volumenstrom des Ansauggases bei Ventilhubstellung i |
| $V_S$ | m³ | angesaugte Gasvolumen des Filtermeßprinzips von Bosch |
| $\vec{v}_{Strahl}$ | m/s | Geschwindigkeit des Einspritzstrahls |
| $V_T$ | m³ | Totvolumen bei dem Filtermeßprinzip von Bosch |
| $We$ | - | Weberzahl |
| $x$ | mm | Position auf der Mittenachse des Einspritzstrahls |

| | | |
|---|---|---|
| $X_{AGe}$ | - | Rate an extern rückgeführtes Abgas im Saugrohr |
| $\alpha$ | °Kurbelwinkel | Position der Kurbelwelle bezogen auf dem oberen Totpunkt |
| $\alpha_K$ | - | Durchflusszahl nach Thien Messverfahren |
| $\Delta p$ | bar | Druckdifferenz Zwischen Düsensacklochraum und Brennraum |
| $\Delta\tau$ | - | Offset zwischen den Mischungsverhältnissen $\tau_{ber}$ und $\tau_{soll}$ |
| $\Delta t$ | s | Zeitintervall |
| $\varepsilon$ | - | Verdichtungsverhältnis des Motors |
| $\eta_a$ | N·s/m² | dynamische Viskosität der Luft |
| $\eta_{Fl}$ | N·s/m² | dynamische Viskosität des flüssigen Kraftstoffs |
| $\kappa$ | - | Isentropenexponent |
| $\lambda$ | - | Luftverhältnis |
| $\lambda a$ | - | Luftaufwand |
| $\lambda_E$ | - | Einlassluftverhältnis |
| $\lambda_G$ | - | Luftverhältnis des Gases aus Luft und rückgeführtem Abgas |
| $\rho_a$ | kg/m³ | Dichte des im Einspritzstrahl eingesaugten Gases |
| $\rho_D$ | kg/m³ | Dichte des Kraftstoffdampfes im Strahl |
| $\rho_{Fl}$ | kg/m³ | Dichte des flüssigen Kraftstoffes im Strahl |
| $\rho_{OT}$ | kg/m³ | Dichte des komprimierten Gases im zOT |
| $\rho_{Strahl}$ | kg/m³ | Dichte des gasförmigen Einspritzstrahls |
| $\sigma_{Fl}$ | N/m | Oberflächenspannung des flüssigen Kraftstoffs |
| $\tau$ | - | Verhältnis von Kraftstoffdampf- und Luftmasse im Strahl |
| $\psi_i$ | % Vol. | Volumenanteil des Gases i |

**tiefgestellt**

| | |
|---|---|
| A | Abgas |
| a | durch Gasentrainment im Strahl angesaugtes Umgebungsgas |
| AGe | extern rückgeführtes Abgas |
| ber | berechnet |
| Dampf | dampfförmig |
| Flüssig | als Flüssigkeit |
| Gasentrainment | Der Einspritzstrahl saugt radial Gas aus der Umgebung an |
| G | Gasgemisch aus Luft und rückgeführtes Abgas |
| Gesamt | gesamte angesaugte Gasmasse |
| L | Luft |
| max | maximaler Wert |
| Messung | gemessener Wert |
| mitAGe | das Gasgemisch enthält extern rückgeführtes Abgas |
| min | minimaler Wert |
| ohneAGe | Das Gasgemisch enthält keine extern rückgeführtes Abgas |
| pInj | Einspritzdruck |
| Rußgrenze | Definierte max. Wert für die Rußkonzentration im Abgas |
| soll | Sollwert |
| Start | Anfangswert |
| st | stöchiometrisch |
| Zyl | Motorzylinder |
| $\rho OT$ | Dichte des von Motorkolben komprimierten Gases im zOT |
| ½ | Erhöhung des Parameters für eine Halbierung der gemessenen Rußkonzentration im Abgas |

# Abbildungsverzeichnis

# 1 Einleitung

Mit der Einführung kleiner aufgeladener direkteinspritzender (DI) Dieselmotoren für Personenkraftwagen zu Beginn der 1990er Jahre hat sich das Bild des Pkw-Dieselmotors gewandelt. Zu seinen Vorzügen gehört es, neben hoher Wirtschaftlichkeit und Drehmomentstärke, dass der Dieselmotor spezifische Leistungswerte erreicht, die den Vergleich mit Ottomotoren nicht zu scheuen brauchen: zum Beispiel bis zu 74 Kilowatt pro Liter Hubraum beim BMW Alpina D3. Auch wenn der Dieselmotor durch seinen günstigen Verbrauch in der Bilanz des Treibhausgases Kohlendioxid ($CO_2$) zurzeit wettbewerbsfähig ist, muss er sich mit seinen Partikel- (PM) und Stickoxidemissionen[1] ($NO_x$) den immer schärfer werdenden Schadstoffemissionsgrenzwerten stellen. Seit der Einführung der Abgasgesetzgebung in der EU sind die Grenzwerte für Diesel-Pkw stets gesunken. Einen Überblick für dieselgetriebene Pkw gibt Abbildung 1.

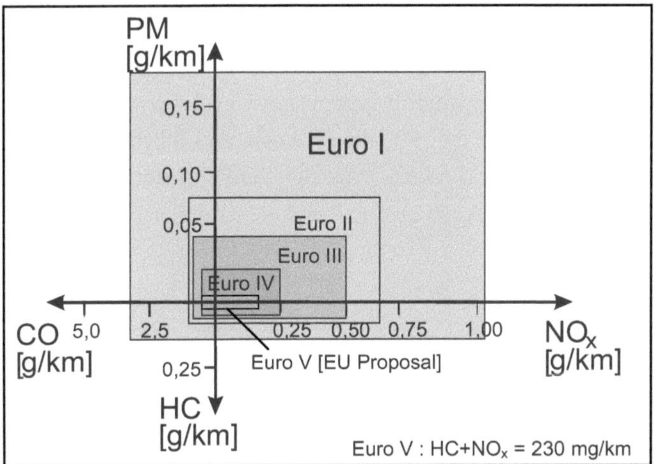


*Abbildung 1:*   Überblick über die Emissionsgrenzwerte für dieselgetriebene Pkw in der EU

---

[1] Stickoxide ($NO_x$) sind Moleküle, die durch Oxidation von Stickstoff ($N_2$) bzw. stickstoffhaltigen Verbindungen entstanden sind, wobei diese in Motorabgasen fast ausschließlich als NO, $NO_2$ und $N_2O$ (Lachgas) vorliegen.

Zur Erfüllung zukünftiger Abgasgrenzwerte in Europa (abgekürzt: EURO V) ist beim Pkw-Dieselmotor neben der bereits realisierten CO- und HC-Konvertierung durch Oxidationskatalysatoren eine deutliche Partikel- und Stickoxidminderung unabdingbar. Zur Reduzierung der ausgestoßenen Stickoxidemissionen sind zwei Wege möglich: Eine innermotorische Vermeidung der Entstehung und eine zusätzliche Abgasnachbehandlung.

Die Katalysatoren zur $NO_x$-Reduktion im Abgas fanden bisher nur in Einzelfällen Einsatz in Serienfahrzeugen: z.B. mit dem Mercedes-Benz-BLUETEC-Konzept in der E-Klasse in Kalifornien (USA) [74], wo die Grenzwerte auf sehr niedrigem Niveau liegen. Dort reichen die innermotorischen Maßnahmen zur Erfüllung der $NO_x$-Grenzwerte nicht mehr aus, so dass die Zusatzkosten für einen $NO_x$-Katalysator in Kauf genommen werden müssen.
Die wirkungsvollste innermotorische Maßnahme zur Minimierung der Stickoxidemissionen stellt die Abgasrückführung dar. Die derzeit am weitesten verbreitete Abgasrückführungsart zur Erfüllung der heute gültigen Norm Euro IV bei Diesel-Pkw ist die externe Abgasrückführung. Dabei wird dem Abgastrakt vor der Turbine des Turboladers über ein Abgasrückführventil eine definierte Menge Abgas entnommen und der Ansaugluft hinter dem Verdichter des Turboladers zugeführt. Die Verminderung von $NO_x$ durch Abgasrückführung bewirkt jedoch eine Erhöhung der Partikelemissionen. Aus der Senkung der Stickoxid-Emissionen und dem gleichzeitigen Anstieg der Partikelemissionen ergibt sich ein $NO_x$-Partikel-Konflikt, Abb. 1.2.

Ansätze zur innermotorischen Verbesserung der Stickoxid- und Partikel-Emissionen zielen vor allem in Richtung einer Verringerung der Partikel; damit wird eine Erhöhung der Abgasrückführrate ermöglicht. Der Partikelanstieg aufgrund hoher Abgasrückführrate findet dadurch bei geringeren $NO_x$-Werten statt.

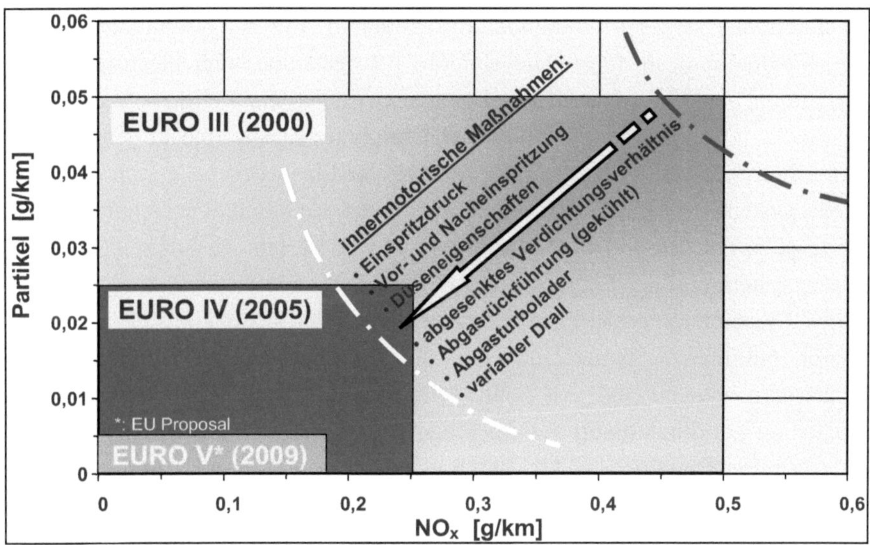


Abbildung 1.2: Innermotorische Maßnahmen zur Senkung der NO$_x$-Emissionen

Die effektivste Möglichkeit zur Einhaltung zukünftiger Grenzwerte für Partikelemissionen ist der Einsatz eines Dieselpartikelfilters (DPF), der sich derzeit im Automobilsektor etabliert. Das Abgas durchströmt den Filter, in dem die Partikel festgehalten werden. Eine technische Herausforderung stellt die Filterregeneration dar. Partikelablagerungen führen zu erhöhtem Abgasgegendruck, wodurch der Kraftstoffverbrauch steigt. Die Regeneration selbst wird während des Fahrens durchgeführt, mittels eines Motorbetriebs, der einen schlechten Wirkungsgrad aufweist (mit einer zusätzlichen späten Nacheinspritzung zur Anhebung der Abgastemperatur). Um diese Nachteile beim Betrieb mit DPF zu reduzieren, ist es notwendig, die erzeugten Partikelemissionen auf niedrigem Niveau einzugrenzen. Da die Abgasrückführrate künftig eher erhöht wird, um die zukünftige NO$_x$-Grenzwerte einzuhalten, muß das Partikelemissionsniveau bei hoher Abgasrückführrate durch innermotorische Maßnahmen weiter reduziert werden.

Eine innermotorische Partikelminderungsmaßnahme mit der bestehenden diffusiven[1] Verbrennung im Pkw - Dieselmotor, bei der keine Verschlechterung der innermotorischen CO- und HC-Emission eintritt, ist die Steigerung des Einspritzdrucks. Die Weiterentwicklung der Dieseleinspritzsysteme in den vergangenen Jahren ging mit einem starken Anstieg der Einspritzdrücke einher, wobei aktuelle Systeme Spitzendrücke von 2000 bar[2] erreichen und eine weitere Steigerung absehbar ist. Besondere Bedeutung kommt in diesem Zusammenhang dem Einspritzsystem und der Frage zu, ob mit konventioneller Verbrennungsführung im Pkw-Dieselmotor wesentliche Fortschritte bei der Absenkung der Partikelemission bei hoher Abgasrückführrate durch Anhebung des Einspritzdrucks überhaupt zu erzielen sind. Als Schlüsselinformation für eine solche Potenzialabschätzung gilt die Antwort auf die Frage: Wie wird die hohe kinetische Energie des Kraftstoffstrahls im Pkw-Brennraum, der einen hohen Anteil an extern rückgeführtem Abgas enthält, in eine Absenkung der Partikelemission umgesetzt?

Durch den hohen Einspritzdruck wird ein hohes Druckgefälle an den Spritzlöchern der Düse erreicht, das für eine hohe Austrittsgeschwindigkeit des Kraftstoffstrahls sorgt. Die direkte Einbringung des Kraftstoffs mit hoher Geschwindigkeit in den Brennraum beeinflusst die Aufbereitung des Kraftstoff-Luft-Gemisches und dadurch den Verbrennungsablauf. Der Brennverlauf beeinflusst den Innenwirkungsgrad und die Schadstoffemissionen. Hierbei sind einzelne Auswirkungen der intensiven Wechselwirkung des Kraftstoffstrahls mit dem Brennraumgas erforscht worden: Die feinere Zerstäubung des Kraftstoffstrahls in kleine Tröpfchen, die Erhöhung der Turbulenz im Brennraum, die durch den Strahl induzierten Gasbewegungen, das Einbringen des Gases in den Strahl (Gasentrainment) oder die intensivere Interaktion mit der Mulde. Jedoch steht eine Gewichtung der einzelnen Prozesse in einem einheitlichen Modell noch aus. Gesucht ist ein Modell, das ein besseres Verständnis des Vorgangs erlaubt, der

---

[1] Als diffusiv wird ein kompletter Verbrennungsvorgang bezeichnet, der zu Beginn eine zeitliche Überlappung der Einspritzung und der Verbrennung im Brennraum aufweist. Eine diffusive Dieselverbrennung fängt aufgrund des vorhandenen Zündverzugs mit einem vorgemischten Verbrennungsanteil an.
[2] Das Einspritzsystem CRS3.3 der Robert Bosch GmbH weist einen maximalen Raildruck von 2000bar auf.

diejenige Aufbereitung des Kraftstoff-Luft-Gemisches ermöglicht, die zu niedrigen Partikelemissionen führt.

Ziel der folgenden Darstellungen ist es zu zeigen, wie die kinetische Energie des Kraftstoffstrahls im mittleren Teillastbetrieb mit diffusiver Verbrennungsführung unter Verwendung von Abgasrückführung umgesetzt werden kann, und zwar so, dass die Partikelemission im Abgas maßgebend reduziert wird. Als Versuchsträger stehen hierfür zwei Einzylinder-Versuchsmotoren zur Verfügung, die im Motorenprüffeld des Geschäftsbereichs Diesel Systems der Robert Bosch GmbH betrieben werden. Die zwei Aggregate verfügen über eine moderne Brennverfahrensauslegung mit einem Verdichtungsverhältnis von 16:1 und sind mit Common Rail Einspritzsystemen[1] ausgerüstet. Beide Aggregate sind repräsentativ für aktuelle Serienmotoren in Pkw-Fahrzeugen mit Dieselkraftstoff. Eine detaillierte Beschreibung der Aggregate ist dem Anhang 1 zu entnehmen.

Untersucht wird an beiden Einzylindermotoren an einem für den europäischen Fahrzyklus relevanten Teillastbetriebspunkt. Abbildung 1.3 veranschaulicht den gewählten Betriebspunkt im Kennfeld eines Vollmotors. Zusätzlich ist das Lastkollektiv eines 1500 kg Mittelklasse-Pkw mit einem 2.0 Liter Hubraum Vierzylinder Dieselmotor im Europäischen Zyklus dargestellt.

Der blau eingezeichnete Betriebspunkt mit einer Drehzahl von $n = 2000$ U/min und einer effektiven Last von $pme = 6{,}5$ bar liegt im oberen Bereich der Lastkollektive. Dieser Betriebspunkt weist passend zu den Anforderungen der Untersuchungen eine diffusive Verbrennung mit einem Anstieg der Partikelemission bei hoher Abgasrückführrate auf. Bei den Motorergebnissen der Einzylinderversuche ist stets die indizierte Motorlast angegeben, da die Reibung des Einzylindermotors nicht der Reibung eines vergleichbaren Vollmotors entspricht und somit effektive Größen des Einzylindermotors von realistischen Vollmotorwerten abweichen.

---

[1] Beim Common Rail System (CRS) ist die Einspritzung von der Druckerzeugung entkoppelt. Der Kraftstoffspeicher (Common Rail) hält dabei den Kraftstoffdruck auch nach der Entnahme von Kraftstoff auf nahezu konstantem Niveau, da aufgrund der Elastizität des Kraftstoffs eine Speicherwirkung entsteht. Eine Beschreibung des Funktionsprinzips kann dem Anhang 3 entnommen werden.

Der Vollmotor weist eine indizierte Last von 8 bar auf, wenn ein effektiver Mitteldruck von 6,5 bar anliegt. Somit werden die Einzylinderuntersuchungen in stationären Betrieb bei $n = 2000$ U/min und $pmi = 8$ bar durchgeführt.

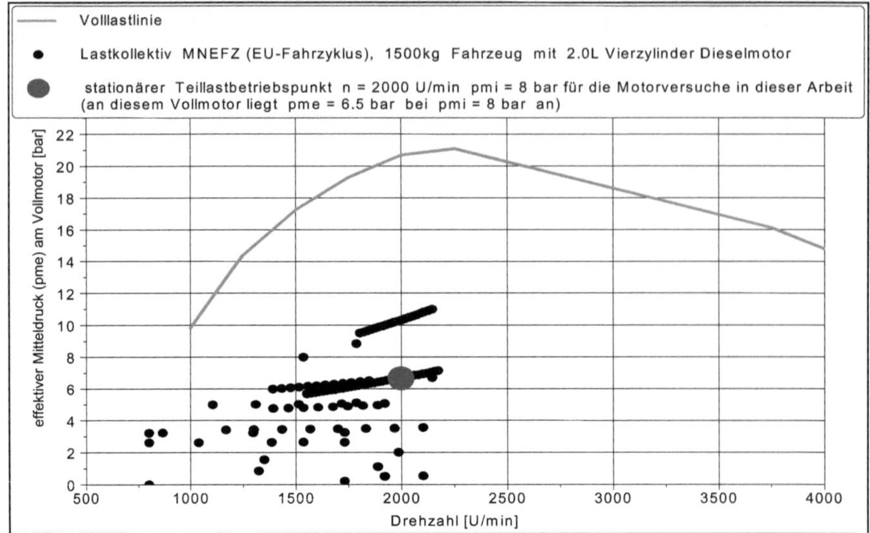


Abbildung 1.3: Lastkollektive MNEFZ, 1500kg Fahrzeug mit 2.0L Vierzylinder Dieselmotor

Im Folgenden wird zunächst der Wissenstand über die Rußemission und die kraftstoffstrahlgeführte Gemischbildung beim Dieselmotor referiert. Darauf aufbauend gilt es, für den gewählten Teillastbetriebspunkt bei konstantem Einspritzdruck den Einfluss der externen Abgasrückführrate auf die Partikelemission zu definieren. Dadurch kann in der anschließenden Untersuchung die Veränderung der Partikelemission durch den Einspritzdruck beschrieben werden. Schließlich wird ein Modell für die Umsetzung der hohen kinetischen Energie der Kraftstoffstrahlen vorgestellt, welche zu einer besseren Gemischbildung führt.

# 2 Rußemission bei der dieselmotorischen Verbrennung

Die Modellierung der Rußbildung sowie der Rußoxidation wird derzeit noch weiterentwickelt, während für die Simulation der Bildung von Stickoxiden bereits etablierte Verfahren existieren. Die genauen Reaktionsschemata sowie die dazugehörigen Konstanten sind Gegenstand intensiver Diskussionen. In diesem Kapitel wird deshalb auf den momentanen Stand der Wissenschaft eingegangen.

## 2.1 Molekulare Rußbildung

Als Partikel werden alle Abgasbestandteile mit Ausnahme von Wasser bezeichnet, die sich bei einer maximalen Temperatur von 51,7 °C aus dem mit Luft verdünnten Abgas auf einem definierten Filter abscheiden [26]. Die Dieselpartikel setzen sich in etwa aus 71 % Ruß, 24 % organischen Verbindungen (Kohlenwasserstoffe), 3 % Sulfaten und zu 2 % aus sonstigen Bestandteilen wie Asche von Öladditiven, Rostpartikeln, Metallspänen, Nitraten, angelagerten Hydraten, usw. zusammen. Der vom Dieselmotor emittierte Ruß besteht zu über 90 % aus Kohlenstoff [20]. Durch den großen Anteil an Kohlenstoff kommt es im Inneren der Partikel zu unregelmäßig verteilten Bereichen mit stark graphitähnlicher Struktur. An diese annähernd kugelförmigen Primärpartikel lagern sich im Brennraum Kohlenwasserstoffe, Sulfate sowie feste Rückstände des Kraftstoffes und Schmieröl an. Diese typische Rußpartikelstruktur wird als Agglomerat bezeichnet. Die Primärpartikel erreichen einen Durchmesser von 10 bis 30nm, während die Agglomerate am Ende einen Durchmesser von bis zu 500nm aufweisen können [20]. Die Rußbildung läuft auf molekularer Ebene etwa nach folgenden Prozessen ab [5]:

1. Bildung erster polyzyklischer aromatischer Kohlenwasserstoffe (PAK)
2. Planares Wachstum der PAK
3. Rußkeimbildung durch Formung von dreidimensionalen Clustern aus PAK

4. Wachstum der Rußkeime zu Rußpartikeln durch Oberflächenwachstum
5. Agglomeration

Durch Oxidationsprozesse sowie Zersetzung chemischer Verbindungen durch sehr hohe Wärmeeinwirkung werden die Brennstoffmoleküle unter Abspaltung von Wasserstoff zu Acetylen (Ethin, $C_2H_2$) abgebaut. Diese Reaktion verläuft endotherm ab und ist stark temperaturabhängig. Ein Ringschluss des Acetylens führt zu den ersten Aromatenringen. Das planare Wachstum ist immer noch Gegenstand der heutigen Forschung. Es wird jedoch allgemein angenommen, dass die PAK durch einen H-Abstraktion/$C_2H_2$ Additionsmechanismus planar zu wachsen beginnen.

Derartige Strukturen dienen in weiterer Folge als die Keime der Rußbildung. Die fortwährende Zusammenballung dieser Acetylenringe führt zu einer Kohlenstoffanreicherung, wodurch sich erste graphitähnliche Rußteilchen bilden, vorhin als Rußkeime bezeichnet. Die Rußkeimbildung stellt die Voraussetzung für das nachfolgende Oberflächenwachstum dar. Über das Oberflächenwachstum wird der größte Anteil, über 90 % der Rußmenge gebildet. Die Stoffe an der Oberfläche der Rußkeime reagieren mit den Stoffen der umgebenden Gasphase. Hierbei kommt es bei gleichbleibender Partikelanzahl zu einem Zerfall der Acetylenstrukturen, wobei das H/C-Verhältnis immer weiter abnimmt, jedoch die Partikelgröße und –masse stark zunehmen. Durch Kollision von einzelnen Teilchen findet zusätzlich eine Koagulation statt, aus der weniger, aber dafür größere zusammenhängende Partikel entstehen. Durch dieses Wachstum hat die Koagulation einen dominierenden Einfluss auf die Größenverteilung der Partikel [21].
Aus dem Oberflächenwachstum und der Koagulation entstehen die quasi-sphärischen Primärpartikel. An diesen Primärpartikeln findet zusätzlich eine Anlagerung von organischen und anorganischen Stoffe, sowie Sulfaten statt. Die entstehenden Agglomerate können sich ebenfalls durch Oberflächenhaftung zu noch größeren Teilchen zusammenschließen. In Abbildung 2.1 sind die einzelnen Bildungsphasen aufgezeigt.

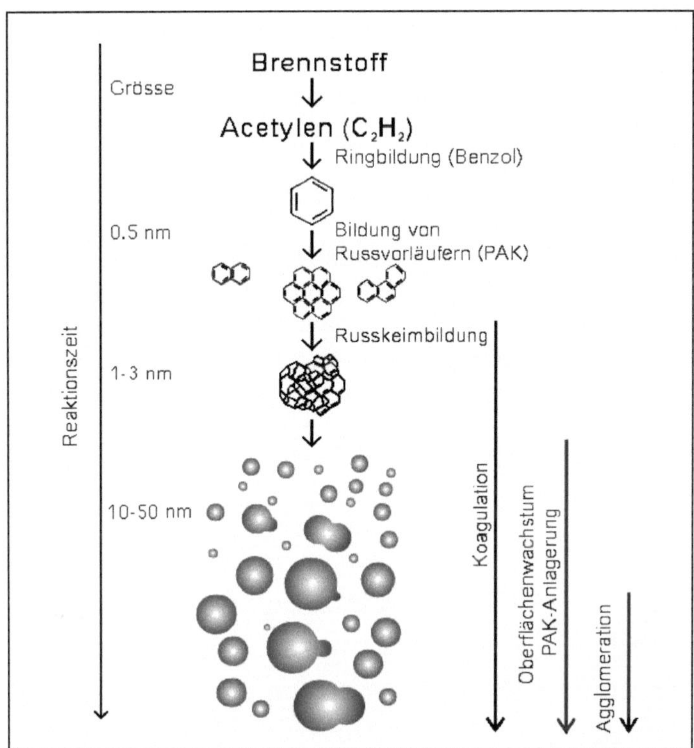


Abbildung 2.1: Rußbildungsphasen nach Bockhorn [5]

## 2.2 Phänomenologische Rußmodelle

Die Entstehung der 10 bis 500 nm großen Rußteilchen während der Dieselverbrennung ist das Ergebnis der zueinander konkurrierend ablaufenden, kom-
plexen physikalischen und chemischen Prozesse der Rußbildung und -oxidation,
die bis heute noch nicht vollständig verstanden werden. Allgemein wird akzep-
tiert, dass die lokale Temperatur, sowie die lokale Kraftstoffdampf- und Sauerstoffkonzentration die bestimmenden Faktoren sind [1]. Aus experimentellen
Untersuchungen an Diffusionsflammen ist bekannt, dass die Rußbildung bei
einem maximalen Luftverhältnis von $\lambda = 0{,}6$ bis $\lambda = 0{,}7$ abläuft und eine Oxidation des gebildeten Rußes bei einem $\lambda > 1$ beginnt [5]. Als weitere wichtige

Einflussgröße neben dem Luft-Kraftstoff-Verhältnis gilt die Temperatur. Die Bildung des Rußes beginnt bei $T_{min}$ = 1500 K und erreicht ein Maximum zwischen 1600 K-1700 K. Die Oxidation kann schon bei Temperaturen 1200 K stattfinden, und bereits bei 1500 K werden in etwa 60 % des Rußes umgesetzt. Der maximale Rußumsatz findet bei ca. 1650 K statt [9].

Bis zu einer Temperatur von 1500 K kommt es zu keinerlei Rußbildung, während bei hohen Temperaturen die Oxidationsrate schneller wächst als die Bildungsrate. Dies führt, unterhalb des kritischen Luftverhältnisses, zu einer typischen Glockenform des Russertrages bei 1600 K-1700 K, wie in Abbildung 2.2 ersichtlich.

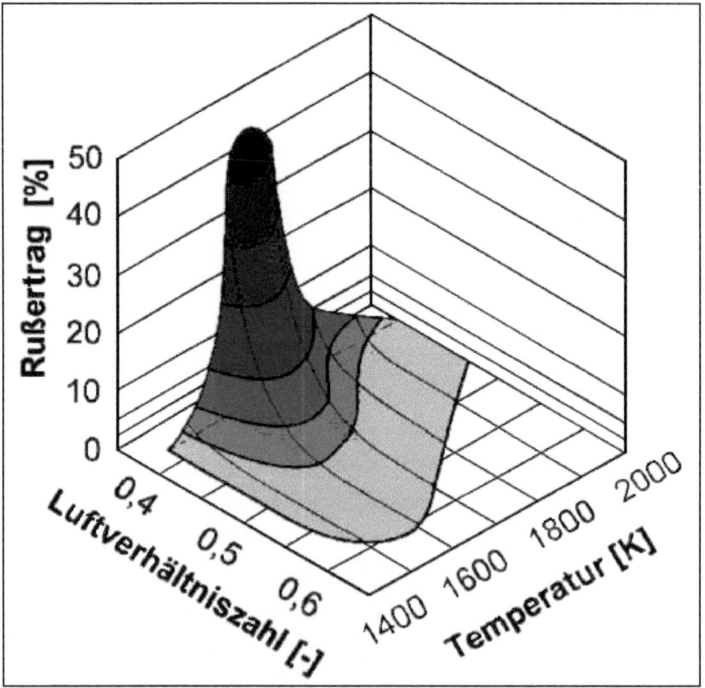


Abbildung 2.2: Rußertrag in Abhängigkeit von $\lambda$ und der Temperatur [9]

Für die Rußbildung in der dieselmotorischen Verbrennung ergeben sich damit drei, teilweise gleichzeitig ablaufende Prozesse:

- In der ersten Phase wird der bereits aufbereitete Kraftstoff in der vorgemischten Verbrennung umgesetzt. Die Verbrennung läuft dabei nahezu stöchiometrisch ab [1]. Aus diesem Grund wird davon ausgegangen, dass während der vorgemischten Verbrennung wenig Ruß entsteht. Jedoch können geringe Mengen von Ruß in sehr brennstoffreichen Zonen der vorgemischten Verbrennung auftreten [25].
- Nach dem Zündverzug setzt die diffusionsgesteuerte Verbrennung ein. Dabei wird der eingespritzte Kraftstoff direkt in der brennenden Flamme umgesetzt. So können im Kernbereich der verdampfenden Einspritzstrahlen sehr fette Zonen von bis zu $\lambda = 0{,}3$ auftreten [25]. Aufgrund dieser stark unterstöchiometrischen Bereiche in den Kernzonen der Flamme verbrennt der Kraftstoff hierbei stark rußend. Der mit Abstand größte Teil der Rußbildung findet in der Diffusionsverbrennung statt. Über die Zündverzugsdauer wird das Verhältnis der vorgemischten zur diffusionsgesteuerten Verbrennung bestimmt. Dieser ist demzufolge ein wesentlicher Einflussfaktor auf die Rußbildung.
- Die dritte Phase läuft weitgehend parallel zu den anderen beiden ab. Hierbei kommt es zu einer Oxidation eines Großteils des zuvor gebildeten Rußes. Durch die stark heterogene Mischung beim Dieselmotor, findet dieser Russabbrand vorwiegend in den mageren bereits verbrannten Zonen oder Randbereichen statt. Durch die Oxidation gelangt nur ein geringer Teil des tatsächlich gebildeten Rußes in das Abgas.

Bei Untersuchungen [6] wurden folgende prinzipiellen Zusammenhänge für die Rußoxidation gefunden. Nicht genügend Sauerstoff begrenzt die Rußoxidation, wobei bei genügend Sauerstoff die Sauerstoffkonzentration keinen Einfluss mehr auf die Intensität der Oxidation hat. Eine höhere Temperatur fördert die Rußoxidation und die untere Temperaturgrenze liegt bei ca. 1200 K. Die Oxidation kann aufgrund ihrer niedrigeren Starttemperatur auch noch nach der Verbrennung in Flammennähe fortlaufen. Neuere Untersuchungen deuten zudem auf die Relevanz von OH-Radikalen wegen ihrer niedrigen Aktivierungsenergie als Promotor der Rußoxidation in fetten Flammenzonen hin [7]. Es wurden Oxidationsraten in fetten Flammen beobachtet, die um mehrere Zehnerpotenzen über den bisher bekannten berechneten Werten liegen [8]. Die Messungen und Modellrechnungen an einer koaxialen, laminaren Acetylen/Luft-Diffusionsflamme haben gezeigt, dass neben der Rußoxidation über OH-Radikale auch die Rußoxidation über atomaren Sauerstoff zu berücksichtigen ist [24].

Da die exakten physikalischen Zusammenhänge, z.B. bei der Rußentstehung, bis heute nicht beschrieben werden können, werden in der Verbrennungssimulation Rußbildung und -oxidation als halbempirische Funktion relevanter Parameter in phänomenologischen Modellen beschrieben. Die meisten phänomenologischen Rußmodelle basieren auf einem Dreigleichungssystem. Eines der ältesten und bekanntesten Modelle dieser Art ist das „spray combustion"-Modell nach Hiroyasu, im Jahr 1983 vorgeschlagen [21]. Es basiert auf einer mehrzonigen Aufteilung des Einspritzstrahls. Es diskretisiert den Kraftstoffstrahl in radialer und in axialer Richtung in mehrere Pakete gleicher Masse, siehe Abbildung 2.3. Die Strahlausbreitung und Verbrennung werden über eine statistisch repräsentative Verteilung von Tropfenpaketen modelliert. Die Tropfen innerhalb eines Tropfenpaketes haben die gleiche Dichte, Temperatur, und Geschwindigkeit sowie das gleiche Volumen und unterliegen den gleichen Umgebungsbedingungen wie z.B. dem lokalen Sauerstoffgehalt.

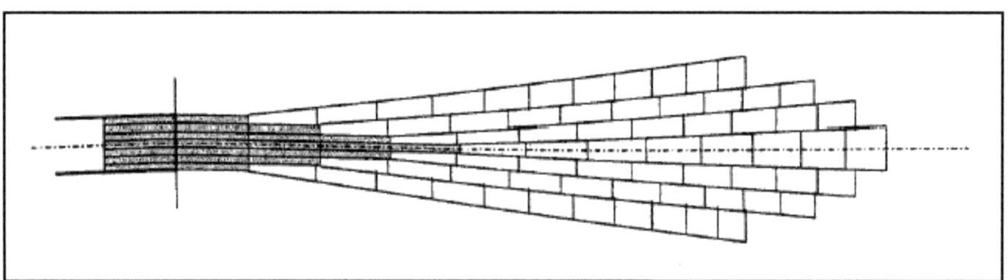

Abbildung 2.3: Diskretisierungsbeispiel eines Einspritzstrahles in Pakete nach Hiroyasu [18]

Die gebildete Rußmasse wird in jedem dieser Tropfenpakete mit folgendem empirischen Gleichungsmodell bestimmt.

$$\frac{dm_{Ruß}}{dt} = \frac{dm_{Ruß,Bildung}}{dt} - \frac{dm_{Ruß,Oxidation}}{dt} \qquad \text{Gl. 2.1}$$

$$\frac{dm_{Ruß,Bildung}}{dt} = A_{Bildung} \cdot \frac{dm_{Brennstoff}}{dt} \cdot p^{1,8} \cdot e^{-\frac{6313\,K}{T}} \qquad \text{Gl. 2.2}$$

$$\frac{dm_{Ruß,Oxidation}}{dt} = A_{Oxidation} \cdot m_{Ruß} \cdot \psi_{O_2} \cdot p^{0,4} \cdot e^{-\frac{4.6\,K}{T}} \qquad \text{Gl. 2.3}$$

In der Rußoxidationsgleichung 2.3 wird die bis zu dem Zeitpunkt t im Brennraum gebildete integrale Rußmasse $m_{Ruß}$ benötigt. Die Rußbildung nach Gleichung 2.2 dagegen ist abhängig von der in einem Zeitintervall $dt$ verbrannten Kraftstoffmasse $dm_B$. Mit diesem einfachen Modell sind qualitative Aussagen, jedoch keine quantitativ zuverlässigen Angaben über die Rußemission möglich [19]. Auf dieses Dreigleichungsmodell von Hiroyasu gründen sich alle anderen bekannten Dreigleichungssysteme wie die von Boulouchos [27], Warth [28], Kozūch [20], usw., die alle auf dem Arrhenius-Ansatz mit der exponentiellen Temperaturabhängigkeit der Reaktionsgeschwindigkeit basieren. Eine Übersicht dieser Modelle kann dem Anhang 4 entnommen werden.

Unterschiedlich ist in diesen Modellen der Einfluss des Drucks auf den Ruß dargestellt. Die Druckabhängigkeit schließen einige Modelle völlig aus, wie z.B. Kozūch [20]. Erweiterungen mit einer Berücksichtigung der Oxidation durch OH-Radikale haben Vanhaelst [23] und die ETH/LAV Zürich [71] jüngst veröffentlicht. Für die Rußbildung bietet Vanhaelst zusätzlich eine Unterscheidung des vorgemischten und des diffusionsgesteuerten Verbrennungsanteils an, um die unterschiedliche intensive Rußbildung dieser Anteile wiederzugeben. In allen diesen Modellen müssen aus Experimenten Modellkonstanten ermittelt werden. Es wird davon ausgegangen, dass ein großer Anteil des Kohlenstoffs aus dem Brennstoff zuerst in Ruß übergeht, der dann im weiteren Verlauf der Verbrennung wieder, bis auf wenige Prozente, oxidiert [29].

## 2.3 Erfassung der Rußemission im Abgas

In der vorliegenden Arbeit wird der Rußgehalt im Abgas mit einem AVL Smokemeter 415S bestimmt. Das Messprinzip besteht darin, dass ein sauberes normgerechtes Filterpapier (597 LA) von einer definierten Abgasmenge durchströmt wird und dabei die im Abgas enthaltenen Rußpartikel im Filter zurückbleiben. Die so verursachte Schwärzung des Filterpapiers wird anschließend automatisch ausgewertet und als Schwärzungszahl $FSN$ (Filter Smoke Number), die ein Maß für die im Abgas enthaltene Partikelmasse darstellt, ausgegeben. In jedem stationär eingestellten Motorbetriebspunkt wird die Schwärzungszahl aus der Mittelung von drei hintereinander folgenden Messungen berechnet. Die Schwärzungszahl erreicht Werte von 0: kein Schwarzrauch, bis 10: extrem viel Schwarzrauch. Bei Nennleistung befinden sich die Werte zwischen 2 und 3 $FSN$. In Abbildung 2.4 ist das Messprinzip skizziert.

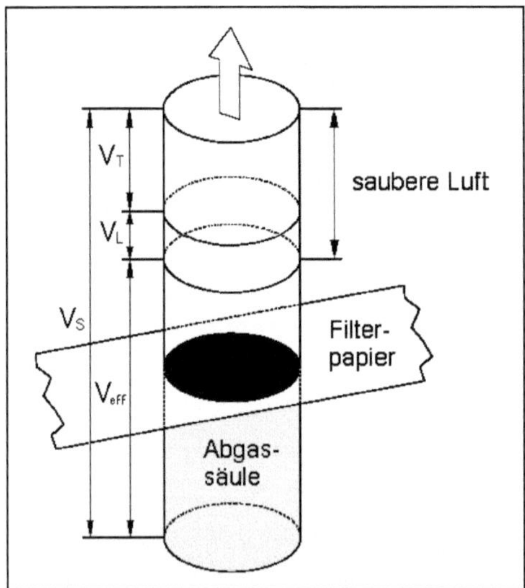


Abbildung 2.4: Filtermessprinzip

Das Saugvolumen $V_S$ ist die gesamte vom Gerät durch die Filterfläche gesaugte Gasmenge. Als Totvolumen $V_T$ bezeichnet man das geometrische Volumen von der Entnahmesonde über den Schlauch bis hin zum Filterpapier. Es wird durch den Spülvorgang vor jeder Messung mit sauberer Luft gefüllt und trägt daher nicht zur Papierschwärzung bei. Das Leckagevolumen $V_L$ bezeichnet jene Menge saubere Luft, die während des Ansaugens durch Undichtheit (z. B. des Klemmstückes, der Verschlauchung) mitangesaugt wird. Das effektive Volumen $V_{eff}$ ist das Abgasvolumen (bezogen auf 1 bar und 25 °C), welches durch das Filterpapier gesaugt wird. Dieses Volumen wird wie folgt errechnet:

$$V_{eff} = V_S - V_T - V_L \qquad \text{Gl. 2.4}$$

Bis zur Ausgabe des Rußgehaltes als *FSN* erfolgen folgende Zwischenschritte:

1. Messung der durch das Filterpapier gesaugten Abgasmenge mit einer Blendenmeßstrecke
2. Berechnung des effektiven Volumens
3. Erfassung der Schwärzung des Filterpapiers durch Ruß (Papierschwärzung) mit einem optischen Meßkopf
4. Ermittlung des Rußgehaltes im Abgas aus Papierschwärzung und effektivem Volumen

Aufgrund der fehlenden gravimetrischen Messung der Partikelmasse im Abgasmassenstrom wird die Rußmasse mit Hilfe einer Näherungsformel aus der Schwärzungszahl berechnet. Die im Motorenfeld der Robert Bosch GmbH, in der Abteilung DS/EVL, eingesetzte Umrechnungsformel (siehe Gleichung 2.5), die in Fachkreisen bekannt ist und verbreitet angewendet wird, liefert bei DI-Dieselmotoren eine gute Übereinstimmung mit der gravimetrisch bestimmten Rußmasse.

$$Ru\beta\left[kg/m^3\right] = \frac{5.32 \cdot FSN \cdot e^{0.31 \cdot FSN}}{0.405} \cdot 10^{-6} \cdot \frac{p_{Norm}}{T_{Norm}} \cdot \frac{T_{Mess}}{p_{Mess}} \qquad \text{Gl. 2.5}$$

Der Normzustand, bei der diese Korrelation gilt, ist $p_{Norm} = 1$ bar, $T_{Norm} = 25$ °C. Für eine firmeninterne Anwendung der Ergebnisse ist eine Umrechnung dieser ermittelten Rußmasse in g Ruß pro kg zugeführter Dieselbrennstoff nach Gleichung 2.6 durchgeführt worden.

$$Ru\beta\left[g\,/\,kg\ \ fuel\right] = 1000 \cdot \frac{Ru\beta[kg\,/\,m^3]\cdot \overset{\circ}{m}\,Abgas[m^3/s]\cdot t[s]}{m_B[kg]} \qquad \text{Gl. 2.6}$$

Die Masse an zugeführtem Kraftstoff $m_B$ während einer definierten Zeit $t$ von 30 s wird mit einer Kraftstoffwaage gravimetrisch bestimmt. Die Darstellung der Rußemission in der Einheit *g/kg fuel* ermöglicht eine vom Verbrauch unabhängige Betrachtung. Somit ist ein Vergleich der Messwerte zwischen Einzylindermotor und Vollmotor durchführbar. Alle nachfolgenden Ergebnisse der Rußemission werden in dieser Einheit dargestellt.

Wie in Gleichung 2.5 ersichtlich, stellt die vorgestellte Formel einen Zusammenhang zwischen den optischen Eigenschaften (Lichtschwächung) des verrußten Filterpapiers und der Masse des Rußes dar. Wegen des fehlenden physikalischen Hintergrunds der Umrechnungsformel können Fehler bei der Umrechnung in Rußmasse auftreten. Zwei möglichen Fehlerquellen sind:

• DI-Dieselmotoren der heutigen Generation emittieren aufgrund hoher Einspritzdrücke sehr kleine Rußpartikel mit einer höheren Anzahl. Die große aktive Oberfläche ermöglicht eine vermehrte Anlagerung langkettiger Kohlenwasserstoffe, was einen Anstieg des flüchtigen Anteiles der Gesamtpartikelemission zur Folge hat und die Umrechnung in Rußmasse beeinträchtigen kann [32].

• Wegen der exponentiellen Abhängigkeit der berechneten Rußmasse von der *FSN* wirken sich zudem Messfehler bei höheren Schwärzungszahlen stärker auf das Ergebnis aus als bei kleineren Werten. Trotz der Mittelung der drei hintereinander folgenden Messungen betragen die Messungenauigkeiten besonders bei hohen Schwärzungszahlen (> 6 *FSN*) bis zu 10 %. Die Werte der nachfolgenden Rußemissionsergebnisse liegen unterhalb von 3 *FSN* und sind mit einer Messgenauigkeit von 3 % ermittelt worden.

# 3 Modelle der einspritzstrahlgeführten Gemischbildung

Das motorische Verhalten wird in hohem Maß von den Aufbereitungsmechanismen im Einspritzstrahl und von der begleitenden Interaktion mit der Gasphase beeinflusst [34]. Beim Pkw-Dieselmotor mit Direkteinspritzung steht nur ein sehr begrenzter Zeitraum von wenigen Millisekunden zur Verfügung, in dem aus flüssigem Kraftstoff ein brennbares gasförmiges Luft-Kraftstoff-Gemisch entstehen kann.

Die Kraftstoffaufbereitung beginnt bereits bei Austritt des Strahls aus dem Spritzloch, wo ein Zerfall des flüssigen Kerns in Tropfen erfolgt. Im Anschluss an die Zerstäubung kommt es zur Kraftstoffverdampfung und zu chemischen Prozessen, die zu zündfähigen Gemischen führen. Der Selbstzündungsprozeß startet im Dieselmotor die Verbrennungsphase, während die Dampfphase des Kraftstoffstrahls weiter in den Brennraum eindringt, um zuletzt an der äußeren Muldenwand aufzuplatzen. Durch Reflexion in der Omega-Muldenform wird dabei ein Teil des auf die Muldenwand auftretenden Dampfes wieder in Richtung Brennraummitte bewegt [35] (siehe Abbildung 3.1).

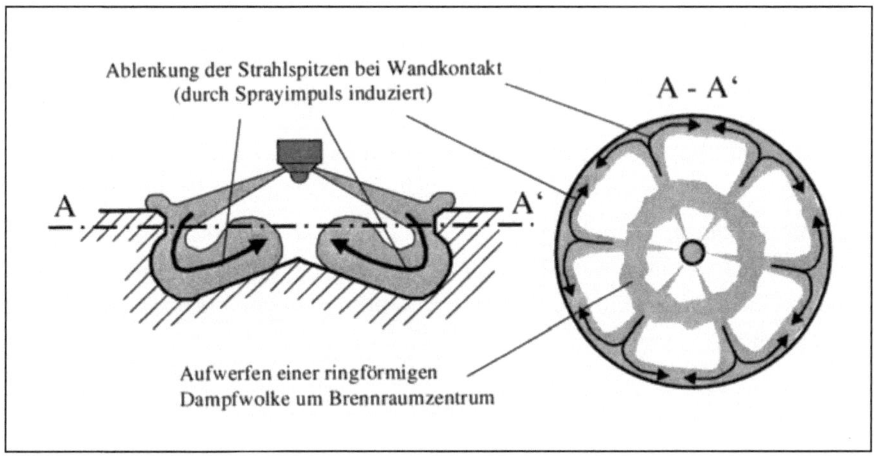


Abbildung 3.1: Ablenkung der Einspritzstrahlen in der Mulde [35]

Zwei Hauptprozesse der Strahlausbreitung im Brennraum, die mit dem Einspritzdruck zusammenhängen, lassen sich aus Beobachtungen am Transparentmotor hervorheben [35]. Zum einen die Freistrahlausbreitung, welche den Strahlabschnitt vom Düsenaustritt bis vor die Muldenwand kennzeichnet. Und zum anderen das Auftreffen des Strahls an der Muldenwand [35,36]. In den folgenden zwei Abschnitten (3.1; 3.2) werden beide Schemata separat diskutiert.

## 3.1  Freistrahlausbreitung

Beim Austritt des Kraftstoffes aus der Spritzlochöffnung ist der Flüssigstrahl konkurrierenden Kräften ausgesetzt. Aerodynamische Effekte (Wechselwirkung mit der umgebende Luft) sowie zerreißende Kräfte (Wechselwirkung innerhalb der Flüssigphase), die durch Turbulenz und Kavitation in der Düseninnenströmung verursacht werden [38], stehen den kohäsiven Kräften der Flüssigkeit gegenüber, die eine stoffspezifische Eigenschaft sind. Es bilden sich Störungen auf der Strahloberfläche, die in ihrer Amplitude anwachsen und schließlich zum Ablösen von einzelnen Tropfen und Ligamenten[1] führen. Dieser Mechanismus wird als Primärzerfall bezeichnet. Die Austrittsgeschwindigkeit des Flüssigstrahls beeinflusst den Zerfallsprozeß maßgeblich. Diese Größe wird in den meisten empirischen Zerfallsmodellen nach der Gleichung von Bernoulli ermittelt [40]:

$$U_{aus} = C_v \cdot \sqrt{\frac{2 \cdot \Delta p}{\rho_{Fl}}} \qquad\qquad \text{Gl. 3.1}$$

Das Glied unter der Wurzel stellt die nach Bernoulli maximale potenzielle Geschwindigkeit der Flüssigkeit dar. Dabei stellt $\rho_{Fl}$ die Dichte des flüssigen Dieselkraftstoffes am Spritzlochaustritt dar und $\Delta p$ den Druckunterschied zwischen dem Druck des Kraftstoffes und der Druck des düsenumgebenden Gases dar. $C_V$ stellt den Geschwindigkeitskoeffizienten dar und nimmt nach Merker [48] Werte von etwa 0,9 an.

---

[1] Ligamente im flüssigen Kraftstoffstrahl sind längliche Flüssigkeitsäule, die als Vorstufe zu den Tropfen am Strahlrand beobachtet werden.

Der primäre Strahlzerfall lässt sich nach Reitz [39] in vier Bereiche klassifizieren, die mit der Strömungsgeschwindigkeit abgetrennt werden. Bei geringer Strömungsgeschwindigkeit und damit niedrigen Reynoldszahlen strömt die Flüssigkeitssäule weit aus dem Spritzloch aus und zertropft im Anschluss in Tropfen, die größer sind als der Austrittsdurchmesser. Dies wurde schon 1878 von Lord Rayleigh beschrieben und wurde demnach als „Rayleigh Regime" bezeichnet. Bei steigender Austrittsgeschwindigkeit verstärkt sich die Wechselwirkung mit der umgebenden Gasphase. Im „First Wind Induced Regime" reduziert sich die Strahlkernlänge, und es kommt zur Ablösung von Tropfen in der Größe des Strahldurchmessers. Im „Second Wind Induced Regime" findet das Abspalten der Tropfen bereits am Strahlrand statt, und diese sind kleiner als der Strahldurchmesser. Durch eine weitere Steigerung der Strömungsgeschwindigkeit findet der Zerfallsprozess auf dem Strahlrand immer näher am Düsenaustritt statt. In diesem Bereich, als „Atomization Regime" bezeichnet, nimmt die Länge des intakten Strahlkerns ab. Der „Atomization Regime" gilt als der für die Dieseleinspritzung bedeutendste Zerfallsbereich. In Abbildung 3.2 sind die vier Zerfallsbereiche gezeigt.

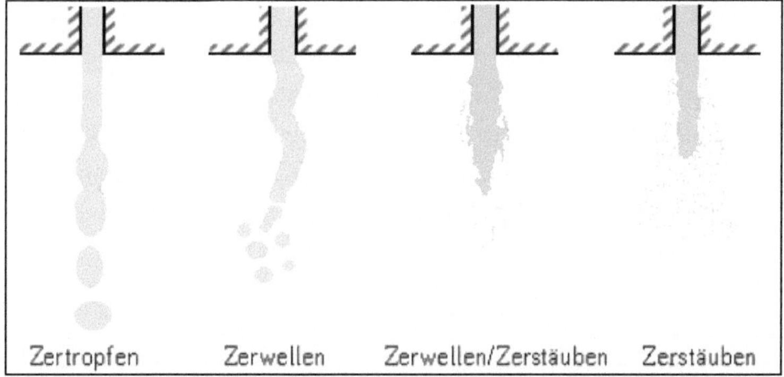


Abbildung 3.2: Vier Zerfallsbereiche von Flüssigkeitsstrahlen [38]

Der weitere Zerfall der abgelösten Tröpfchen bzw. Flüssigkeitsbereiche in noch feinere Tröpfchen wird als Sekundärzerfall bezeichnet. Mit steigendem Abstand vom Spritzlochaustritt gewinnen die aerodynamischen Effekte bei der Strahlausbreitung immer mehr an Bedeutung. Die Einzeltropfen erfahren die aerodynamische Widerstandskraft $F_W$, in Gleichung 3.2 beschrieben, die zum Zerfall der Einzeltröpfchen in feinere Tröpfchen führt.

$$F_W = \frac{1}{2} \cdot C_W \cdot \frac{\pi}{4} \cdot d_T^{\,2} \cdot \rho_a \cdot U_T^{\,2} \qquad\qquad \text{Gl. 3.2}$$

Die aerodynamische Widerstandskraft steht der Kohäsionskraft $F_K$ der Flüssigkeitströpfchen entgegen, wie in Gleichung 3.3 ersichtlich.

$$F_K = \pi \cdot d_T \cdot \sigma_{Fl} \qquad\qquad \text{Gl. 3.3}$$

Das Verhältnis aus diesen beiden Kräften wird als Weberzahl bezeichnet.

$$We = \frac{\rho_a \cdot d_T \cdot U_T^{\,2}}{\sigma_{Fl}} \qquad\qquad \text{Gl. 3.4}$$

Diese Zahl wird entscheidend von der Tröpfchengröße $d_T$ im Einspritzstrahl und der Tröpfchengeschwindigkeit $U_T$ beeinflusst. Abhängig von der Weberzahl werden unterschiedliche Tropfenzerfallmechanismen zitiert. Eine Übersicht kann bei Pilch und Erdmann [40] gefunden werden. Bei der Betrachtung eines Dieselsprays im Motor sind noch weitere Effekte für den Strahlzerfall zu beachten. Zunächst muss von einer sehr hohen Tropfendichte in Düsennähe ausgegangen werden, so dass Tropfenkollisionen sowie Koagulation berücksichtigt werden müssen. Ferner findet die Bewegung der Tröpfchen in einer turbulenten Gasphase statt, die aufgrund der hohen Temperaturen die Tropfen verdampfen lässt. Hohmann hat gezeigt, dass auch der Wärme- und Stofftransport innerhalb des Tropfens für den Zerfall nicht vernachlässigt werden dürfen [42].

Bei kleineren Dieselmotoren kann es zu einem weiteren Zerfallsmechanismus kommen. Ist der Abstand zur Brennraummuldenwand mit etwa 18 bis 25 mm kleiner als die Eindringtiefe der Flüssigphase des Einspritzstrahls, so werden die Tröpfchen auf diese treffen und aufgrund Impulswechselwirkung an der Wand weiter zerstäubt [41]. Diese sogenannte sekundäre Zerstäubung wird in Abschnitt 3.2 diskutiert.

Obwohl seit über 50 Jahren die Atomisierung von Flüssigkeitsstrahlen untersucht wird, beruhen die bestehenden Modelle für die Berechnung der Tropfendurchmesser fast ausschließlich auf experimentellen Beobachtungen und liefern keine Voraussagen mit befriedigender Qualität. Da der Strahlkern zu dicht ist für eine optische Erfassung, wird nur in Strahlrandzonen und weit von der Düse entfernt gemessen, also in einem für dieselmotorische Anwendung nicht maßgebenden Bereich.

Die Charakterisierung der Tropfengrößenverteilung im Strahl erfolgt in der Regel über den mittleren Sauterdurchmesser. Ein Tropfen dieser Größe hat das gleiche Oberflächen/Volumenverhältnis wie die gesamte Tropfenmenge im Einspritzstrahl, siehe Gleichung 3.5. Zur anschließenden Berechnung der Tropfenhäufigkeit wird auf eine Chi-Quadrat-Verteilung zurückgegriffen, die abhängig vom Sauterdurchmesser $d_{32}$ ist, siehe Gleichung 3.6.

$$d_{32} = SMD = \frac{\int d_T^{\,3} \cdot n(d_T) \cdot dd_T}{\int d_T^{\,2} \cdot n(d_T) \cdot dd_T} \qquad \text{Gl. 3.5}$$

$$n(d_T) = \frac{d_T^{\,3}}{3 \cdot b^4} \cdot e^{-\frac{d_T}{b}} \qquad \text{mit} \qquad b = \frac{1}{3} \cdot d_{32} \qquad \text{Gl. 3.6}$$

Für die Berechnung der Gleichung 3.6 muss eine obere und untere Schranke angegeben werden: $d_{T,min} < d_T < d_{T,max}$. Abbildung 3.3 zeigt den Einfluss des Sauterdurchmessers auf die Häufigkeitsverteilung. Der minimale Tropfendurchmesser beträgt 3 µm, der maximale Tropfendurchmesser beträgt 60 µm. Dieses Intervall stimmt mit den in der Literatur gefundenen Werten überein [54].

Man erkennt, wie das Kurvenmaximum mit kleiner werdenden mittleren Sauterdurchmessern ($SMD$) zu kleineren Durchmessern hin verschoben wird. Die Modelle zur Berechnung der Tropfendurchmesser sind empirisch aus Messungen mit Randbedingungen, die außerhalb des für den Dieselmotor relevanten Bereichs gewonnen wurden. Dennoch gestatten sie eine Abschätzung der Einflüsse der Faktoren wie Gasdichte und Einspritzdruck auf die Tropfengrößenverteilung.

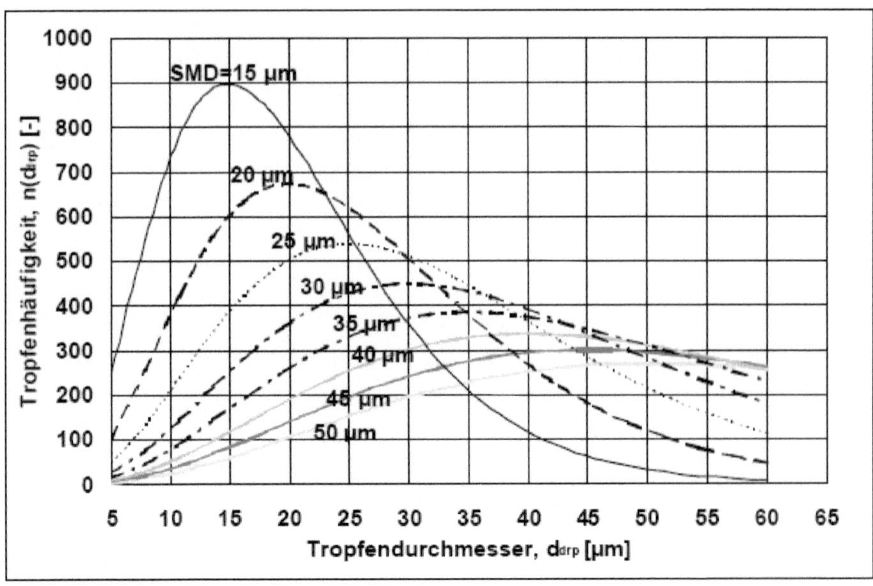


Abbildung 3.3: Verteilung in Abhängigkeit vom mittleren Sauterdurchmesser

Zum Beispiel gibt die von Schmalzing überarbeitete Korrelation von Hiroyasu [55, 56], in Gleichung 3.7 aufgezeigt, für eine Steigerung des Einspritzdrucks den Verlauf der mittleren Sauterdurchmesser vor, siehe Abbildung 3.4.

$$d_{32} = 7 \cdot d_{SL} \cdot \left[ \frac{U_{aus} \cdot d_{SL} \cdot \rho_{Fl}}{\eta_{Fl}} \right]^{-0.25} \cdot \left[ \frac{U_{aus}^{2} \cdot d_{SL} \cdot \rho_{Fl}}{\sigma_{Fl}} \right]^{-0.32} \cdot \left[ \frac{\eta_{Fl}}{\eta_{a}} \right]^{0.37} \cdot \left[ \frac{\rho_{Fl}}{\rho_{a}} \right]^{0.11} \qquad \text{Gl. 3.7}$$

Es ist erkennbar, dass der mittlere Sauterdurchmesser nach Hiroyasu bei zunehmendem Einspritzdruck abnimmt. Dies bedeutet eine Zunahme der gesamten Oberfläche der Tropfen im Einspritzstrahl, die bei Kontakt mit dem heißen Umgebungsgas im Brennraum zu einer schnelleren Verdampfung führt.

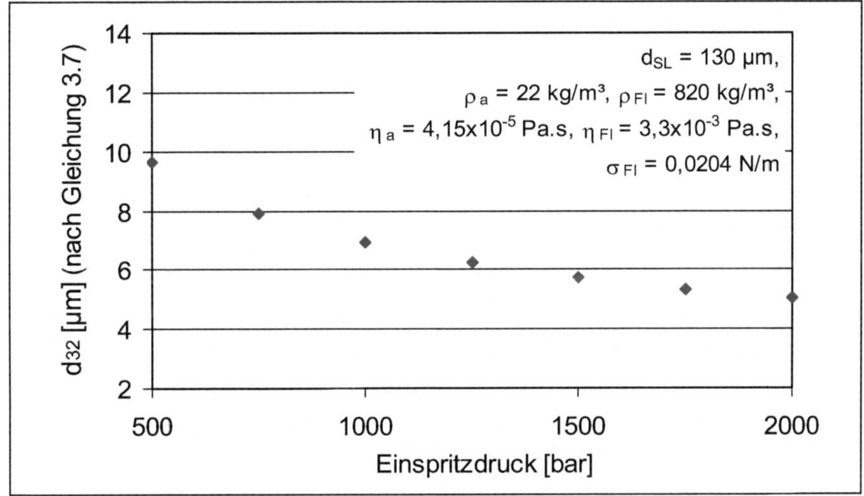


Abbildung 3.4: Sauterdurchmesser in Abhängigkeit vom Einspritzdruck [56]

Wie die Weberzahl in Gleichung 3.4 aufzeigt, hängt der Zerfall in hohem Maß von der Ausbreitungsgeschwindigkeit des Strahls ab. Die Messung der Ausbreitungsgeschwindigkeit am Strahlrand im verdampfenden Spray gestaltet sich jedoch als schwierig, weshalb in der Praxis das Eindringen der Strahlspitze gemessen wird. Die Ausbreitung von Dieseleinspritzstrahlen wird in der Literatur durch charakteristische Parameter beschrieben. Im Allgemeinen werden hierzu die Strahleindringtiefe, die Aufbruchlänge und der Spraykegelwinkel herangezogen. Differenziert man die Eindringtiefe der Strahlspitze nach der Zeit, so lässt sich daraus die Geschwindigkeit der Strahlspitze ermitteln. In der Literatur liegen viele empirische Beziehungen über die Ausbreitung der Strahlspitze vor, diese wurden allerdings in kalter Atmosphäre gemessen, wie z.B. die oft zitierte Korrelation von Hiroyasu und Arai [43]. Unter diesen Randbedingungen verdampft der Strahl nicht, und das ermittelte Verhalten ist demnach nur bedingt mit dem Geschehen im heißen Brennraum eines Motors ($T \approx$ 900 K bis 1000 K im oberen Totpunkt) vergleichbar. Eine Korrelation aus Messungen an verdampfenden Sprays geben Naber und Siebers [44]. In dieser Korrelation werden zwischen zwei aufeinanderfolgenden Eindringverhalten unterschieden. Die Trennung der beiden Abschnitte findet beim Erreichen der Strahlspitze an der sogenannten Aufbruchlänge statt. In den folgenden zwei Gleichungen ist die Korrelation nach [44] gezeigt.

$$S_{Spitze} = C_v \cdot \sqrt{\frac{2 \cdot \Delta p}{\rho_{Fl}}} \cdot t \qquad \text{für} \quad 0 < t < t_{breakup} \qquad \text{Gl. 3.8}$$

$$S_{Spitze} = \sqrt{\frac{C_v \cdot \sqrt{2 \cdot C_{SL}}}{\tan(\alpha/2)}} \cdot \left(\frac{\Delta p}{\rho_a}\right)^{0.25} \cdot \sqrt{d_{SL} \cdot t} \qquad \text{für} \quad t \geq t_{breakup} \qquad \text{Gl. 3.9}$$

Nach dieser Korrelation dringt in der ersten Phase die Strahlspitze im linearen Zusammenhang mit der Zeit ein. Nach dem Erreichen der Aufbruchlänge dringt dann die Strahlspitze langsamer ein im Wurzelabhängigkeit mit der Zeit. Naber und Siebers beschreiben die Aufbruchszeit als Übergangszeitpunkt zwischen dem Eindringen der Strahlspitze dominiert durch die Flüssigphase und dem Eindringen der Strahlspitze dominiert durch die Dampfphase des Strahls. Dieser Zeitpunkt wird wie folgt berechnet.

$$t_{breakup} = \frac{\sqrt{\dfrac{C_{SL}}{2}}}{C_v \cdot \tan \alpha} \cdot \frac{d_{SL} \cdot \sqrt{\dfrac{\rho_{Fl}}{\rho_a}}}{\sqrt{\dfrac{\Delta p}{\rho_{Fl}}}} \qquad \text{Gl. 3.10}$$

$C_{SL}$ stellt der Flächenkontraktionsbeiwert und $C_V$ der Geschwindigkeitsbeiwert dar. In Gleichung 3.9 ist lediglich nur der Spritzlochaustrittsdurchmesser als geometrischer Einflussparameter für das Eindringen der Strahlspitze relevant. Zusätzlich haben der Einspritzdruck und die Gasdichte einen geringeren Einfluss als der Spritzlochaustritts-durchmesser, der mit Quadratwurzel in die Beziehung 3.9 eingeht, während der Druck und die Gasdichte in der vierten Wurzel Einfluss nehmen. Beim Eindringen erfährt die Strahlspitze die größte Abbremsung durch das umgebende Gas, und die Verdrängungswirkung der Strahlspitze verursacht Druckgradienten. Eine Simulation der Gasströmung in direkter Umgebung der Flüssigphase zeigt die Ausbildung einer Sekundärströmung [50], wie in Abbildung 3.5 ersichtlich.

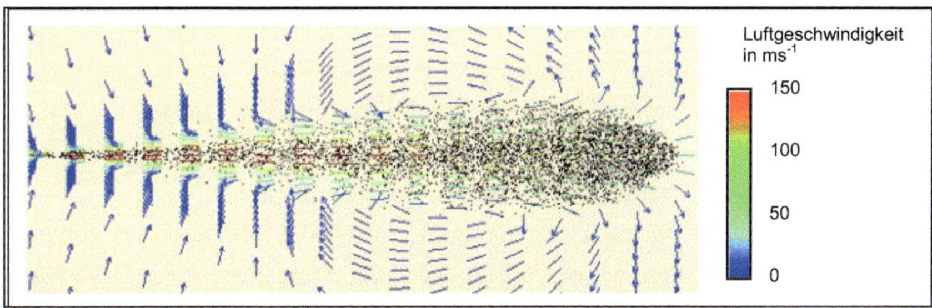


Abbildung 3.5: Die von einem Hochdruckspray induzierte Luftströmung [50]

Sekundärströmungen entstehen durch Wechselwirkung zwischen Grenzschichtströmungen und den aus der Hauptströmung aufgeprägten Druckgradienten. Der Hauptstrahl saugt radial Luft aus der Umgebung an, wodurch die Gasströmung zunächst senkrecht zur Strahlachse gerichtet wird. Dieser Vorgang bildet zusammen mit der Verdrängung der Luft an der Strahlspitze eine geschlossene Rezirkulationszone. Die Ausbildung dieser Frontwirbel ist der indirekte Beweis für die Existenz einer Grenzschichtströmung an dem flüssigen Strahlrand, die aufgrund ihre geringen Dicke und der Lichtstreuung vom Kraftstoffdampf schwer messbar ist. In diese Grenzschicht wird die Luft aus der Umgebung strahlaufwärts beschleunigt. Zwischen der Umgebung und der Grenzschicht entsteht ein Druckunterschied, der eine zum Strahl gerichtete Strömung des umgebenden Gases bewirkt [51]. Dieser Prozess wird auch Gasentrainment genannt.

Unter heißen Bedingungen ($T \approx 1000\,\mathrm{K}$) in Brennkammeruntersuchungen ist festgestellt worden, dass die Flüssigphase des Strahls eine maximale Länge aufweist. Anfänglich dringt die Strahlspitze annähernd linear über der Zeit ein, dann wird die Ausbreitungsgeschwindigkeit der flüssigen Sprayanteile langsamer und stabilisiert sich an einem konstanten Punkt maximaler Eindringtiefe. Nachdem sich die maximale Länge eingestellt hat, dringt nur noch die Gasphase weiter in den Brennraum ein [17]. Ebenfalls unter heißen Bedingungen zeigte Brown [46], dass die Strahlspitze zu Anfang der Einspritzung durch die Spitze der Flüssigphase definiert wird, aber dann stoppt das Eindringen der Flüssigphase und oszilliert mit wenigen Millimetern Amplitude um eine fixe axiale Position. Espey und Dec [45] zeigten in Untersuchungen am Nkw-Transparentmotor, dass die Tem-

peratur und die Gasdichte einen sehr starken Einfluss auf die maximale Eindringtiefe der Flüssigphase in den verdampfenden Spray besitzen. Zusätzlich stellten
sie fest, dass die Energie zum Verdampfen des flüssigen Kraftstoffes nicht pri-
mär aus der Verbrennung stammen kann, da sich eine maximale Länge der Flüssigphase bereits vor der Entzündung einstellte. Nach der Entzündung beobachte-
ten sie eine minimale Verkürzung der maximalen Eindringtiefe der Flüssigphase.
Basierend auf diesen Untersuchungen zeigten Canaan und Dec, dass die maximale Eindringtiefe der Flüssigphase in erster Linie vom Verdampfungsprozess
abhängt. Dabei dringt die flüssige Strahlspitze solange ein, bis die Menge verdampfenden Kraftstoffs der Einspritzrate entspricht.

Zur maximalen Eindringtiefe der Flüssigphase führte Siebers eine umfangreiche
Untersuchung in der heißen Brennkammer durch [47]. Variiert wurden der Einspritzdruck, der Düsenlochaustrittsdurchmesser, das Längen/Durchmesser-
Verhältnis des Spritzloches, die Gasdichte, die Gastemperatur, die Kraftstofftemperatur und das Siedeverhalten des Kraftstoffes. Anhand einer Variation des
Spritzlochdurchmessers von 100 μm bis 500 μm wird die Existenz eines linearen
Zusammenhangs zwischen der maximalen Eindringtiefe der Flüssigphase und
der Düsenlochaustrittsdurchmesser gezeigt. Für eine Temperatur von 1000 K
und eine Gasdichte von 30 kg/m³ wurden bei $d_{SL}$ = 246 μm maximalen Eindring-
tiefen von 7 mm bis 35 mm gemessen (siehe Abbildung 3.6).

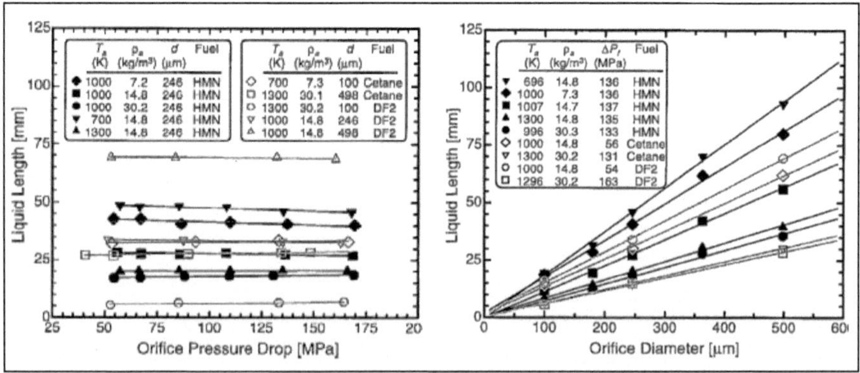

Abbildung 3.6: Maximale Eindringtiefe der Flüssigphase bei Variation des Einspritzdrucks und des Lochdurchmessers für verschiedene Ersatzkraftstoffe [47]

Die Theorie der Tropfenverdampfung liefert jedoch andere Resultate als den von Siebers experimentell ermittelten linearen Zusammenhang. In Messungen der Tröpfchendurchmesser zeigten Arai und Hiroyasu [43], dass sich mit einer fünffachen Vergrößerung des Düsenlochdurchmessers eine Verdoppelung der mittleren Tropfendurchmesser ergibt. Bei gleichem Einspritzdruck und somit gleicher Austrittsgeschwindigkeit bedeutet dies nach der Tropfenverdampfungsthoerie von Lefebvre [49] eine Verdoppelung der Lebensdauer der Tropfen. Dadurch würde sich eine Verdoppelung der Eindringtiefe der Flüssigphase des Strahls ergeben, die aber in der Messung von Siebers sich in etwa verfünffacht hat (siehe Abbildung 3.6). Diese Diskrepanz um mehrere Größenordnungen zeigt, dass die maximale Eindringtiefe der Flüssigphase durch einen zusätzlichen Prozess begrenzt wird.

Naber und Siebers [44] machten bei einer Variation des Einspritzdrucks eine weitere Beobachtung zur Eindringtiefe der Flüssigphase, die zu einem neuen Erklärungsansatz führte. Die Ergebnisse im linken Diagramm aus Abbildung 3.6 zeigen, dass der Druckunterschied am Spritzloch einen minimalen Einfluss auf die Eindringtiefe der Flüssigphase besitzt. Da bei konstant bleibendem Geschwindigkeitsbeiwert $C_V$ sowie einem konstanten Flächenkontraktionsbeiwert $C_{SL}$ und Düsenlochaustrittsdurchmesser $d_{SL}$ der Kraftstoffmassenstrom mit der Wurzel der Einspritzdruckerhöhung zunimmt, wie in der Gleichung 3.11 gezeigt, muss für eine gleichbleibende maximale Eindringtiefe der Flüssigphase die Verdampfungsrate um den gleichen Betrag zunehmen.

$$\overset{\circ}{m}_{Fl} = C_{SL} \cdot \pi \cdot \frac{d_{SL}^{\,2}}{4} \cdot \rho_{Fl} \cdot C_v \cdot \sqrt{\frac{2 \cdot \Delta p}{\rho_{Fl}}} \qquad \text{Gl. 3.11}$$

Naber und Siebers [44] stellten sich vor, dass eine Begrenzung der Sprayverdampfung durch das Gasentrainment stattfindet. Unter der Annahme, dass der Tropfenaufbruch und die Tropfenverdampfung im Vergleich zur turbulenten Mischung des Strahls mit der umgebenden Luft schneller sind, existieren im Strahl zwischen den Phasen keine lokalen Geschwindigkeits- oder Temperaturunterschiede. Die Phasen sind demnach im lokalen Gleichgewicht. Wenn die turbulente Mischungsrate die Verdampfung kontrolliert, dann ist sie begrenzt aufgrund des Energieflusses durch das Luftentrainment. Dieser Energiefluss ist direkt proportional mit der Masse des heißen Umgebungsgases, welches in das Spray transportiert wird. Nach diesem Ansatz wurde ein Strahlmodell veröffentlicht, welches keine Berücksichtigung der Zerstäubungsprozesse aufweist, sondern den Einspritzstrahl idealisiert als lokalen homogenen Fluss, ähnlich der Gasstrahltheorie, betrachtet, siehe Abbildung 3.7.

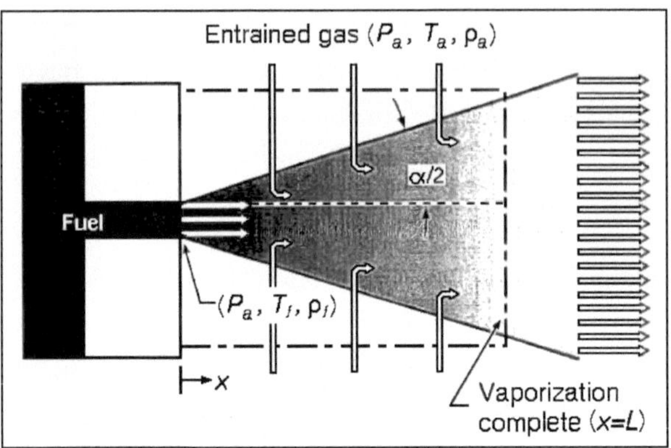


Abbildung 3.7: Spray-Modell nach Naber und Siebers [44]

In diesem Modell wird von einem konstanten Strahlkegelwinkel $\alpha$ über der Eindringtiefe der Flüssigphase und von einem Entrainment des umgebenden Gases mit den thermodynamischen Zustandsgrößen $p_a$, $T_a$ ausgegangen. Abgeleitet aus der Gasstrahltheorie, wird folgende Proportionalität für jede axiale Position des im Spray im Abstand $x$ eingesaugten Gasmassenstroms $\dot{m}_a(X)$ eingeführt.

$$\dot{m}_a(x) \approx \sqrt{\rho_a \cdot \rho_{Fl}} \cdot d_{SL} \cdot x \cdot \sqrt{\frac{2 \cdot \Delta p}{\rho_{Fl}}} \cdot \tan\left(\frac{\alpha}{2}\right) \qquad \text{Gl. 3.12}$$

Dabei sind $\rho_a$ und $\rho_{Fl}$ jeweils die Gasdichte der Umgebungsatmosphäre und die Kraftstoffdichte, $d_{SL}$ der Spritzlochaustrittsdurchmesser, $\Delta p$ der Druckunterschied am Spritzloch und $\alpha$ der Strahlkegelwinkel.

Mit einer zusätzlichen Annahme, dass die Masse- und Impulserhaltung über den Abstand $x$ sich wie ein nicht verdampfender Strahl verhält, führen Naber und Siebers folgenden Zusammenhang ein:

$$\dot{m}_K(x) = \dot{m}_{Fl} \qquad\qquad\qquad \text{Gl. 3.13}$$

Diese Gleichung zeigt, dass der Kraftstoffmassenstrom $\dot{m}_K(x)$ in jeder axialen Position $x$ der Einspritzrate $\dot{m}_{Fl}$ am Spritzlochaustritt entspricht. Der Einfluss des Einspritzdrucks zeigt für beide Gleichungen 3.11 und 3.12 dieselbe Abhängigkeit. Die Austrittsgeschwindigkeit des eingespritzten Kraftstoffes ist proportional zur Quadratwurzel des Einspritzdrucks. Damit nimmt der Betrag Austrittsgeschwindigkeit $U_{aus}$ in diesen zwei Beziehungen gleichmäßig zu. Ferner kommt es zu keiner Verlängerung der Eindringtiefe der flüssigen Phase aufgrund des höheren Einspritzdrucks. Desweiteren ergibt sich nach Gleichung 3.11 mit einem fünffach größeren Spritzlochdurchmesser ein Faktor 25 für die Zunahme des Kraftstoffmassenstroms. Jedoch führt dieselbe Zunahme des Durchmessers nach Gleichung 3.12 zu einer fünffach höheren Gasentrainmentrate. Damit wird das Fünffache der Weglänge benötigt, um den Kraftstoff zu verdampfen. In dem Gasentrainmentmodell hängt die maximale Eindringtiefe der Flüssigphase von dem Mischungsverhältnis $\tau = \dot{m}_K / \dot{m}_a$ ab. Mit diesem Modell hat Siebers in einer späteren Veröffentlichung die Länge $l_{Fl}$ als maximale Eindringtiefe der Flüssigphase, sowie das Mischungsverhältnis $\tau$ an dieser Länge $l_{Fl}$ zwischen dem Kraftstoff und dem mitbeschleunigten Gas berechnet [47].

$$\tau = \frac{\dot{m}_K(l_{Fl})}{\dot{m}_a(l_{Fl})} = \frac{h_a(T_a,p_a)-h_a(T_D,p_a-p_D)}{h_{K,Dampf}(T_D)-h_{K,Flüssig}(T_K,p_a)} \qquad \text{Gl. 3.14}$$

$$l_{Fl} = b \cdot \sqrt{\frac{\rho_{Fl}}{\rho_a}} \cdot \frac{d_{eff}}{\tan(\alpha/2)} \cdot \sqrt{\left(\frac{2}{\tau}+1\right)^2 -1} \qquad \text{Gl. 3.15}$$

Wärme wird dem Brennraumgas entzogen und dem Kraftstoff zur Aufheizung und Verdampfung zugeführt. Siebers nimmt an, dass bei $l_{Fl}$ der verdampfte Kraftstoff sich im thermodynamischen Gleichgewicht mit dem Gas der umgebenden Atmosphäre befindet. Er benutzt für die Berechnung von $\tau$ die Zustandsgleichung für Realgase, die zusätzlich die Kompressibilität des Kraftstoffdampfes als bekannt voraussetzt. Die unbekannte Dampftemperatur $T_D$ wird iterativ ermittelt. Die Kraftstofftemperatur am Spritzlochaustritt und der Gasdruck und -temperatur des umgebenden Mediums werden dabei als Startwerte verwendet. Die detaillierte Vorgehensweise der Berechnung von $T_D$ kann in [49] entnommen werden. In Gleichung 3.15 stellt $b$ eine Modellkonstante dar, für die Siebers aus einer Approximation seiner Messergebnisse einen Wert von 0.25 empfiehlt. Der effektive Spritzlochdurchmesser $d_{eff}$ wird über einen einfachen Ansatz berechnet, wie in folgender Gleichung ersichtlich [47].

$$d_{eff} = \sqrt{C_{SL} \cdot d_{SL}} \qquad\qquad \text{Gl. 3.16}$$

Für den Strahlkegelwinkel $\alpha$ in Gleichung 3.15 verwendet Siebers eine Approximation seiner Messergebnisse.

$$\tan\left(\frac{\alpha}{2}\right) = 0.66 \cdot C_\alpha \cdot \left[\left(\frac{\rho_a}{\rho_{Fl}}\right)^{0.19} - 0.0043 \cdot \sqrt{\frac{\rho_{Fl}}{\rho_a}}\right] \qquad \text{Gl. 3.17}$$

Dabei stellt $C_\alpha$ einen Koeffizienten dar, welcher mit der Feingeometrie des Spritzloches zusammenhängt, wie z.B. mit dem Verrundungsgrad des Spritzlocheinlaufs. Ohne eine dreidimensionale Simulation der Strömung innerhalb des Spritzloches ist dieser Faktor nur empirisch bestimmbar. Siebers bestimmte experimentell einen Wert von 0.26 anhand eines Lochdurchmessers von 246 μm.

Die vorausberechneten Werte der maximalen Eindringtiefe der Flüssigphase mit diesem Modell korrelieren für die gesamte Untersuchungsbreite von Siebers gut mit den Ergebnissen. Die Standardabweichung beträgt dabei 4 %. Zusätzlich zu dieser Übereinstimmung zeigte Siebers, dass sich bei Motorbetrieb mit externer Abgasrückführung eine minimale Verkleinerung der Eindringtiefe im Vergleich zur reinen Luft von ca. 5 %, aufgrund der höheren Wärmekapazität ergibt [47].

Als Schlussfolgerung äußert Siebers die Vermutung, dass für aktuelle Diesel-Injektoren die turbulente Mischung mit dem Gasentrainment eine Begrenzung der Verdampfung darstellt und nicht die Zerstäubung und die lokalen Wärmeübergangsprozesse am Tropfenrand (wie die gute Übereinstimmung der Messungen und des Modells von Siebers es vermuten lassen). Demnach würde eine bessere Zerstäubung die Verdampfung nur unwesentlich erhöhen [49]. Der hohe Einspritzdruck beeinflusst in dieser Vorstellung die Verdampfung eher über die damit einhergehende Erhöhung des Gasentrainments als über die bekannte Reduktion des mittleren Tröpfchendurchmessers.

Während die Kraftstofftropfen nur bis zu einem Maximalwert in den Brennraum eindringen, breitet sich das Gemisch ungehindert aus [17]. In Abbildung 3.8 ist aus einer Brennkammermessung von Pauer (gleichzeitige Schlieren- und Streulichtaufnahmen) für einen Strahl eine Gegenüberstellung von 500 bar und 1350 bar Raildruck zu gleicher Zeitpunkt bei 600 µs nach Ansteuerbeginn dargestellt [17]. In weiß ist die Flüssigphase des Strahls ersichtlich, und der dunklere Bereich um die Flüssigphase ist die Dampfphase des Strahls.

Bei der Ausbreitung der Dampfphase können zwei Haupteffekte zitiert werden. Zum einen wird der Impuls der Flüssigphase an die sich vor dem Spray befindliche Gassäule übertragen. Dies ist der Grund für die schnellere Ausbreitung der Gemischwolke in axialer Richtung vor dem Spray bei höherem Raildruck, wie die Abbildung 3.8 zeigt. Zum anderen tritt infolge des Druckgefälles in Richtung Flüssigphase an diesem Bereich kein bereits verdampfter Kraftstoff aus dem Strahl an den Seitenrändern aus. Eine intensive Gemischbildung kann aufgrund dessen nur in Richtung Strahlspitze erfolgen.

Dieser Effekt wird bei Steigerung des Einspritzdrucks verstärkt. Mit steigendem Einspritzdruck erhöht sich der Impuls des Sprays, und somit verstärkt sich die Wechselwirkung mit der umgebenden Gasphase. Dieses Verhalten hat nach Pauer auch direkte Auswirkung auf dem Zündort [17].

Anhand der Auswertung von den erstauftretenden Rußleuchten stellte er bei 500 bar fest, dass diese am Strahlrand deutlich vor der maximalen Eindringtiefe der Flüssigphase zu finden sind, während bei 1350 bar diese ebenfalls am Strahlrand, jedoch nach der maximalen Eindringtiefe der Flüssigphase ansetzten. Diese Beobachtung lässt sich nach [52] über ein Zusammenspiel zwischen Strahlimpuls und Gasentrainment erklären. Die Simulationsergebnisse zeigen, dass das zu Beginn des Eindringens gebildete Gemisch mit der größten Verweildauer im Brennraum zuerst zündet. Dieses Gemisch wird an der Strahlspitze bereits wenige Millimeter nach Düsenaustritt gebildet

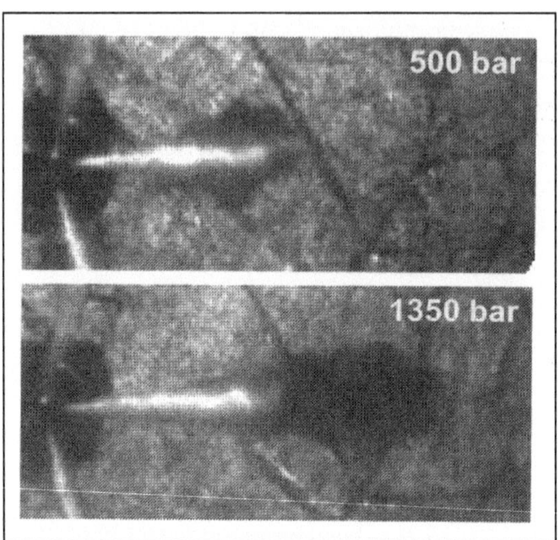


Abb.3.8: Brennkammeraufnahme von Pauer [17]

und aufgrund der Verdrängungswirkung der Strahlspitze zur Seite der Strahlspitze geschoben. Anschließend wird das Gemisch durch die Strahlspitze überholt und durch den Druckabfall aufgrund des Gasentrainments wieder zum flüssigen Strahlrand gebracht. Schließlich wird es innerhalb der Gasgrenzschicht strahlaufwärts beschleunigt. Ist die Ausbreitungsgeschwindigkeit niedrig, dann ist der Druckgradient zum Spray geringer, und zusätzlich ist die zurückgelegte Strecke am Strahlrand in gleicher Zündverzugszeit kleiner. In diesem Fall bildet sich eine tütenförmige Abbildung aus Dampf um den Strahl bereits vor der maximalen Eindringtiefe der Flüssigphase, und die ersten Rußleuchten werden dort beobachtet [17]. Uhl fand anhand von Transparentmotoruntersuchungen, dass die dieseltypische drallförmige Bewegung der Luft im Brennraum die flüssige Phase nur wenig verweht. Das Eindringen des Freistrahls bleibt seiner Beobachtung nach bis zur maximalen Eindringtiefe der Flüssigphase ungestört [35]. Dagegen wird das Eindringen der Dampfphase beeinflusst. Uhl beschreibt eine Konkurrenz zwischen dem Gasentrainment, das aufgrund der verursachten Druckgradienten in Richtung des flüssigen Sprays die Dampfphase einsaugt, und der Drallströmung, die die Dampfphase zu verwehen neigt. Eine geringe Umlenkung von der Drallbewegungsrichtung weg ist dadurch im Bereich des Freistrahls beobachtet worden. Am Ende der Einspritzung wird die Nachförderung des Kraftstoffes gestoppt. Die flüssige Strahlwurzel am Spritzlochaustritt wird abgetrennt und verlässt die Düse mit der zuletzt aufgeprägten Geschwindigkeit in Richtung Muldenrand. Die Geschwindigkeit, mit der die Strahlwurzel in den Brennraum eindringt, beeinflusst maßgeblich das Einströmen der Luft aus dem Düsennahbereich in diesen freigewordenen Raum. Diese Luft strömt ebenfalls in Richtung Muldenrand nach. Der Einspritzdruck gegen Ende der Einspritzung wirkt sich somit auch auf die Intensität des Nachströmens der Luft aus dem Düsennahbereich zum verbrennenden Gemisch am Muldenrand aus [53].

## 3.2 Spray/Wand-Wechselwirkung

Bei seinen Messungen am Transparentmotor stellte Uhl in einem Vergleich der Gemischbildung in der Omega-Mulde und im Scheibenbrennraum fest, dass eine Hauptaufgabe bei der Auslegung der Omega-Geometrie der Kolbenmulde eines Pkw-Motors darin besteht, den Kraftstoffdampf in die Brennraummitte zu transportieren [35]. Im Scheibenbrennraum bildet sich nahe der Zylinderachse ein Bereich, der keinen Kraftstoffdampf enthält. In der Omega-Mulde ist nach Spritzende das gesamte Volumen bis hin zum Zentrum des Brennraums mit Dampf ausgefüllt. Die Brennraumgeometrie sorgt dafür, dass der Impuls des Strahls in eine gleichmäßige Verteilung des Dampfes im Brennraum umgesetzt wird, wie Abbildung 3.1 zeigt. Bei hohem Einspritzdruck treffen die Einspritzstrahlen früher auf die Muldenwand, und die Interaktion mit dieser ist aufgrund hoher Strahlgeschwindigkeit intensiver. In einer Vergleichsuntersuchung an drei Mulden stellte Mattes fest, dass, wenn die Flüssigphase nicht mehr auf die Muldenwand auftrifft, sich eine andere Konturanforderung für eine rußarme Verbrennung ergibt. Wenn die Flüssigphase des Strahls auftrifft, bringt eine Muldenkontur mit kleinem Hinterschnittswinkel bessere Rußemissionsergebnisse, während, wenn nur ein Dampfjet auftrifft, eine Muldenkontur mit großem Hinterschnittswinkel die niedrigsten Rußwerte mit sich bringt. Als Erklärungsansatz für diese Beobachtung führt Mattes die konträren Anforderungen der zwei Prozesse ‚Volumenbildung des Dampfes nach dem Auftreffen' und ‚Sekundärzerstäubung der Tropfen beim Aufprall' ein. Die Sekundärzerstäubung findet statt, wenn die Tropfen im flüssigen Strahl mit hoher Geschwindigkeit auf die Muldenwand treffen und die dadurch entstehende teilelastische Schwingungsenergie zur weiteren Zerstäubung ausreicht. Durch die Vergrößerung des Auftreffwinkels, wie es bei einer Verkleinerung des Hinterschnittswinkels der Fall ist, wird die Umsetzung des Sprayimpulses von ungestörter Ausbreitung des Freistrahls in Richtung Zerstäubung verändert. Eine maximale Sekundärzerstäubung wird demnach bei einem Auftreffwinkel von 90° erzielt. Jedoch nimmt dabei die intensive Sekundärzerstäubung des Strahls viel Energie auf, so dass nach dem Aufprall der Restimpuls für eine weitere Ausbreitung der Tropfen, sowie des Kraftstoffdampfes, kleiner ist als mit einem geringeren Auftreffwinkel [41]. Die Volumenbildung durch die Verwirbelung des Dampfes in der Omega-Muldenform ist geringer, und das Gemisch fettet nah dem Aufprallpunkt an. Dadurch steigt die Rußbildung. Die Tatsache, dass je nach Betriebszustand die Flüssigphase des Strahls den Muldenrand erreicht oder nicht erreicht, zeigt, dass eine günstige Auslegung der Geometrie der Muldenkontur einen Kompromiss zwischen Sekundärzerstäubung und Volumennutzung berücksichtigen muss. Im Leerlaufbetrieb herrschen niedrige Gasdichten von etwa $10\ \mathrm{kg/m^3}$ im Bereich der Einspritzung bzw. im oberen Totpunkt des Kolbenweges, so dass mit großer Wahrscheinlichkeit die Flüssigphase bis zum Muldenrand hin eindringt. Nach Gleichung 3.15 ergibt sich für eine Düse mit 7 Löchern mit einem Düsendurchfluss von $390\ \mathrm{cm^3/30s}$ bei 100 bar Druckunterschied eine maximale Eindringtiefe von etwa 26 mm, die dann größer als die 22,2 mm Muldenradius der in dieser Arbeit untersuchten Mulde ist. Bei Volllast liegt die Gasdichte bei annähernd dem dreifachen Wert, so dass nach Gleichung 3.15 sich eine etwa 15 mm lange maximale Eindringtiefe der Flüssigphase ergibt, die dann kürzer ist als der Weg vom Düsenlochaustritt bis zum Muldenrand. Aus diesen zwei Abschätzungen ergibt sich, dass eine Auslegung der Muldenkontur einen Kompromiss zwischen einer guten Sekundärzerstäubung und einer hohen Volumenbildung darstellen muss. Am kombinierten Transparent- und Emissionsmotor ist bei einer Absenkung der maximalen Eindringtiefe des flüssigen Dieselkraftstoffs knapp unterhalb des verwendeten Muldenradius eine starke Verminderung der Rußemission festgestellt worden [59]. Die Begrenzung der Leistung durch die Rauchzahl bei Volllast bringt ein weiteres Indiz für eine rußfreiere Verbrennung, wenn die Flüssigphase die Muldenwand nicht benetzt. Wie bereits abgeschätzt, erreicht im Volllastbetrieb aufgrund der hohen Gasdichte die Flüssigphase den Muldenrand nicht. Zusätzlich wird für kleine Brennräume, wie bei kleinen Pkw-Dieselmotoren, der Muldendurchmesser nach etwa doppelter Eindringtiefe der Flüssigphase für Teillast ausgelegt, damit keine intensive Wandbenetzung stattfindet [60]. Da die maximale Eindringtiefe der Flüssigphase eher im unteren Teillastbetrieb die Brennraumwände erreicht, ist aufgrund des langen Zündverzugs und der kurzen Spritzdauer bzw. der vergleichsweise kurzen Überlappung der Einspritzung und der Verbrennung eine geringere Rußbildung als bei Volllast zu erwarten. Die knappe Auslegung der maximalen Eindringtiefe zeigt zusätzlich, dass die Spitze der Flüssigphase sich nicht zu weit vom Muldenrand stabilisieren soll. Eine mögliche Ursache für diese Auslegung ist die durch die drallförmige Luftbewegung stärkere Verwehung der Dampfphase als der Flüssigphase des Strahls, die, wenn große Entfernungen zwischen dem Ende der Flüssigphase und dem Muldenrand zurückgelegt werden müssen, den Impuls des Dampfstrahls bis zum Wandaufprall abmindert [35].

Mattes stellte desweiteren die niedrigsten Schwarzrauchwerte fest, wenn der Strahl auf den zylindrischen Muldenkragen auftrifft [41]. Analog dazu beobachtete Pauer in seinem Brennkammerexperiment mit einem Metallring von 45mm Durchmesser seitliche aufgeworfene Kraftstoffdampfwirbel nach dem Wandkontakt [17]. Dazu zeigte er, dass die Entfernung des Wirbelzentrums zur Wand bei Erhöhung des Einspritzdrucks zunimmt, so dass der Dampf mehr Volumen einnimmt. Diese Gemischbildungseffekte am Kragen der Kolbenmulde addieren sich zu der Wirbelbildung des Kraftstoffdampfes entlang der Omega-Kontur in Richtung Muldenzentrum nach dem Aufprall im Hinterschnittbereich der Mulde [41]. Für eine gute Umsetzung des Impulses ist eine Abstimmung des Auftreffwinkels des Strahls relativ zum Muldenkragen und des Hinterschnittwinkels der Omega-Form notwendig. Mattes fügt hinzu, dass darauf zu achten ist, dass das durch die Muldenwandinteraktion aufgefächerte Spray einen ausreichend großen Restimpuls besitzt, um sich in der Mulde auszubreiten [41].

Am Transparentmotor stellte Uhl fest, dass der seitliche Wandwirbel, der auf der drallabgewandten Seite des Einspritzstrahls aufgeworfen wird, größer ist als die drallzugewandten Wirbel [35], siehe Abbildung 3.9.

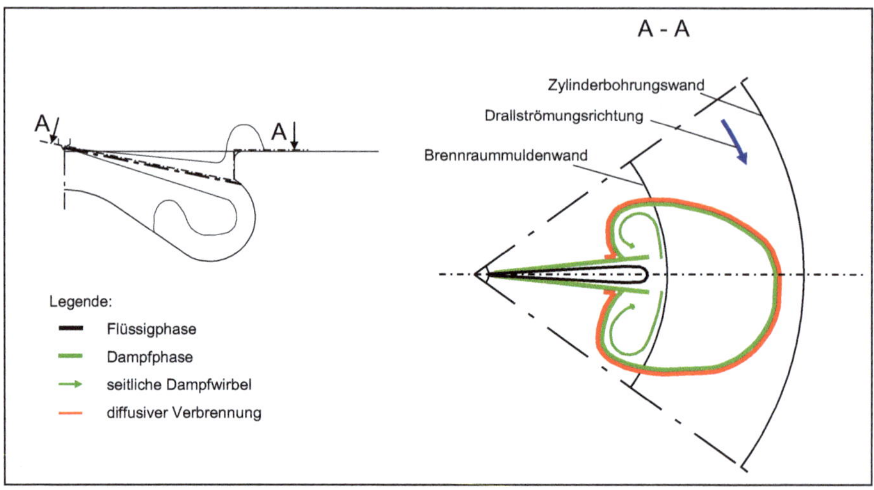


Abbildung 3.9: Skizze eines ausgebildeten Einspritzstrahls in einer Pkw-Kolbenmulde mit Omega-Form positioniert im Oberen Totpunkt, angelehnt an Uhl [35]

Diese Auswirkung der drallbedingten Verwehung des Dampfes nach der Wechselwirkung mit der Brennraumwand hat er für alle untersuchten Raildrücke festgestellt. So kann eine Verwehung des Kraftstoffdampfes in Richtung der Ladungsbewegung beobachtet werden. Bei den hohen Drehzahlen und der langen Spritzdauer bei Motorbetrieb nahe der Nennleistung ist diese Verwehung so stark, dass durch das Ineinanderwehen der Dampfphase von Nachbarstrahlen fettere Bereiche entstehen. Dadurch entsteht mehr Ruß bei gleichen Luftverhältniswerten, so dass aus dem Motor eine geringere Leistung für die gleiche definierte Rußgrenze als bei geringerer Intensität der drallförmigen Luftbewegung abgerufen werden kann. Dies kann zum einen erklärt werden durch die hohen Kolbengeschwindigkeiten, die bei der Drallentstehung während dem Ansaugprozess hohe Umfangsgeschwindigkeiten der Luft verursachen, und zum anderen durch die längere Spritzdauer im Vergleich zur Teillast. Ähnliche Beobachtungen werden im Teillastbetrieb bei Applikation einer Voreinspritzung berichtet [76].

Neben der räumlichen Verteilung erzeugt ein intensiver Impulsaustausch zwischen dem Dampfjet und der Wand kleinskalige Turbulenz, die den Abbau der Kraftstoffkonzentration beschleunigt [41]. Der Einspritzdruck führt über seinen hohen Strahlimpuls neben seinem Einfluss auf das Tropfengrößenspektrum und das Gasentrainment im Zusammenspiel mit der Brennraumgeometrie auch zu hoher Turbulenz und zu einer besseren Volumennutzung im Brennraum.

# 4 Einfluss der externen Abgasrückführung auf die Rußemission

Bis hierher wurde der allgemeine Stand der Technik berichtet, weiterführende Ergebnisse dieser Arbeit werden im Folgenden erläutert.

Externe Abgasrückführung wird in Pkw-Dieselmotoren im Teillastbetrieb eingesetzt, in erster Motivation um die NOx-Emissionen im Abgas abzusenken. Bei Erhöhung der rückgeführten Abgasmenge steigen die Konzentration der Schadstoffe Ruß, HC und CO im Abgas an. Aufgrund dessen ist der über das Saugrohr rückgeführte Abgasanteil begrenzt. Anhand von Untersuchungen an dem stationären Teillastbetriebspunkt 2000 U/min und 8 bar indizierter Mitteldruck werden in diesem Kapitel die Vorgänge beim Anstieg der Konzentration der Rußemission im Abgas bei einem zunehmenden Massenanteil $X_{AGe}$[1] an rückgeführtem Abgas im Saugrohr experimentell dargestellt.

Die Versuche in Kapitel 4.1 sind mit dem Aggregat Nr. 2 durchgeführt worden; die Versuche in Kapitel 4.2 mit dem Aggregat Nr. 1. Eine Beschreibung von beiden Pkw-Einzylindermotoren kann dem Anhang 1 entnommen werden.

## 4.1 Einfluß der Stoffzusammensetzung des angesaugten Gasgemisches

In Kapitel 2 sind die Einflussgrößen auf die Rußoxidation aufgelistet, die in [2], [8] und [9] betrachtet werden. Dabei gilt folgende Regel: nach Verbrennungsende stellt sich eine geringe Konzentration an Ruß im Abgas ein, wenn die lokale Temperatur für die Rußoxidation ausreichend hoch liegt und der Sauerstoff, stöchiometrisch betrachtet, lokal ausreichend vorhanden ist. Auf die Verände-

---

[1] $X_{AGe}$ [-]: Massenanteil an extern rückgeführtem Abgas im Saugrohr. $X_{AGe} = m_{AGe}/m_g$ mit $m_g$ [mg/AS]: geströmte Gasmasse durch die Einlassventile pro Arbeitsspiel

Die Methode zur Bestimmung von $X_{AGe}$ in dieser Arbeit ist im Anhang 5 ersichtlich.

rung dieser zwei Größen ‚lokale Verbrennungstemperatur' und ‚lokales Verbrennungsluftverhältnis' durch die externe Abgasrückführung wird in diesem Abschnitt eingegangen.

Im rückgeführten Abgas befinden sich nicht vernachlässigbare Konzentrationen an dreiatomigen Molekülen, die eine höhere Wärmekapazität als zweiatomige Moleküle besitzen. Der Sauerstoffgehalt im rückgeführtem Abgas liegt deutlich unterhalb des Werts von Frischluft. Die daraus resultierende Veränderung der Stoffzusammensetzung des angesaugten Gasgemisches wirkt sich auf die lokale Verbrennungstemperatur und auf das lokale Verbrennungsluftverhältnis aus.

### 4.1.1 Herabsetzung der Verbrennungstemperatur durch den Abgasanteil

Das örtliche Luftverhältnis während der Verbrennung setzt sich aus dem Verhältnis zwischen der vorhandenen Sauerstoffmasse und dem stöchiometrischen Sauerstoffmassenbedarf am Verbrennungsort zusammen. Bei gleichem stöchiometrischem Sauerstoffmassenbedarf ist demnach das lokale Luftverhältnis der örtlich vorhandenen Sauerstoffmasse proportional. Bei extern rückgeführtem Abgas ist nach [7] der Sauerstoff im Brennraum bei geschlossenem Einlass homogen verteilt. Bei homogener Verteilung des Sauerstoffs im angesaugten Gasgemisch[1] und bei gleichen Einspritzbedingungen (Einspritzmasse, -zeitpunkt, -druck und -düse) bewirkt die Absenkung der globalen zugeführten Sauerstoffmasse eine Herabsetzung des lokalen Luftverhältnisses. Um diesen Einfluss zu zeigen, ist eine Variation des extern rückgeführten Abgasanteils bei konstantem Ladedruck und konstanten Einspritzparametern durchgeführt worden. Da bei konstanter zugeführter Ansauggasmasse die Sauerstoff-konzentration und die Sauerstoffmasse mit Erhöhung des Abgasanteils im gleichen Verhältnis abnehmen, reicht eine Variation des Abgasanteils bei konstantem Ladedruckniveau nicht aus. Erst beim Vergleich verschiedener angesaugter Gasmassen kann eine unterschiedliche Sauerstoffkonzentration bei gleicher zugeführter Sauerstoffmasse dargestellt werden. Aus diesem Grund werden Abgasrückführratenvariationen

---

[1] Das angesaugte Gasgemisch $m_g$ setzt sich hier aus Frischluft und rückgeführtes Abgas zusammen.

$$m_g = m_L + m_{AGe}$$

bei drei zusätzlichen Ladedruckniveaus durchgeführt. Der Abgasanteil wird von Null an schrittweise bis zur Überschreitung einer selbstdefinierten Russgrenze von $SZ = 1,2$ FSN erhöht. In Abbildung 4.1 sind die Versuchsrandbedingungen über den rückgeführten Abgasanteil $X_{AGe}$ gezeigt:

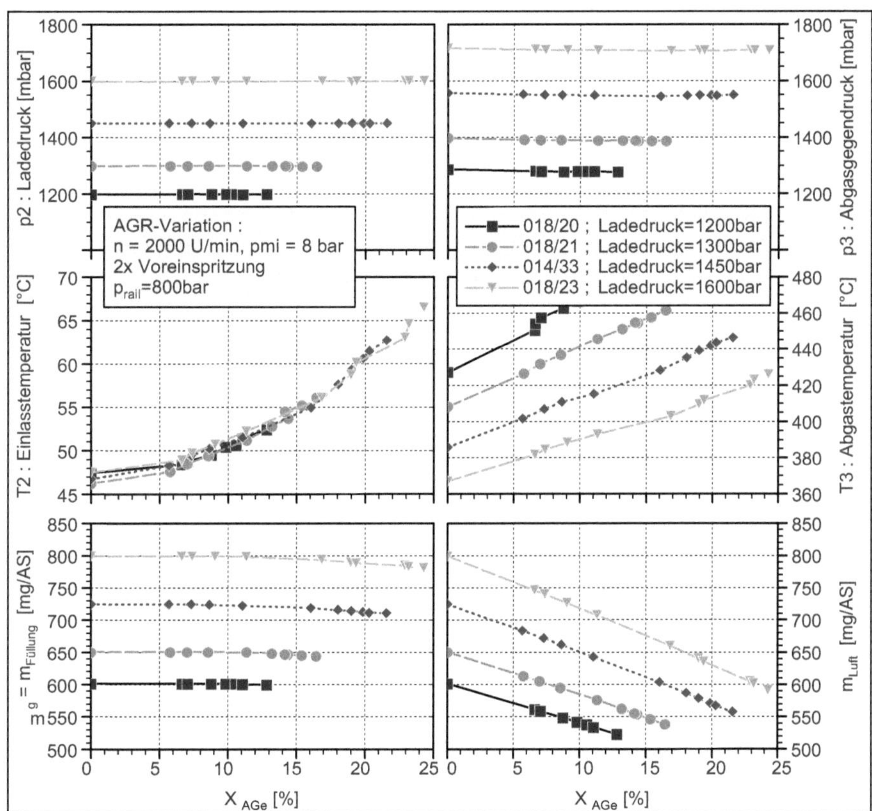


Abbildung 4.1: Randbedingungen der Abgasrückführratenvariationen

Unter stationären Betriebsbedingungen 2000 U/min und 8 bar indizierter Mitteldruck sowie mit konstanten Einspritzparametern wurde für vier verschiedene Ladedruckniveaus eine Variation der Abgasrückführrate bis zum starken Anstieg der Konzentration von Ruß durchgeführt. Bei allen Ladedruckvarianten sind für die gesamte Variation der Abgasrückführrate der Lade- und Abgasgegendruck konstant. Dabei liegt der Abgasgegendruck systematisch 1,07-mal höher als der Ladedruck. Die Beibehaltung dieses Verhältnisses ermöglicht zum einen einen vergleichbaren Ladungswechselvorgang für alle Ladedrücke; zum anderen wird ein positives Druckgefälle am Abgasrückführventil für die Strömung des Abgases im Saugrohr hergestellt. Bis vor der Mischstelle zwischen Luft und rückgeführtem Abgas wurde die frische Luft durch einen Ladeluftkühler auf 47 °C konditioniert. Da das rückgeführte Abgas trotz Kühlung vor der Mischstelle heißer ist als die frische Luft, nimmt mit steigender Abgasrückführrate die Gastemperatur vor Zylindereinlass zu, siehe Abbildung 4.1. An der Mischstelle bewirkt das rückgeführte Abgas, das heißer ist als die Frischluft, eine im Vergleich zum Motorbetrieb mit reiner Frischluft thermische Drosselung des Luftstroms. Aufgrund dessen stellt sich bei Abgasrückführraten größer 10 % ein Abnehmen der Ansaugmasse im Vergleich zum Betrieb ohne Abgasrückführung ein. Zum Beispiel beträgt die Abnahme bei 24 % Abgasrückführrate für den Ladedruck 1600 mbar in etwa 2,5 %. In Abbildung 4.2 sind beispielhaft an dem Zustand ohne Abgasrückführung die Messsignale von Zylinderdruck, Ansteuerstrom des Injektors und Leitungsdruck vom Rail zum Injektor für die vier Ladedrücke gezeigt.

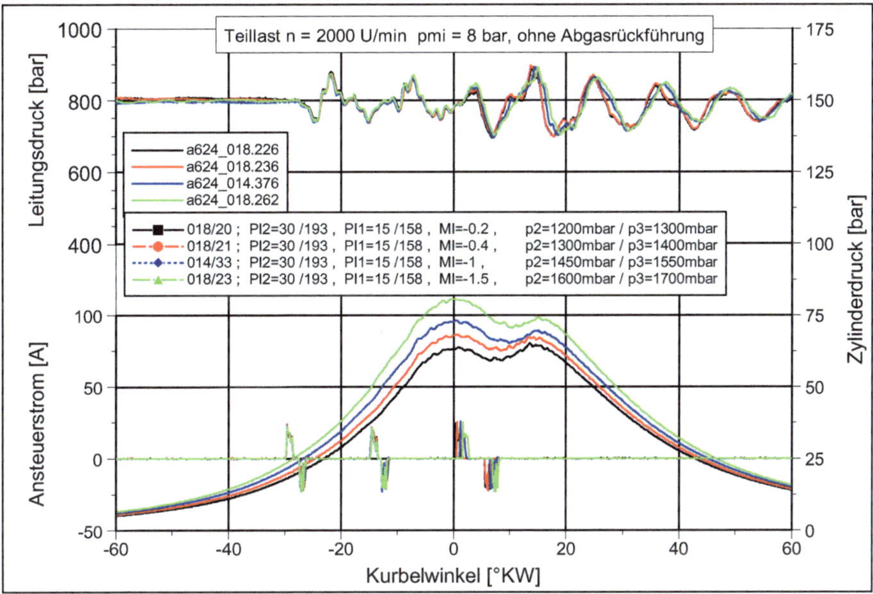


Abbildung 4.2: Indizierkurven der Ladedruckvariation ohne Abgasrückführung

Anhand der Auswertung des Leitungsdruck- und Ansteuerstromsignals wird ersichtlich, dass zum einen der Raildruck auf 800 bar sowie Spritzbeginn und -dauer der Voreinspritzungen konstant gehalten wurden. Spritzbeginn und Spritzdauer der Haupteinspritzung wurden angepasst, um den Schwerpunkt der Verbrennung auf gleiche Entfernung vom oberen Totpunkt und die Last von 8 bar indizierter Mitteldruck für alle eingestellten Messpunkte gleich zu halten. Das höhere Zylinderdruckniveau im oberen Totpunkt mit höherem Ladedruck ist durch die gleiche Verdichtung einer höheren angesaugten Gasmasse im Zylinder zu erklären. Die zwei Voreinspritzungen ermöglichen für alle Ladedrücke die Einhaltung eines niedrigen Druckanstiegs nach Entzündung der Hauptverbrennung. Dadurch werden die Unterschiede zwischen den vorgemischten Anteilen der Verbrennungen bei den vier verschiedenen Ladedrücken gemindert.

Die Schwarzrauchwerte, im Abgas gemessen, sind im oberen Diagramm von Abbildung 4.3 dargestellt. In der dreidimensionalen Darstellung der Schwarzrauchwerte (siehe oberes Diagramm) ist ein Anstieg der Werte sowohl bei Reduzierung der Sauerstoffmasse als auch bei Reduzierung der Sauerstoffkonzentration zu beobachten. In einer Arbeit zum Thema Sauerstoffanreicherung und Abgasrückführung [10] wird von einer starken Abhängigkeit der adiabaten Verbrennungstemperatur von der Sauerstoffkonzentration des zugeführten Gasgemisches und von einem zusätzlichen Einfluss der Konzentration von $CO_2$ und $H_2O$ im Ansauggemisch berichtet. Um den Einfluss der adiabaten Verbrennungstemperatur auf die Rußemission zeigen zu können, muss das lokale Luftverhältnis als konstante Randbedingung dargestellt werden. Für alle konstant zugeführten Sauerstoffmassen ist im links unten stehenden Diagramm aus Abbildung 4.3 das gleiche Verhalten vom Schwarzrauch bei Absenkung des Sauerstoffgehalts ersichtlich. Für Sauerstoffkonzentrationswerte nah an den 21 % von Frischluft ist ein Plateau zu beobachten, das bei Senkung des Sauerstoffgehalts umso länger besteht, je höher die zugeführte Sauerstoffmasse liegt. Bei einer weiteren Absenkung des Sauerstoffgehalts entsteht bei allen verglichenen Sauerstoffmassen ein linearer Anstieg der Rußemission.

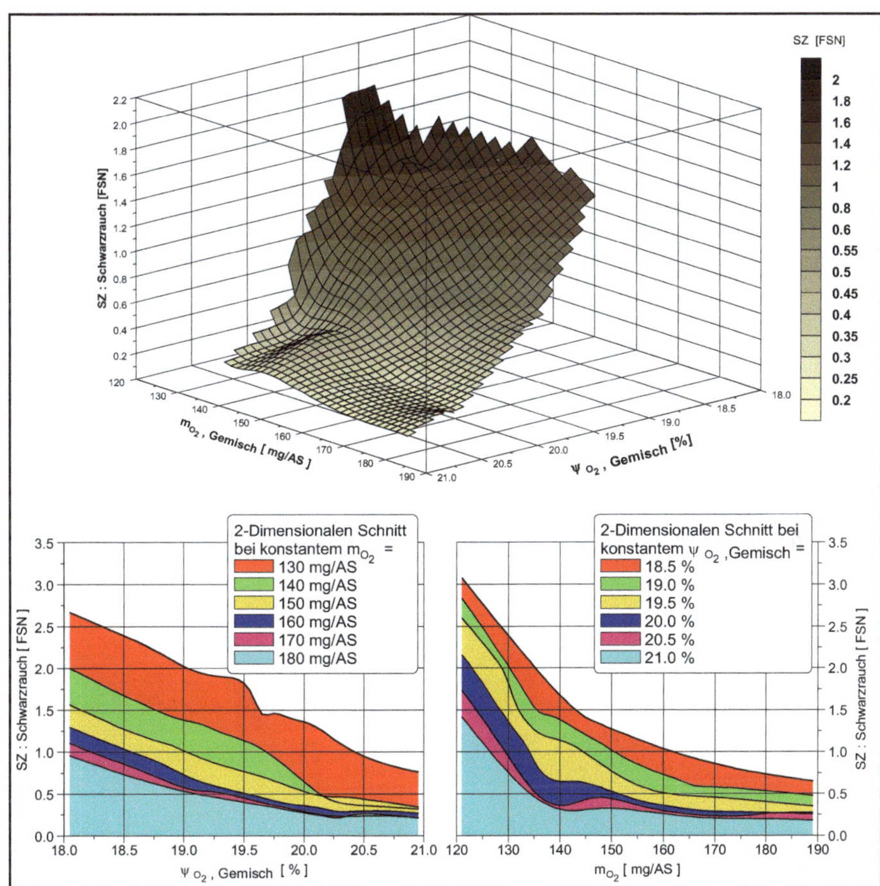


Abbildung 4.3: Verlauf der Russemissionswerte bei Veränderung der Sauerstoffkonzentration im angesaugten Gasgemisch

Der Anstiegsgradient liegt dann für alle Sauerstoffmassen auf ähnlichem Niveau. Dieses Ergebnis zeigt, dass zusätzlich zu der globalen zugeführten Sauerstoffmasse, die Sauerstoffkonzentration auf die Konzentration der Rußemission im Abgas Einfluss nimmt. In [11] ist ein Zusammenhang zwischen der NOx-Absenkung und dem Sauerstoffanteil im Ansauggemisch aufgezeigt worden. Eigene Ergebnisse bestätigen diesen Zusammenhang, siehe Abbildung 4.4.

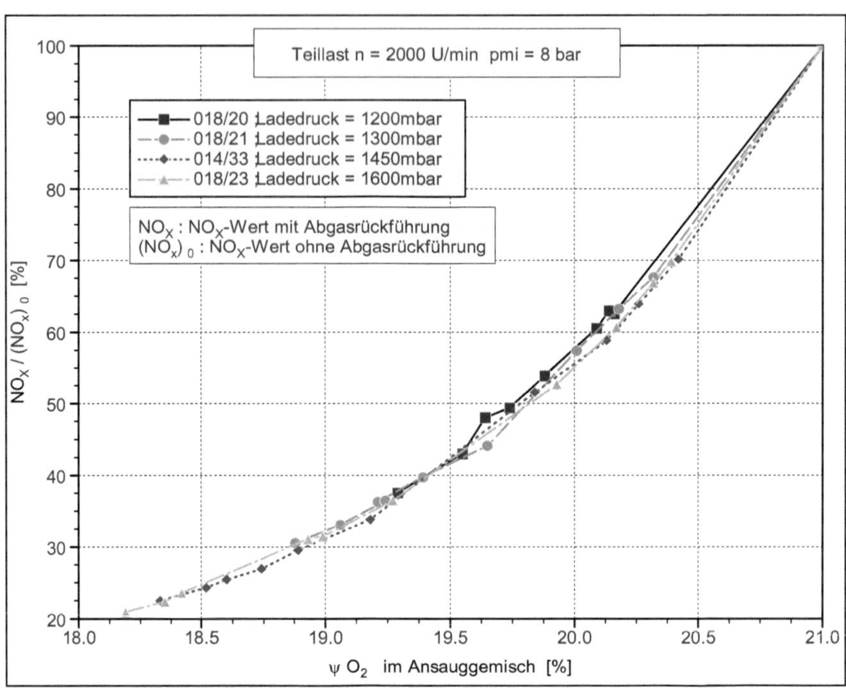


Abbildung 4.4: $NO_X$-Reduzierungsrate bei Absenkung der Sauerstoffkonzentration im Ansauggemisch

Die Werte des auf $(NO_x)_0$ bezogenen $NO_x$ mit Abgasrückführung aus den vier verschiedenen Ladedruckwerten liegen bei konstanter Sauerstoffkonzentration im Ansauggemisch nahezu übereinander. Da die $NO_x$-Entstehung nach dem mehrfach durch Messergebnisse bestätigten Mechanismus, der als erstes von Zeldovich [12] beschrieben worden ist, mit der örtlichen Verbrennungstemperatur zusammenhängt, stellt dieses Ergebnis einen weiteren Beleg für einen Zusammenhang zwischen der Verbrennungstemperatur und dem Sauerstoffgehalt dar. In [10] wird gezeigt, dass die Absenkung des Sauerstoffgehalts bei konstantem örtlichem Luftverhältnis die adiabate Verbrennungstemperatur[1] zwar maß-

---

[1] Die adiabate Verbrennungstemperatur ist diejenige Temperatur, die sich nach dem vollständigen Ablauf einer Verbrennung ergibt, wenn das Gasgemisch während der Verbrennung keinerlei Wärme mit der Umgebung ausgetauscht hat.

geblich herabsetzt, aber auch, dass die vorhandenen $CO_2$- und $H_2O$-Moleküle durch ihre höhere Wärmekapazität ebenfalls zur Absenkung dieser Temperatur beitragen. Aus der Darstellung in Abbildung 4.4 kann eine gute Korrelation zwischen der $NO_x$-Reduzierungsrate und dem Sauerstoffgehalt interpretiert werden, ohne den Einfluss von $CO_2$- und $H_2O$-Moleküle auf die adiabate Verbrennungstemperatur zu berücksichtigen. Dieser Sachverhalt kann hypothetisch zwei Ursachen haben:

1. Der Einfluss der Molekülen $CO_2$ und $H_2O$ auf die Absenkung der Flammentemperatur ist um eine oder mehrere Größenordnungen kleiner als der Einfluss der Reduzierung der Sauerstoffkonzentration auf die Verbrennungstemperatur
2. Die Reduzierung der Flammentemperatur durch die $CO_2$- und $H_2O$-Moleküle erfolgt in einem linearen Zusammenhang mit der Reduzierung der Verbrennungstemperatur durch die Absenkung der Sauerstoffkonzentration

Um den Zusammenhang zwischen der Absenkung der Flammentemperatur und der Konzentrationsänderung von Sauerstoff, $CO_2$ und $H_2O$ zu ermitteln, werden im Folgenden Berechnungen zur Ermittlung der adiabaten Verbrennungstemperatur unter vergleichbarer Gaszusammensetzung wie bei den angesaugten Gasgemischen im Versuch durchgeführt. Dafür muss zunächst die Stoffzusammensetzung der jeweiligen Messpunkte bestimmt werden.

<u>Ermittlung der Stoffkonzentration im angesaugten Gasgemisch:</u>

In Abbildung 4.5 ist ein Diagramm für die Zusammensetzung der Stoffkonzentration im angesaugten Gasgemisch dargestellt:

( $\psi_{i,Gas}$ bedeutet Konzentration von Stoff i im Gas )

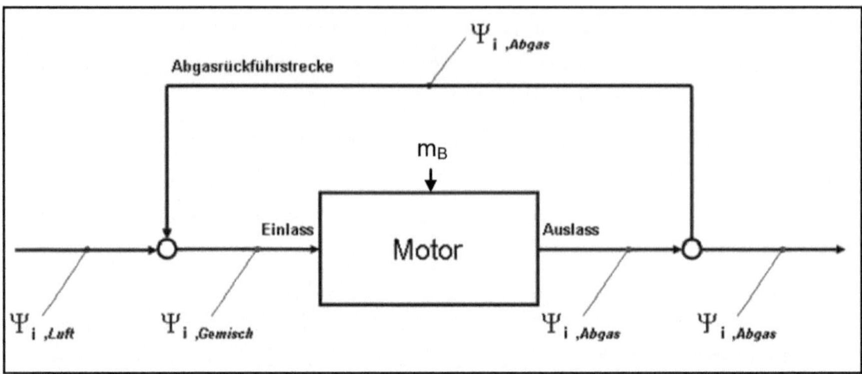


Abbildung 4.5 : Änderungen der Konzentration von Stoff *i* im Ansaugtrakt

Im stationären Betrieb gilt folgende Beziehung für das Ansauggemisch:

$$\xi_{i,Gemisch} \cdot m_g = \xi_{i,Luft} \cdot m_L + \xi_{i,Abgas} \cdot m_{AGe} \qquad \text{Gl. 4.1}$$

Bei Umformung von $m_L$ und von $m_{AGe}$ als Funktion von $m_g$ und $X_{AGe}$ ergibt sich:

$$\xi_{i,Gemisch} = \xi_{i,Luft} \cdot \left(1 - X_{AGe}\right) + \xi_{i,Abgas} \cdot X_{AGe} \qquad \text{Gl. 4.2}$$

Der Übergang von Massenanteil auf Konzentration erfordert die Kenntnis der Molmasse des betrachteten Stoffes und des Gasgemisches in dem es sich befindet, wie zum Beispiel für das Abgas:

$$\psi_{i,Abgas} = \xi_{i,Abgas} \cdot \frac{M_{Abgas}}{M_i} \qquad \text{Gl. 4.3}$$

Das Ersetzen der Massenanteile in Gleichung 4.2 ergibt:

$$\psi_{i,G} \cdot \frac{M_i}{M_G} = \psi_{i,L} \cdot \frac{M_i}{M_L} \cdot \left(1 - X_{AGe}\right) + \psi_{i,A} \cdot \frac{M_i}{M_A} \cdot X_{AGe} \qquad \text{Gl. 4.4}$$

In [1] wird gezeigt, dass die Molmasse vom Abgas für die Verbrennung von Dieselkraftstoff mit stöchiometrischem Luftüberschuss in Abhängigkeit vom Luftverhältnis zwischen den Werten 28,7 und 28,9 kg/kmol liegt. In [1] wird ebenfalls ein Wert von 28,96 kg/kmol für die Molmasse der Luft angegeben. Aufgrund des kleinen Unterschieds, der im Extremfall kleiner als 1 % bleibt, wird für die Berechnung des Stoffgehalts folgende Vereinfachung getroffen:

$$M_{Abgas} = M_{Luft} = M_{Gemisch}$$

Nach Einsetzen dieser Vereinfachung ändert sich die Gleichung 4.4 wie folgt:

$$\psi_{i,Gemisch} = \psi_{i,Abgas} \cdot X_{AGe} + \psi_{i,Luft} \cdot \left(1 - X_{AGe}\right) \qquad \text{Gl. 4.5}$$

Für die Berechnungen von $\psi_{i,Gemisch}$ nach Gleichung 4.5 werden in dieser Arbeit folgende Gaskonzentrationen als Mischung idealer Gase für die Frischluft verwendet:

$$\psi_{N_2,Luft} = 0,79$$

$$\psi_{O_2,Luft} = 0,21$$

$$\psi_{CO_2,Luft} = 0$$

$$\psi_{H_2O,Luft} = 0$$

Weil am Motorprüfstand eine konditionierte trockene Frischluft (relative Feuchtigkeit kleiner als 1 %) dem Motor zugeführt wird, ist die Vereinfachung $\psi_{Wasserdampf,Luft} = 0$ für diese Arbeit getroffen worden. Die anderen Stoffe wie $CO_2$ und Argon aus der Luft werden für die Berechnungen ebenfalls vernachlässigt. Für die Berechnungen von $\psi_{i,Gemisch}$ nach Gleichung 4.5 werden folgende Vereinfachungen für das rückgeführte Abgas getroffen: alle Stoffe im Abgas mit einer Konzentration kleiner als 1 % werden vernachlässigt. Somit setzt sich der rückgeführte Abgas aus folgenden Stoffen zusammen: $N_2$, $O_2$, $CO_2$ und $H_2O$. Die Konzentration dieser Stoffe wird in der Abgasanalysenanlage gemessen und nachträglich um die kondensierte Feuchte korrigiert. Näheres zu der Berechnung der Feuchtekorrektur ist in [1] zu finden. Die Zusammenhänge zwischen dem Sauerstoffgehalt der Luft und dem Stoffgehalt von $O_2$, $CO_2$ und $H_2O$ im Abgas als Funktion von Luftverhältnis und Kraftstoffzusammensetzung und unter der Voraussetzung einer vollständigen Verbrennung mit einem Luftverhältnis größer oder gleich 1 sind in [1] beschrieben. Die Zusammenhänge aus [1] für $\lambda \geq 1$ und für vollständige Verbrennung sind im Folgenden aufgelistet:

$$\psi_{O_2,Abgas} = \psi_{O_2,Luft} \cdot \left(1 - \frac{1}{\lambda}\right) \qquad \text{Gl. 4.6}$$

$$\psi_{CO_2,Abgas} = \psi_{O_2,Luft} \cdot \frac{1}{\lambda} \cdot y \qquad \text{Gl. 4.7}$$

$$\psi_{H_2O,Abgas} = \psi_{O_2,Luft} \cdot \frac{1}{\lambda} \cdot 2 \cdot (1 - y) \qquad \text{Gl. 4.8}$$

$$\text{mit } y = \frac{4}{4+H/C} \qquad \text{Gl. 4.9}$$

In Abbildung 4.6 ist beispielhaft für $\psi O_{2,Abgas}$ ein Vergleich zwischen den Messergebnissen und den mit Gleichung 4.6 berechneten Werten dargestellt.

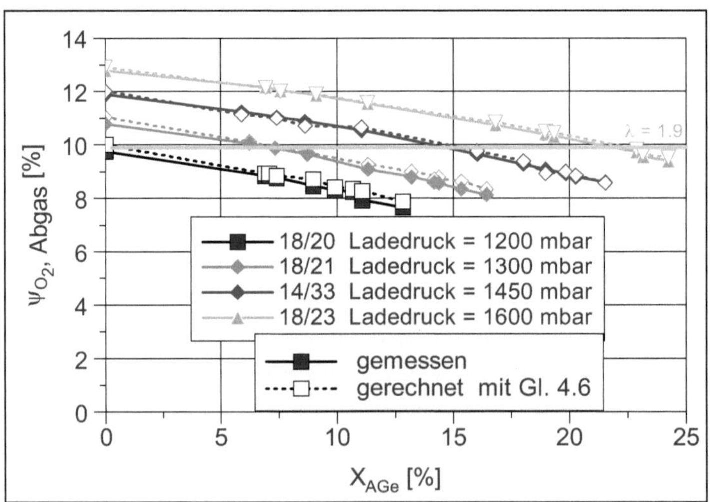


Abbildung 4.6: Vergleich der gemessenen und gerechneten Werte des Sauerstoffgehalts im Abgas

Setzt man den Inhalt von den Gleichungen 4.6, 4.7 und 4.8 in Gleichung 4.5 ein, ergeben sich folgende Beziehungen für die Konzentration im Ansauggemisch: (mit $\psi CO_{2,Luft} = 0$ und $\psi H_2O_{,Luft} = 0$)

$$\psi_{O_2,Gemisch} = \psi_{O_2,Luft} - X_{AGe} \cdot \psi_{O_2,Luft} \cdot \frac{1}{\lambda} \qquad \text{Gl. 4.10}$$

$$\psi_{CO_2,Gemisch} = X_{AGe} \cdot \psi_{O_2,Luft} \cdot \frac{1}{\lambda} \cdot y \qquad \text{Gl 4.11}$$

$$\psi_{H_2O,Gemisch} = X_{AGe} \cdot \psi_{O_2,Luft} \cdot \frac{1}{\lambda} \cdot 2 \cdot (1-y) \qquad \text{Gl. 4.12}$$

$$\text{mit} \quad y = \frac{4}{4+H/C} \qquad \text{Gl. 4.9}$$

Nach diesen Gleichungen besteht folgender Zusammenhang zwischen der Abnahme des Sauerstoffgehalts und der Zunahme der $CO_2$- und $H_2O$-Konzentration im Ansauggasgemisch:

$$\psi_{CO_2,Gemisch} = y \cdot (\psi_{O_2,Luft} - \psi_{O_2,Gemisch}) \qquad \text{Gl. 4.13}$$

$$\psi_{H_2O,Gemisch} = 2 \cdot (1-y) \cdot (\psi_{O_2,Luft} - \psi_{O_2,Gemisch}) \qquad \text{Gl. 4.14}$$

Bei gleich bleibendem Kraftstoff ($y$ = konstant) hängt die Zunahme an $CO_2$- und $H_2O$-Konzentrationen im Gemisch linear mit der Abnahme des Sauerstoffgehalts im Ansauggemisch zusammen. Die mit Gl. 4.10, 4.11 und 4.12 berechneten Konzentrationen von $O_2$, $CO_2$ und $H_2O$ im Ansauggasgemisch sind in Abbildung 4.7 gezeigt. Der Verlauf der Konzentration von $O_2$, $CO_2$ und $H_2O$ in Abbildung 4.7 bestätigt die vorhergesagte Korrelation nach den Gleichungen 4.13 und 4.14 zwischen der Abnahme von $\psi O_2$ und der Zunahme von $\psi CO_2$ und $\psi H_2O$ im Ansauggemisch. Dieser Sachverhalt ist ein Indiz für die Gültigkeit von Hypothese 2, nach welcher die Abnahme der adiabaten Verbrennungstemperatur durch die Zunahme der Konzentration von Molekülen $CO_2$ und $H_2O$ im Gemisch mit gleichem Faktor wie die Abnahme der adiabaten Verbrennungstemperatur durch die Absenkung des Sauerstoffgehalts im Gemisch stattfindet

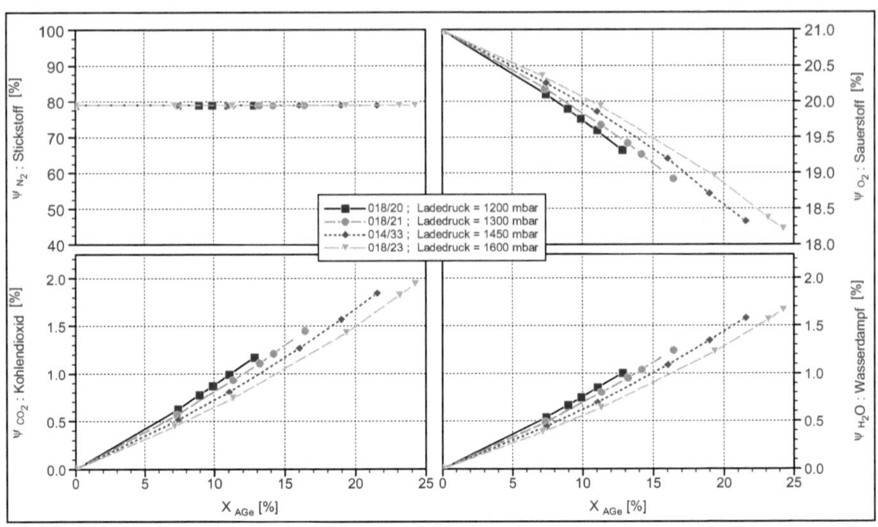


Abbildung 4.7: Verlauf der Stoffkonzentration im Ansauggemisch über den Abgasanteil

Aufgrund der im Vergleich zu $O_2$ geringen Konzentrationen von $CO_2$ und $H_2O$ im Ansauggemisch kann Hypothese 1 aber nicht ausgeschlossen werden. Um diese Fragestellung zu beantworten, sind die Berechnungsergebnisse der adiabaten Verbrennungstemperatur für eine Gemisch-zusammensetzung mit den dreiatomigen Molekülen $H_2O$ und $CO_2$ wie im Versuch und für eine Gemischzusammensetzung ohne die Moleküle $H_2O$ und $CO_2$ (Konzentrationen bzw. Volumenanteile werden durch $N_2$ ersetzt) verglichen worden. Die Berechnung der adiabaten Verbrennungstemperatur ist mit einem lokalen Luftverhältnis von 1 durchgeführt worden und für alle Berechnungen ist die gleiche Starttemperatur von 900 K vorausgesetzt worden. Die verwendeten Enthalpietabellen stammen aus JANAF-Tabellen der NASA [15]. Für Temperaturen über 2000 K ist eine Korrektur der Temperatur unter Berücksichtigung der Dissoziation von $H_2O$, $CO_2$, $H_2$ und von $O_2$ vorgenommen worden. Nähere Hinweise zur Berechnungsmethode können [1] entnommen werden. Die Ergebnisse der Berechnungen sollen klären, ob der Einfluss der Temperaturabsenkung durch die Konzentration von $CO_2$ und $H_2O$ vernachlässigt werden kann. In Abbildung 4.8 sind die berechneten Werte zu sehen.

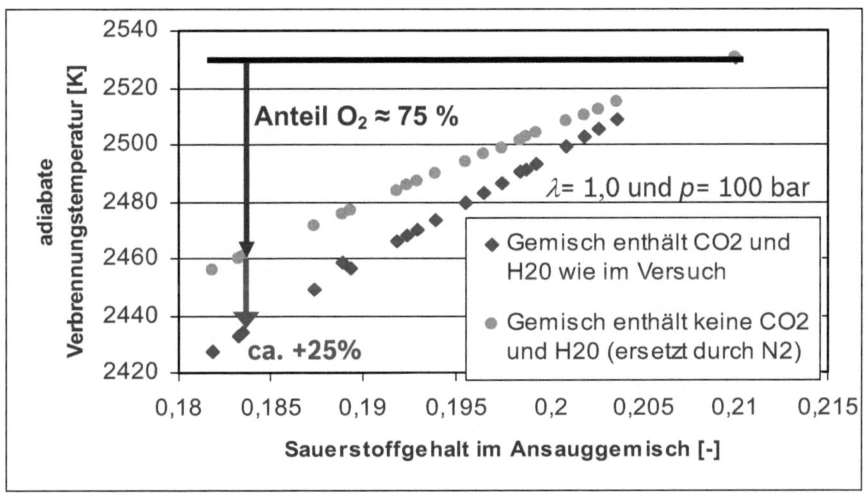


Abbildung 4.8: Einfluss der Konzentration der Moleküle $CO_2$ und $H_2O$ im Ansauggemisch auf die adiabate Verbrennungstemperatur

Bei konstantem Sauerstoffgehalt senken die $CO_2$- und $H_2O$- Moleküle die adiabate Verbrennungstemperatur um ca. zusätzliche 25 % verglichen mit der Herabsetzung durch den niedrigeren Sauerstoffanteil. Der temperaturabsenkende Einfluss der $CO_2$- und $H_2O$- Moleküle kann somit nicht vernachlässigt werden. Weiterhin bleibt über die Reduzierung des Sauerstoffgehalts der Gradient der quasi linear verlaufenden Temperaturabsenkung konstant. Dies gilt mit und ohne Berücksichtigung der $CO_2$- und $H_2O$- Moleküle im Ansauggemisch. Dies kann durch den Zusammenhang zwischen der Abnahme von $\psi O_2$ im Gemisch und der Zunahme von $\psi CO_2$ und von $\psi H_2O$ im Gemisch, in Gleichung 4.13 und 4.14 dargestellt, erklärt werden. Die Erhöhung der Konzentration von $CO_2$ und $H_2O$ im Ansauggemisch verhält sich demnach im Verhältnis zur Frischluft linear zusammen mit der Absenkung des Sauerstoffgehalts im Ansauggemisch. Die Absenkung durch den rückgeführten Abgasanteil der adiabaten Verbrennungstemperatur im Vergleich zu Luft wird demzufolge über folgende Näherung wiedergegeben:

Bei konstantem örtlichem Luftverhältnis:

$$\frac{adiabate\ T_{V,mitX_{AGe}}}{adiabate\ T_{V,Luft}} \approx Konstante \cdot \frac{\psi_{O_2,Gemisch}}{\psi_{O_2,Luft}} \qquad \text{Gl. 4.15}$$

Über das Verhältnis des Sauerstoffgehalts im Ansauggemisch mit und ohne Abgasanteil (Frischluft) wird der zusätzliche Einfluss der höheren Konzentrationen von $CO_2$ und $H_2O$ auf die Absenkung der Flammentemperatur gleichzeitig wiedergegeben. Am Motorprüfstand sind die Konzentrationen von Sauerstoff im Ansauggemisch nicht gemessen worden. Da das Verhältnis von Sauerstoffgehalt im Ansauggemisch mit und ohne Abgasanteil (Frischluft) nach Umstellung von Gleichung 4.10 mit dem Luftverhältnis $\lambda$ und der Abgasanteil $X_{AGe}$ in folgender Beziehung zusammenhängt,

$$\frac{\psi_{O_2,Gemisch}}{\psi_{O_2,Luft}} = \frac{\lambda - X_{AGe}}{\lambda} \qquad \text{Gl. 4.16}$$

werden die Werte von $\psi O_{2,Gemisch}$ aus den Messwerten von Abgasrückführraten und von Luftverhältnis berechnet (Annahme für Luft: $\psi O_{2,Luft} = 0{,}21$).

### 4.1.2 Luftverhältnis $\lambda_G$ für das Gemisch aus Luft und rückgeführtem Abgas

Nach dem Bilanzieren der Stoffkonzentration im Ansauggasgemisch und im Abgas kann eine Differenz zum Motorbetrieb mit reiner Luft festgestellt werden, die den Einfluss des Abgasanteils auf die Verbrennung bei konstantem Luftverhältnis aufzeigt. In Abbildung 4.9 ist beispielhaft für die Sauerstoffkonzentration ein Flussdiagramm mit den zwei betrachteten Systemgrenzen ‚ohne rückgeführtes Abgas' und ‚mit rückgeführtem Abgas' dargestellt. Darin ist zu sehen, dass aus der Mischung von rückgeführtes Abgas und von Luft sich im Ansauggemisch eine andere Konzentration von Sauerstoff ergibt. Im Abgastrakt bleibt jedoch die Konzentration von Sauerstoff vor und nach der Entnahme von Abgas für die Rückführung im Saugrohr auf gleichem Niveau. Obwohl dem Verbrennungsmotor nach Rückführung von Abgas ein Gasgemisch mit niedrigerem

Sauerstoffgehalt $\psi O_{2,Gemisch}$ als der Luft zugeführt wird, ist der Sauerstoffgehalt im Abgas im System mit rückgeführtem Abgas der gleiche wie der im System ohne rückgeführtes Abgas. Die Abgasrückführstrecke bzw. die Schleife innerhalb der Systemgrenze ohne Berücksichtigung des rückgeführten Abgases ist von außerhalb dieses Systems nicht bemerkbar.

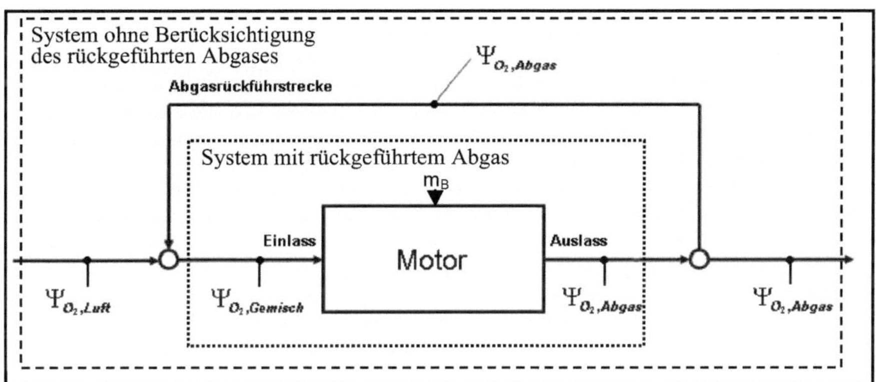


Abbildung 4.9: Verlauf der Sauerstoffkonzentration im Ansaugtrakt

Nach Gleichung 4.6, im Kapitel 4.1.1 aufgestellt, ist der Sauerstoffgehalt im Abgas eine Funktion des Luftverhältnisses $\lambda$ und des Sauerstoffgehalts der Luft. Im System mit rückgeführtem Abgas wird dem Motor durch das rückgeführte Abgas zusätzlicher Sauerstoff zugeführt. Das Einlassluftverhältnis $\lambda_E$, das den Sauerstoff aus der Abgasrückführung berücksichtigt, liegt bei rückgeführtem Abgas höher als das Luftverhältnis, das nur den Sauerstoff aus der Luft berücksichtigt. Das Einlassluftverhältnis setzt sich wie folgt zusammen:

$$\lambda_E = \frac{m_{O_2,Luft} + m_{O_2,AGe}}{m_{O_2,st}} = \lambda + \frac{m_{O_2,AGe}}{m_{O_2,st}} \qquad \text{Gl. 4.17}$$

Hier stellt $mO_2,AGe$ die Sauerstoffmasse dar, die sich im rückgeführtem Abgas je Arbeitsspiel befindet und $mO_2,st$ ist die stöchiometrisch benötigte Sauerstoffmasse. In [13] ist eine andere Formel[1] zur Berechnung von $\lambda_E$ dargestellt. Aus Gleichung 4.17 geht hervor, dass mit rückgeführtem Abgas das Einlassluftverhältnis höher als das Luftverhältnis liegt. In Abbildung 4.10 sind für den Versuch ‚Ladedruckvariation', dessen Randbedingungen im vorigen Kapitel erläutert sind, die Verläufe von Luftverhältnis und Einlassluftverhältnis über der Abgasrückführrate aufgetragen. Dabei nehmen $\lambda_E$ und $\lambda$ im Motorbetrieb ohne Abgasrückführung denselben Wert ein, im Motorbetrieb mit Abgasrückführung nehmen sie unterschiedliche Werte ein. Wenn das Luftverhältnis $\lambda$ sich dem Wert 1 annähert, verringert sich der Unterschied zwischen $\lambda_E$ und $\lambda$, weil dann im rückgeführten Abgas kaum Sauerstoff vorhanden ist. Die Luftverhältniswerte in dieser Untersuchung liegen deutlich oberhalb von 1, so dass das eben beschriebene Verhalten nicht eintrifft.

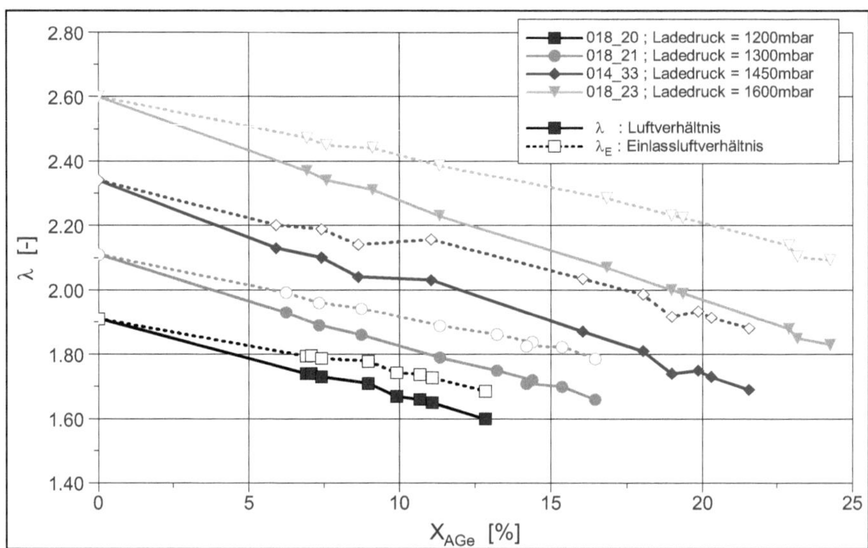


Abbildung 4.10: Verläufe von Luftverhältnis und Einlassluftverhältnis bei Veränderung der Abgasrückführrate

---

[1] Formel für die Berechnung des Einlassluftverhältnisses aus [13]:

$$\lambda_E = \frac{1}{X_{AGe}} \times (\lambda + \frac{1}{L_{st}}) - \frac{1}{L_{st}}$$

Wie der Abbildung 4.10 entnommen werden kann, nimmt $\lambda_E$, wenn Abgas zurückgeführt wird, automatisch einen höheren Wert als $\lambda$ ein. Im System mit rückgeführtem Abgas kann der Sauerstoffgehalt im Abgas als Funktion von Einlassluftverhältnis und Sauerstoffgehalt im Ansauggemisch bestimmt werden. Der gleiche Sauerstoffgehalt im Abgas $\psi_{O_2,Abgas}$ kann demnach mit Größen aus beiden betrachteten Systemen zusammengestellt werden.

$$\psi_{O_2,Abgas} = \psi_{O_2,Gemisch} \cdot \frac{\lambda_E - 1}{\lambda_E} = \psi_{O_2,Luft} \cdot \frac{\lambda - 1}{\lambda} \qquad \text{Gl. 4.18}$$

Das höhere Einlassluftverhältnis im System mit rückgeführtem Abgas wird offensichtlich durch den niedrigeren Sauerstoffanteil im Ansauggemisch so kompensiert, dass am Ende der Verbrennung im Abgas der gleiche Sauerstoffanteil wie beim Motorbetrieb mit frischer Luft vorhanden ist, wie in Abbildung 4.9 ersichtlich. Da das Luftverhältnis eine qualitative Beschreibung der Verbrennung unter alleiniger Betrachtung der zugeführten Luft darstellt, existiert bei Motorbetrieb mit extern rückgeführtem Abgas keine zufriedenstellende Korrelation zwischen dem Luftverhältnis und den Konzentration der Russemission im Abgas. Gleiches gilt für das Einlassluftverhältnis, das zwar den im rückgeführtem Abgas enthaltenen Sauerstoff berücksichtigt, aber den Einfluss der anderen Moleküle wie $CO_2$, $H_2O$ auf die Verbrennung nicht einbezieht. Dieser Sachverhalt ist in den Ergebnissen der Russkonzentration aus dem Versuch ‚Ladedruckvariation' in Abbildung 4.11 wiederzufinden.

Die $\lambda$ - Kurvenverläufe liegen bei konstanter Rußkonzentration, wie z.B. bei $SZ = 1,2$ FSN, zum einen nicht übereinander und zum anderen vergrößert sich die Abweichung mit zunehmendem Ladedruckniveau. Da bei größer werdendem Ladedruck die Abgasanteile im Ansauggemisch für die gleiche Rußkonzentration von $SZ = 1,2$ FSN steigen, kann ein Zusammenhang zwischen der sich dort vergrößernden Abweichung der Luftverhältniswerte und des Abgasanteils im Ansauggemisch hergestellt werden.

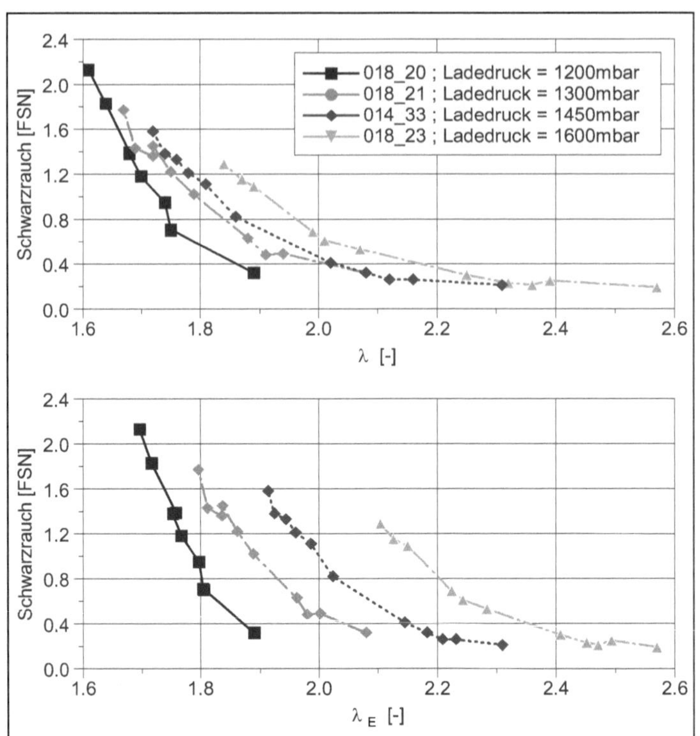



Abbildung 4.11: Schwarzrauchwerte über dem Luftverhältnis und dem Einlassluftverhältnis dargestellt

Im Kapitel 4.1.1 ist gezeigt worden, dass der gesamte Einfluss des Abgasanteils auf die Senkung der adiabaten Verbrennungstemperatur mit dem Verhältnis der Sauerstoffkonzentration mit rückgeführtem Abgas zur Sauerstoffkonzentration der Frischluft wiedergegeben wird. Bei der Bestimmung der Sauerstoffkonzentration im Abgas ist festgestellt worden, dass die Abnahme der Sauerstoffkonzentration im Ansauggemisch die höheren Werte des Einlassluftverhältnisses genau kompensiert. Aus diesen Feststellungen kann abgeleitet werden, dass die Größe $\psi O_{2,Gemisch} / \psi O_{2,Luft}$ sich als Einflussfaktor auf das Luftverhältnis eignet, wenn die Luft mit rückgeführtem Abgas gemischt ist.

Dieser Sachverhalt wird bei folgender Darstellung von Gleichung 4.16 zusammen mit Gleichung 4.18 deutlicher:

$$\frac{\psi_{O_2,Gemisch}}{\psi_{O_2,Luft}} = \frac{\frac{\lambda-1}{\lambda}}{\frac{\lambda_E-1}{\lambda_E}} = \frac{\lambda-X_{AGe}}{\lambda} \qquad \text{Gl. 4.19}$$

Zusätzlich bringt die Gleichung 4.19 eine neue Größe ein: $\lambda \cdot X_{AGe} = \lambda * \psi O_{2,Gemisch} / \psi O_{2,Luft}$, die den Einfluss des Abgasanteils auf das Luftverhältnis $\lambda$ wiedergibt. Im Folgenden wird das neue Luftverhältnis, Gasgemischverhältnis $\lambda_G$, eingeführt, das den Einfluss von $\psi O_{2,Gemisch} / \psi O_{2,Luft}$ auf das Luftverhältnis berücksichtigt.

$$\lambda_G = \lambda \cdot \frac{\psi_{O_2,Gemisch}}{\psi_{O_2,Luft}} \qquad \text{Gl. 4.20}$$

In Abbildung 4.12 ist an dem gleichen Versuchsbeispiel der Verlauf von $\lambda_G$ über die Abgasrückführrate aufgezeichnet.

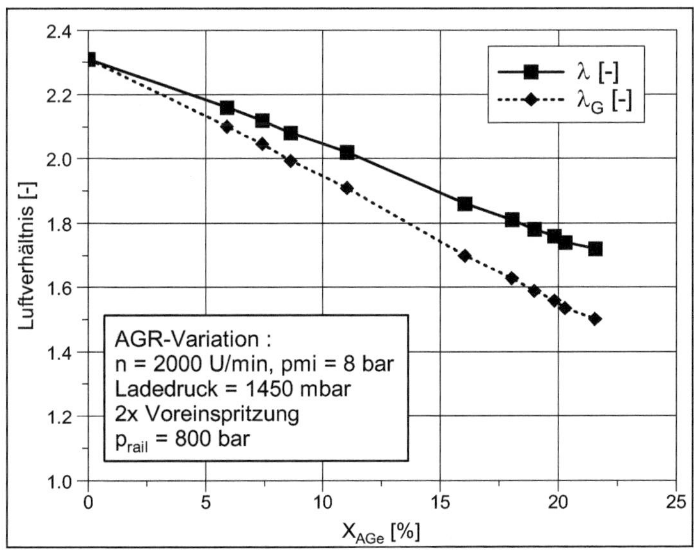


Abbildung 4.12: Vergleich zwischen dem Luft- und dem Gasgemischverhältnis

Bei steigender Abgasrückführrate wird der Sauerstoffgehalt im Gemisch aus Luft und rückgeführtem Abgas zunehmend niedriger als der der Luft. Dadurch vergrößert sich der Unterschied von $\lambda_G$ zu $\lambda$. In Abbildung 4.13 sind die Konzentrationswerte von Schwarzrauch aus dem Versuch ‚Ladedruckvariation' über dem Gasgemischverhältnis $\lambda_G$ dargestellt. Die Kurvenverläufe von Schwarzrauch liegen über $\lambda_G$ aufgetragen nahezu übereinander. Die Berücksichtigung des Abgasanteils durch den Faktor $\psi O_{2,Gemisch}/\psi O_{2,Luft}$ für das Luftverhältnis gibt demnach das Verhalten der Russkonzentration im Abgas für den Motorbetrieb mit externer Abgasrückführung wieder.

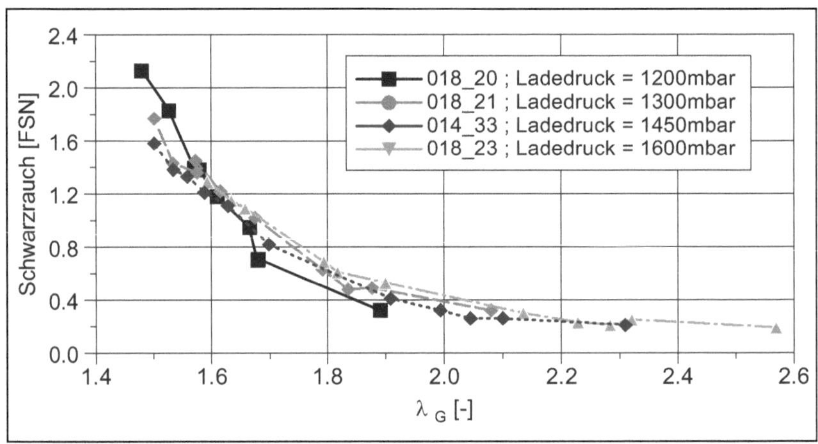


Abbildung 4.13: Schwarzrauchwerte über dem Gasgemischverhältnis $\lambda_G$ Aufgetragen

## 4.2 Einfluss des Luftverhältnisses

Beim Vergleich der Luftverhältniswerte im Volllastbetrieb an der definierten Rauchgrenze einerseits, und der Luftverhältniswerte im Teillastbetrieb mit Abgasrückführung bei gleicher Russkonzentration im Abgas wie an der Volllast anderseits, fallen die Werte der Teillast höher als die der Volllast aus. Da bei Volllast kein Abgas zurückgeführt wird, stellt sich die Frage, ob diese Verschlechterung bei Teillast durch einen negativen Einfluss der Abgasrückführung auf die Russemission zustande kommt. Bei Volllast liegen Ladedruck- und Einspritzdruckniveau, die ebenfalls Einfluss auf die Russkonzentration im Abgas nehmen, höher als bei Teillast. Dadurch kann der höhere Luftverhältniswert bei Teillast nicht eindeutig auf den Abgasanteil im Ansauggemisch zurückgeführt werden. Um den Einfluss des Abgasanteils im Ansauggemisch auf die Russemission isoliert zu betrachten, sind zwei Luftverhältnisabsenkungen bei gleichem Einspritzdruck- und Ladedruckniveau über zwei Variationswege durchgeführt worden: der erste durch Rückführung von Abgas bei konstanter Last und der zweite durch Einspritzmassenerhöhung ohne Abgasrückführung. Im ersten Abschnitt werden die Einflussparameter auf die Absenkung des Luftverhältnisses durch Rückführung von Abgas in deren Einflussstärke definiert. Anschließend wird aus dem Vergleich zwischen beiden Luftverhältnisabsenkungen eine Korrelation an der definierten Russgrenze zwischen $\lambda$ im Motorbetrieb ohne Abgasrückführung und $\lambda_G$ gesucht.

### 4.2.1 Luftverhältnisabsenkung durch Abgasrückführung und Lastanhebung

Um die Unterschiede zwischen dem Betrieb mit reiner Luft und mit Abgasrückführung bei gleichem Luftverhältnis experimentell darzustellen, wird folgender Versuch durchgeführt: Unter Einhaltung gleichen Ladedruck- und Frischlufttemperaturniveaus, gleicher Drehzahl, gleichen Einspritzdrucks und –beginns sowie gleicher Voreinspritzungsparameter wird ausgehend von dem Betriebspunkt $n = 2000$ U/min und $pmi = 8$ bar eine Absenkung des Luftverhältnisses durch Erhöhung der Einspritzmenge der Haupteinspritzung realisiert. Da der Einspritzdruck und der Einspritzbeginn der Haupteinspritzung nicht verändert werden, ist eine Massenerhöhung durch die Vergrößerung von dessen Spritzdauer erreicht worden. Die Variation wird bis zur Überschreitung einer Russgrenze von 0,6 g/kg fuel (entspricht der Volllastrussgrenze $SZ = 1,7$ FSN an der Drehzahl 2000 U/min) durchgeführt. Als Vergleich ist unter vergleichbaren Auflade- und Einspritzrandbedingungen bei 2000 U/min ausgehend von unterschiedlichen Lastniveaus, zwischen $\lambda = 1,26$ und $\lambda = 2,61$, eine Luftverhältnisabsenkung durch Rückführung von Abgas in das Saugrohr durchgeführt worden. Die Erhöhung der Abgasrückführrate ist ebenfalls nach dem Überschreiten von einem Russemissionsniveau von 0,6 g/kg fuel gestoppt worden. Die Druckverläufe der

Luftverhältnisvariationen durch extern rückgeführtes Abgas sind beispielhaft an dem Luftverhältniswert bei Variationsstart ohne Abgasrückführung in Abbildung 4.14 über Kurbelwinkel aufgetragen.

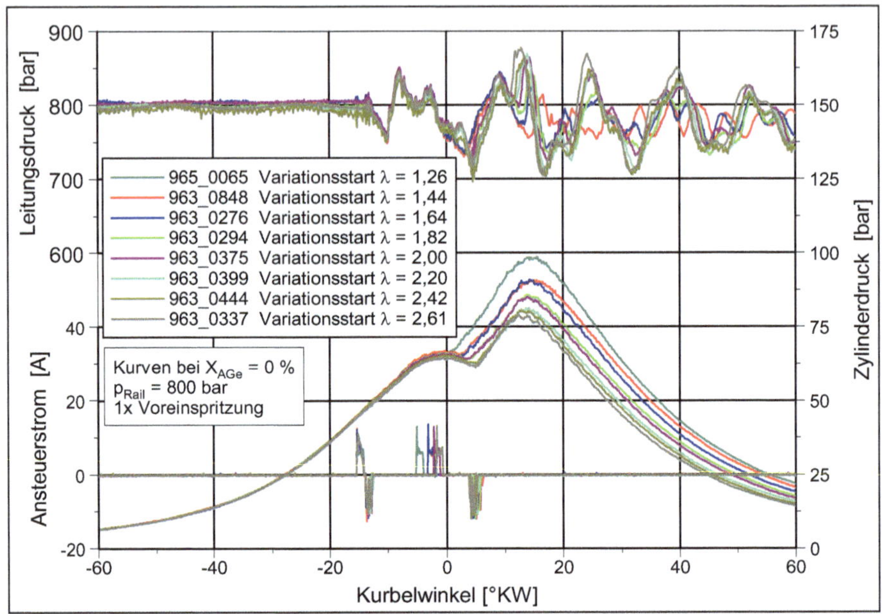


Abbildung 4.14: Indizierkurven der Luftverhältnisabsenkungen durch Abgasrückführung

Der Raildruck ist konstant auf 800 bar und der Ladedruck konstant auf 1450 mbar gehalten worden. Der Ansteuerbeginn der Haupteinspritzung ist für die Variationen mit niedrigeren Startluftverhältniswerten früher gesetzt worden, um den Verbrennungsschwerpunkt auf gleicher Position zu halten und dadurch einen vergleichbaren Verbrauch zwischen den Variationen darzustellen. Die Ergebnisse von Russkonzentration im Abgas aus den Luftverhältnisabsenkungen sind in Abbildung 4.15 ersichtlich:

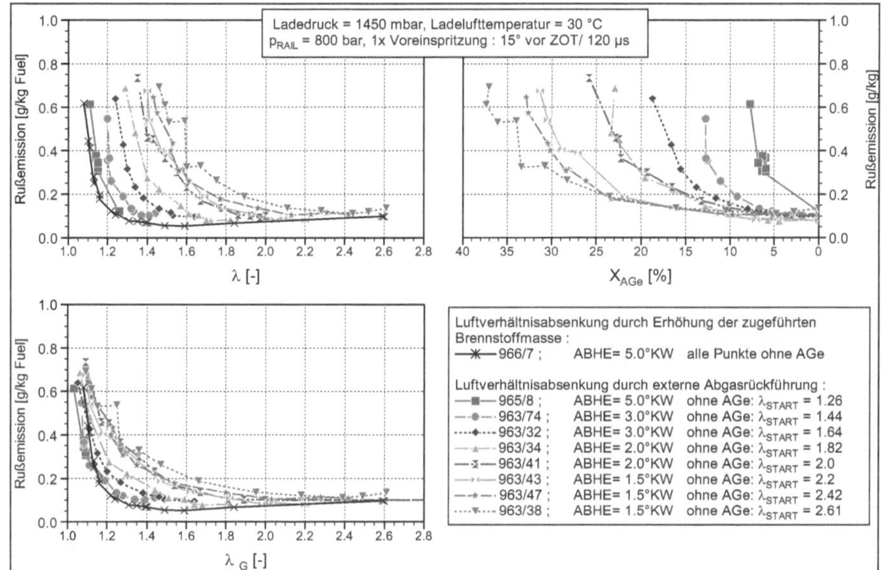



Abbildung 4.15: Russemissionsergebnisse der Luftverhältnisabsenkungen

Die Messpunkte in schwarz stellen die Luftverhältnisabsenkung bei Motorbetrieb ohne Abgasrückführung dar, die restlichen Messpunkte gehören zu den Variationen des Luftverhältnisses durch Zumessung von rückgeführtem Abgas im Saugrohr. Aus den Ergebnissen der Luftverhältnisabsenkung durch Rückführung von Abgas im Saugrohr können folgende Beobachtungen festgehalten werden:

- Alle Luftverhältniswerte bei Erreichung der Russgrenze liegen oberhalb des Luftverhältniswerts an der Russgrenze beim Motorbetrieb ohne Abgasrückführung.

- Je höher das Startluftverhältnis liegt, desto weiter kann die Abgasrückführrate bis zur Erreichung der gleichen Russgrenze (hier bei 0,6 g/kg fuel) erhöht werden.

- Je höher der Abgasanteil bei Erreichung der Russgrenze, desto höher der dortige Luftverhältniswert.

- Je höher der Abgasanteil bei Erreichung der Russgrenze, desto höher die Abweichung des dortigen Luftverhältniswertes zum erreichten Luftverhältniswert ohne Abgasrückführung.
- Die Kurvenverläufe der Russemission über dem Gemischluftverhältnis konvergieren an der Russgrenze zu einem gemeinsamen Luftverhältniswert, der nahezu auf dem Niveau des Wertes der Luftverhältnisabsenkung durch Einspritzmassenerhöhung liegt.

Diese Ergebnisse sind mit dem ersten Einzylinderaggregat in der Basiskonfiguration ermittelt worden. Eine Beschreibung von Aggregat Nr.1 kann dem Anhang 1 entnommen werden. Sie zeigen ein Verhalten auf, das den Ergebnissen der Untersuchung am Aggregat Nr.2 vergleichbar ist. Zusätzlich deutet das nahezu gleiche Niveau von $\lambda_G$ und $\lambda$ an der Russgrenze auf eine physikalische Korrelation hin. Eine solche Korrelation aufzuzeigen setzt als erstes eine vollständige Beschreibung der Faktoren voraus, die auf die Reduzierung des Luftverhältnisses bei Rückführung von Abgas Einfluss ausüben.

Da eine Absenkung grundsätzlich ausgehend von einem Startwert stattfindet, zählt der Luftverhältnisstartwert $\lambda_{Start}$ zu den einflussnehmenden Parametern. Eine Änderung von $\lambda_{Start}$ kann nur über zwei Wege stattfinden: zum einen über die Veränderung der zugeführten Luftmasse und zum zweiten über die Veränderung der zugeführten Brennstoffmasse. Die Rückführung von Abgas, das heißer ist als die Luft im Saugrohr, führt zu einer thermischen Drosselung des Luftmassenstroms und bewirkt trotz der Steigerung der Fließgeschwindigkeit durch höhere Gastemperatur eine Absenkung des Gesamtmassenstroms bei höher werdender Abgasrückführrate. Eine Methode zur Bestimmung der Ansaugmasse ist im Anhang 5 erläutert. Ist die Ansaugmasse $m_g$ bestimmt, ersetzt die rückgeführte Abgasmasse die Luftmasse um den Anteil $X_{AGe}$. Insgesamt wird durch die Abgasrückführrate $X_{AGe}$ die Luftmasse, die je Arbeitsspiel angesaugt wird, um folgenden Faktor reduziert:

$$\frac{m_{L,mitX_{AGe}}}{m_{L,ohneAGe}} = \frac{m_{g,mitX_{AGe}}}{m_{L,ohneAGe}} \cdot (1 - X_{AGe}) \qquad\qquad \text{Gl. 4.21}$$

Zusätzlich zur Luftmassenreduzierung wird unter Berücksichtigung konstanter Last die zugeführte Brennstoffmasse durch die Rückführung von Abgas in das Saugrohr verändert. Der Abgasanteil im Ansauggemisch führt zu einer Absenkung des Wirkungsgrades des Verbrennungsprozesses, so dass für die Einhaltung einer konstanten Last eine höhere Brennstoffmasse zugeführt werden muss. Für die Reduktion des Luftverhältnisses durch Rückführung von Abgas ist je Arbeitsspiel folgender Faktor ebenfalls zu berücksichtigen:

$$Korrektur\ Brennstoffmasse = \frac{m_{B,Start}}{m_{B,X_{AGe}}} \qquad \text{Gl. 4.22}$$

Das Luftverhältnis unter Berücksichtigung aller genannten Einflussfaktoren setzt sich dann wie folgt zusammen:

$$\lambda = \lambda_{Start} \cdot \frac{m_{g,X_{AGe}}}{m_{L,ohneAGe}} \cdot \frac{m_{B,Start}}{m_{B,X_{AGe}}} \cdot (1 - X_{AGe}) \qquad \text{Gl. 4.23}$$

In Abbildung 4.16 sind aus dem Versuch die Verläufe von $\lambda$ unter Berücksichtigung der Einflussfaktoren ‚Ansaugmassenreduktion' und ‚Einspritzmassenerhöhung' auf die Reduzierung des Luftverhältnisses durch Rückführung von Abgas über die Abgasrückführrate dargestellt. Bei 30 % Abgasrückführrate liegt die Größenordnung der Einspritzmassenerhöhung durch Verbrauchsanstieg bei ca. 5 %. Die Abnahme des Gesamtmassenstroms für 30 % Abgasrückführrate liegt ebenfalls um die 5 %. Die Berechnung von $\lambda$ nach Gleichung 4.23 liefert nahezu die gleichen Resultate wie die Messwerte. Dies zeigt, dass alle Einflussfaktoren berücksichtigt werden.

Wird das $\lambda$ in Gleichung 4.20 durch die Faktoren aus Gleichung 4.23 ersetzt, dann kann für $\lambda_G$ folgende Beziehung gewonnen werden:

$$\lambda_G = \lambda_{Start} \cdot \frac{m_{g,X_{AGe}}}{m_{L,ohneAGe}} \cdot \frac{m_{B,Start}}{m_{B,X_{AGe}}} \cdot (1 - X_{AGe}) \cdot \frac{\psi_{O_2,Gemisch}}{\psi_{O_2,Luft}} \qquad \text{Gl. 4.24}$$

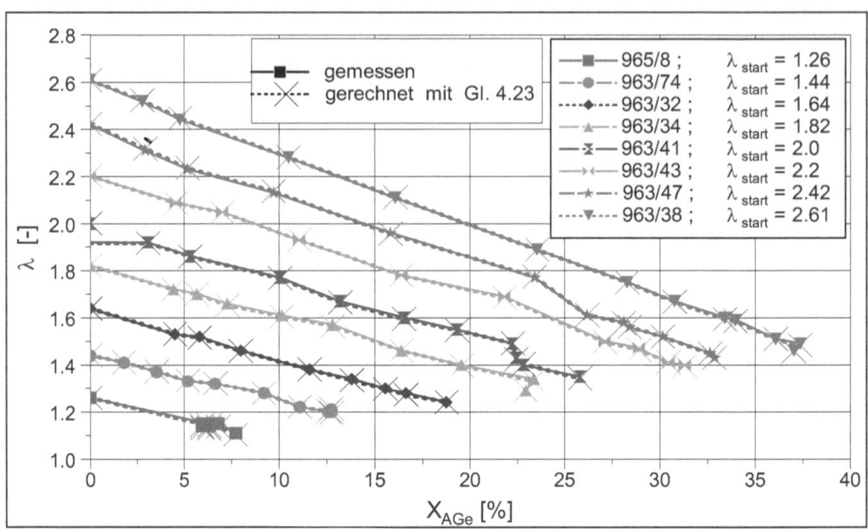



Abbildung 4.16: Verläufe des Luftverhältniswerts über Abgasrückführrate für die Luftverhältnisabsenkungen durch Rückführung von Abgas im Saugrohr

Beim Vergleich bei gleichem Luftverhältnis zwischen der eingespritzten Brennstoffmasse bei einer Luftverhältnisabsenkung durch Abgasrückführung und der Brennstoffmasse mit einer Luftverhältnisabsenkung ohne Abgasrückführung, kann für hohe Abgasanteile im Ansauggemisch ein Unterschied bis zu mehr als 100 % der Einspritzmasse mit dem Motorbetrieb ohne Abgasrückrückführung festgestellt werden. In Abbildung 4.17 ist dies für zwei ausgewählte Messreihen mit und ohne Abgasrückführung dargestellt.

Die Beobachtung aus Abbildung 4.15 zeigen, dass $\lambda_G$ und $\lambda$ bei Erreichung der Russgrenze nah beieinander liegen, und die Tatsache, dass an der Russgrenze die angesaugte Gasmasse $m_g$ in etwa 5 % kleiner als die angesaugte Luftmasse liegt, erfordert nach Gleichung 4.24 eine Kompensation an der Russgrenze des Einspritzmassenunterschieds über dem Einfluss des Abgasanteils in folgender Beziehung:

$$\frac{m_{B,X_{AGe}}}{m_{B,Ru\beta grenze}} \approx \frac{m_{g,X_{AGe}}}{m_{L,start}} \cdot (1 - X_{AGe}) \cdot \frac{\psi_{O_2,Gemisch}}{\psi_{O_2,Luft}} \qquad \text{Gl. 4.25}$$

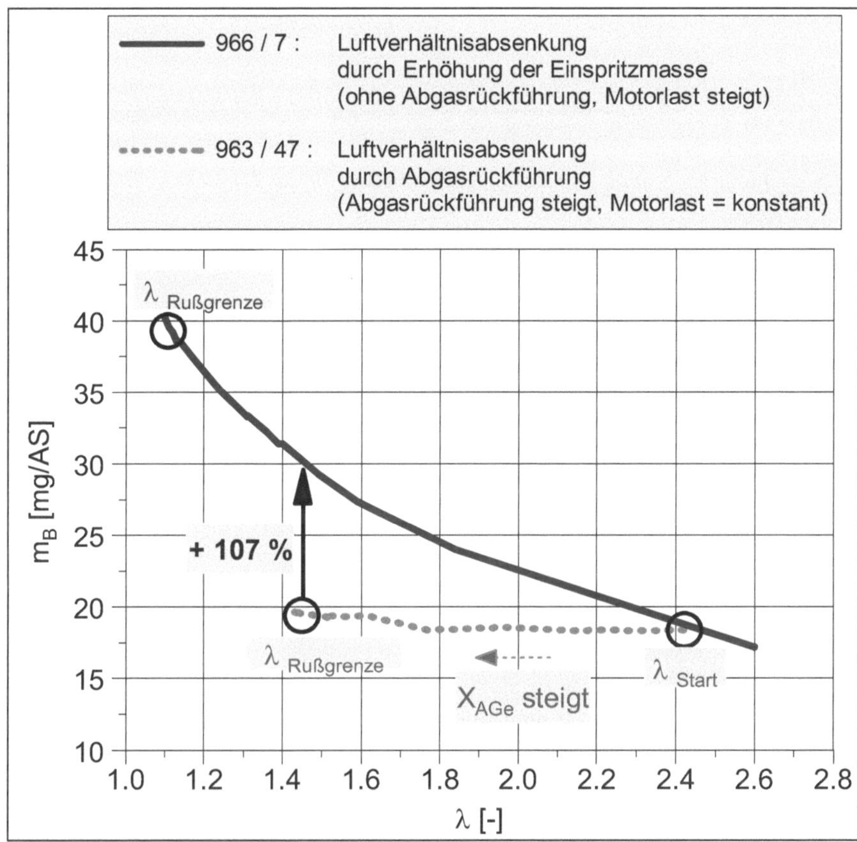


Abbildung 4.17: Unterschiede in der zugeführten Brennstoffmasse zwischen den zwei durchgeführten Luftverhältnisabsenkungen

$m_{B,Russgrenze}$ stellt die zugeführte Brennstoffmasse im Motorbetrieb ohne Abgasrückführung und $m_{B,X_{AGe}}$ die Brennstoffmasse im Motorbetrieb mit Abgasrückführung an der Russgrenze dar. In Abbildung 4.18 ist aus den Ergebnissen der untersuchten Luftverhältnisabsenkungen durch Rückführung von Abgas im Saugrohr ausgehend von unterschiedlichen $\lambda_{Start}$ das Verhältnis der Einspritzmassen an der Russgrenze über den vermuteten Faktor eingezeichnet.

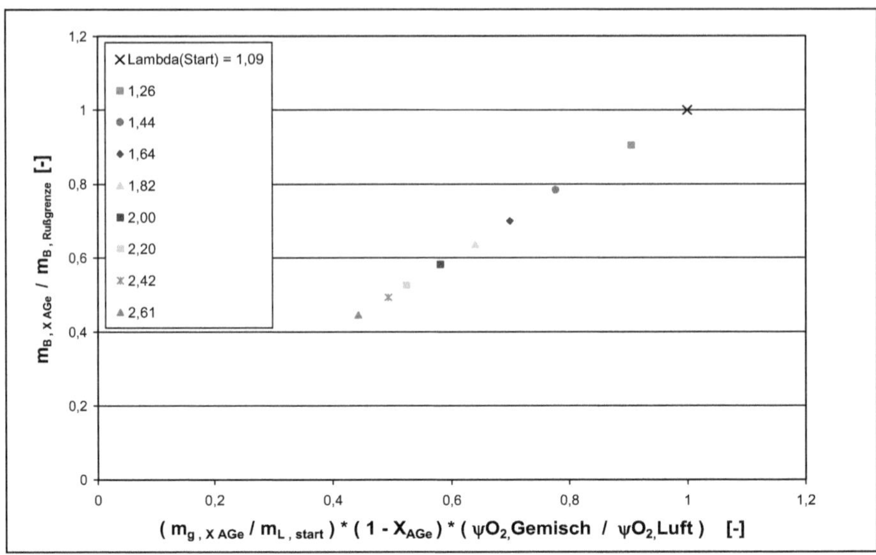


Abbildung 4.18: Verhältniswerte der zugeführten Brennstoffmassen an der Ruß-grenze der Luftverhältnisabsenkungen mit und ohne Abgasrückführung über dem Einflussfaktor des Abgasanteils aufgetragen

Die Messpunkte können durch eine lineare Trendlinie approximiert werden, die der Näherung 4.25 entspricht. Der physikalische Hintergrund des auf der *X*-Achse dargestellten Faktors wird wie folgt interpretiert:

- $(m_{g,XAGe}/m_{L,start})*(1-X_{AGe})$ stellt den Reduzierungsfaktor des Luftverhält-nisses durch Luftmasse-absenkung dar.
- $\psi O_{2,Gemisch}/\psi O_{2,Luft}$ stellt den Einfluss der Reduzierung der Flammen-temperatur durch den Abgasanteil bezogen auf dem Motorbetrieb mit Frischluft dar.

Aufgrund des Rückgangs des Luftaufwands bei Rückführung von Abgas in das Saugrohr ist für steigende Abgasrückführraten zu erwarten, dass $m_{g,mitX_{AGe}}$ klei-ner als $m_{L,Start}$ wird. Aus dieser Erkenntnis kann der Zusammenhang zwischen $\lambda$ und $\lambda_G$ an der Russgrenze hergestellt werden.

Bei Einsetzen der neu gefundenen Beziehung 4.25 in Gleichung 4.24 kann $\lambda_G$ wie folgt ausgedrückt werden:

$$\lambda_{G,Ru\beta grenze} = \lambda_{start} \cdot \frac{m_{B,start}}{m_{B,mitX_{AGe}}} \cdot \frac{m_{B,mitX_{AGe}}}{m_{B,Ru\beta grenze}} \qquad \text{Gl. 4.26}$$

Nach kürzen von $m_{B,mitX_{AGe}}$ ergibt sich folgende Beziehung für $\lambda_G$:

$$\lambda_{G,Ru\beta grenze} = \lambda_{start} \cdot \frac{m_{B,start}}{m_{B,Ru\beta grenze}} \qquad \text{Gl. 4.27}$$

Um den Zusammenhang zwischen $\lambda_G$ und $\lambda$ an der Russgrenze ermitteln zu können, wird folgende Beziehung benötigt:

$$\frac{m_{B,Start}}{m_{B,Ru\beta grenze}} = \frac{m_{L,Start}}{m_{L,Ru\beta grenze}} \cdot \frac{\lambda_{Ru\beta grenze}}{\lambda_{Start}} \qquad \text{Gl. 4.28}$$

Nach Einsetzen in Gleichung 4.27 ergibt sich folgende Beziehung zwischen $\lambda_{G,Ru\beta grenze}$ und $\lambda_{Ru\beta grenze}$:

$$\lambda_{G,Ru\beta grenze} = \lambda_{Ru\beta grenze} \cdot \frac{m_{L,Start}}{m_{L,Ru\beta grenze}} \qquad \text{Gl. 4.29}$$

Es ist zu erwarten, dass $m_{L,Russgrenze}$ kleiner als $m_{L,Start}$ ist, da die Abgastemperatur bei niedrigerem Luftverhältnis höher liegt und die höhere Abgastemperatur den Ladungswechsel erschwert. Die Größenordnung und ein Vergleich der Auswirkungen der beschriebenen Einflussfaktoren auf den Luftaufwand für den Versuch zur Luftverhältnisabsenkung sind Abbildung 4.19 zu entnehmen.

Das Luftverhältnis $\lambda_{Start}$ stellt das Ausgangsluftverhältnis dar, an dem die Abgasrückführratenvariation gestartet wurde. Der Einfluss der Luftaufwandabsenkung durch die thermische Drosselung der Abgasrückführung, in schwarz dargestellt, ist leicht stärker als die Luftaufwandabsenkung durch Steigerung der Abgastemperatur beim Motorbetrieb ohne Abgasrückführung, in rot dargestellt. Dadurch liegt $\lambda_{G,Ru\beta grenze}$ bei höher werdendem $\lambda_{Start}$-Wert um den Faktor $m_{g,mitX_{AGe}} / m_{L,Ru\beta grenze}$, in Blau eingezeichnet, leicht unterhalb von $\lambda_{Ru\beta grenze}$.

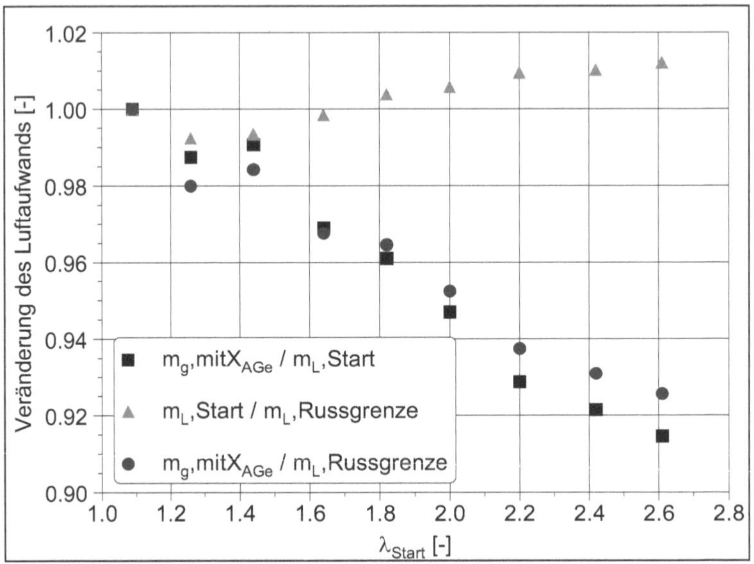


Abbildung 4.19: Veränderung der angesaugten Gasmassen über $\lambda_{Start}$

### 4.2.2 Bestimmung des Luftverhältnisses an der Rußgrenze

Der Luftverhältniswert an der Rußgrenze beim Motorbetrieb mit Abgasrückführung zu ermitteln ist gleichzusetzen einer Vorausbestimmung der einsetzbaren Abgasrückführrate bis zum Erreichen der Rußgrenze für bekannten Wert von $\lambda_{Start}$. Wobei die Gültigkeit der Bestimmung von $X_{AGe}$ in dieser Arbeit mit einer Messung des Luftverhältnisses geprüft wird. Ersetzt man $\lambda_G$ in Gleichung 4.24 durch Gleichung 4.29, so kann folgender Zusammenhang zwischen $\lambda_{Start}$, $X_{AGe}$ und $\lambda_{Ru\beta grenze}$ erstellt werden:

$$\lambda_{Start} \cdot \frac{m_{g,X_{AGe}}}{m_{L,Start}} \cdot \frac{m_{B,Start}}{m_{B,X_{AGe}}} \cdot (1 - X_{AGe}) \cdot \frac{\psi_{O_2,Gemisch}}{\psi_{O_2,Luft}} = \lambda_{Ru\beta grenze} \cdot \frac{m_{L,Start}}{m_{L,Ru\beta grenze}} \qquad \text{Gl. 4.30}$$

Da in Abbildung 4.19 festgestellt werden kann, dass der durch $m_{L,Start}/m_{L,Rußgrenze}$ erbrachte Unterschied innerhalb der Untersuchungen unter 1,5 % geblieben ist, wird dieser Faktor für die Berechnung von $X_{AGe}$ vernachlässigt.

Nach Vernachlässigung von $m_{L,Start}/m_{L,Rußgrenze}$ in Gleichung 4.30 kann $X_{AGe}$ über die Formel 4.31 berechnet werden.

$$X_{AGe} = \frac{\lambda_{Start} \cdot \dfrac{m_{B,Start}}{m_{B,X_{AGe}}} \cdot \dfrac{m_{g,X_{AGe}}}{m_{L,Start}} - \lambda_{Rußgrenze}}{\lambda_{Start} \cdot \dfrac{m_{B,Start}}{m_{B,X_{AGe}}} \cdot \dfrac{m_{g,X_{AGe}}}{m_{L,Start}} + 1} \qquad \text{Gl. 4.31}$$

Da $m_{B,XAGe}$ nur über eine komplexe Verbrennungssimulation bestimmt werden kann, wird in dieser Arbeit ein empirischer Ansatz verwendet. In Anhang 6 ist der Faktor $m_{B,Start}/m_{B,XAGe}$ für alle untersuchten Luftverhältnisabsenkungen über dem Abgasanteil $X_{AGe}$ dargestellt. Somit kann festgestellt werden, dass alle Werte an der Rußgrenze zwischen 0,945 und 0,975 liegen. Da die meisten Werte um den Wert 0,965 liegen und da die Streuung trotz Veränderung von $\lambda_{Start}$ innerhalb von +0,01 und –0,02 liegt, wird dieser Wert für die Berechnung von $X_{AGe}$ übernommen.

$m_{g,mitXAGe}/m_{L,Start}$ wird ebenfalls über einen empirischen Ansatz ermittelt. In Anhang 6 kann festgestellt werden, dass quasi unabhängig vom $\lambda_{Start}$-Wert der Faktor $m_{g,mitXAGe}/m_{L,Start}$ linear mit der Zunahme von $X_{AGe}$ abnimmt. Aus den Messpunkten kann eine lineare Approximation erstellt werden, die den Wert 1 annimmt, wenn $X_{AGe}$ den Wert 0 hat:

$$\frac{m_{g,X_{AGe}}}{m_{L,Start}} = 1 - 0,15 \cdot X_{AGe} \qquad \text{Gl. 4.32}$$

Somit ergibt sich für $X_{AGe}$ folgende quadratische Beziehung:

$$X_{AGe}^{2} \cdot 0,965 \cdot 0,15 - X_{AGe} \cdot \left[1 + \lambda_{Start} \cdot 0,965 \cdot (1+0,15)\right] + \lambda_{Start} \cdot 0,965 - \lambda_{Rußgrenze} = 0$$

$$\text{Gl. 4.33}$$

Die Gleichung 4.33 liefert zwei reelle Lösungen. Die zweite Lösung, die kleinere Werte in der Größenordnung des bekannten Wertebereichs für die AGR-Raten liefert, wird in dieser Arbeit verwendet. $\lambda_{Rußgrenze}$ wird als bekannt vorausgesetzt und beträgt 1,09 in dem Versuch. Die auf diese Weise berechnete Abgasrückführrate bis zur Erreichung der Rußgrenze (im Versuch definiert auf 0,6 g/kg fuel) sind in Abbildung 4.20 über $\lambda_{Start}$ dargestellt zu sehen.

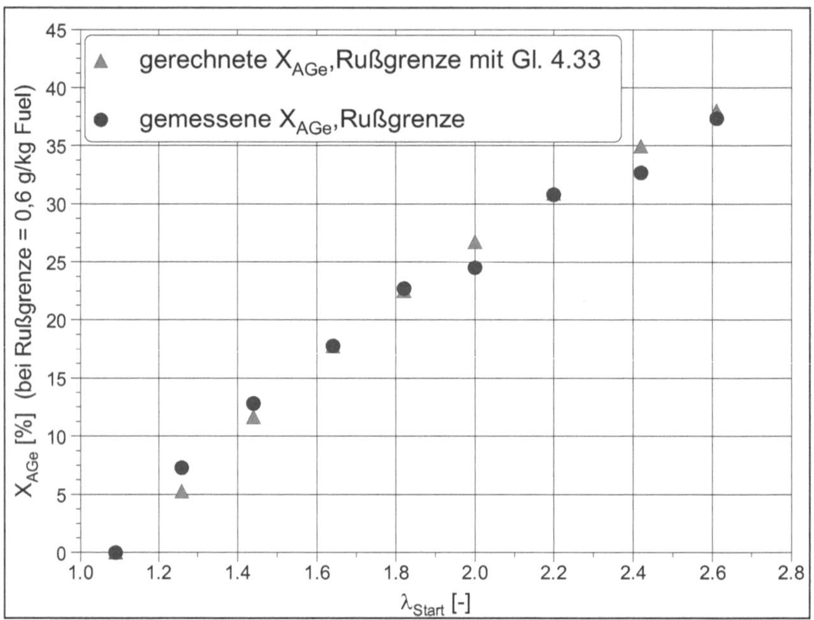


Abbildung 4.20: Erreichte Abgasrückführrate an der definierten Russgrenze von 0.6g/kg fuel bei den untersuchten Luftverhältnisse $\lambda_{Start}$

Die gerechneten und gemessenen Werte weisen einen ähnlichen Verlauf über $\lambda_{Start}$ auf und liegen nah beieinander. Die Abweichung in der Voraussage von $X_{AGe}$ beträgt maximal 2,5 %. Eine weiterführende Überprüfung der berechneten Abgasrückführrate wird durch einen Vergleich zwischen dem berechneten Luftverhältniswert und dem gemessenen Luftverhältniswert erreicht. Nach Gleichung 4.30 lässt sich $\lambda_{mitXAGe,Rußgrenze}$ als Funktion von $\lambda_{G,Rußgrenze}$ und $X_{AGe}$ darstellen.

Wird zusätzlich $\lambda_{G,Rußgrenze}$ durch den funktionalen Zusammenhang mit $\lambda_{Rußgrenze}$ ersetzt, bekommt man folgende Beziehung (unter Vernachlässigung von $m_{L,Start}/m_{L,Rußgrenze}$):

$$\lambda_{mitX_{AGe},Rußgrenze} = \lambda_{Rußgrenze} + X_{AGe} \qquad\qquad \text{Gl. 4.34}$$

$\lambda_{Rußgrenze}$ wird als bekannt vorausgesetzt und beträgt 1,09 in dem Versuch, $X_{AGe}$ wird nach Gleichung 4.33 berechnet. Die Ergebnisse der Berechnung von $\lambda_{mitXAGe,Rußgrenze}$ sind in Abbildung 4.21 ersichtlich.

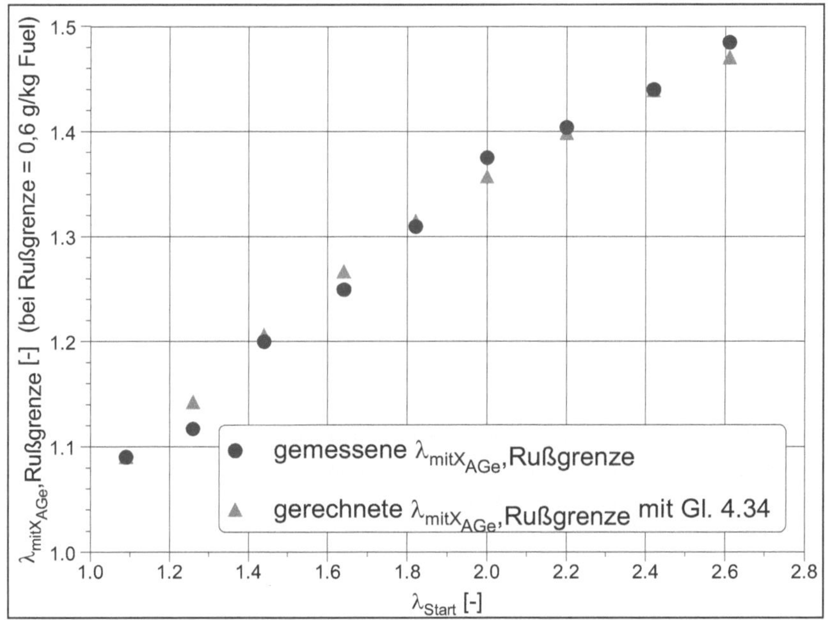


Abbildung 4.21: Erreichter Luftverhältniswert mit rückgeführtem Abgas an der definierten Russgrenze bei den untersuchten Ausgangsluftverhältnisse $\lambda_{Start}$

Zwischen den berechneten und den gemessenen Werten kann eine gute Übereinstimmung festgestellt werden. Bei hohen $\lambda_{Start}$-Werten liegen die berechneten Werte leicht unterhalb des gemessenen Niveaus. Als Ursache dafür ist die Vernachlässigung von $m_{L,Start}/m_{L,Rußgrenze}$ für die Berechnung der Abgasrückführrate zu finden.

Als Ergebnis ist die Abhängigkeit der möglichen Abgasrückführrate vom Ausgangs-luftverhältnis dargestellt. Je höher das Ausgangsluftverhältnis ist, desto mehr kann Abgas zugemischt werden, bis die Russgrenze erreicht ist. Dies ist physikalisch einsehbar, da durch die Zumischung des $O_2$-armen Abgas das Gemisch angefettet wird. Das heißt bei einem stoechiometrischen Ausgangsgemisch bewirkt die Abgaszumischung sofort ein fettes Luftverhältnis. Die gefundene Korrelation für die Rußgrenze kann mit den Messwerten gut validiert werden.

# 5  Einfluss des Einspritzdrucks auf die Rußemission

Das im Druckspeicher vom Common Rail Einspritzsystem eingestellte Druckniveau erreicht bei aktuellen Serieneinsätzen einen Maximalwert von 2000 bar [16]. Das Höchstniveau ist über die Generationen von Common-Rail-Einspritzsystemen systematisch angestiegen. Nach Pauer [17] gilt das Steigerungspotenzial des Raildruckniveaus zur Minderung der Russemission als nicht erschöpft, da keine asymptotische Annäherung an einen Grenzwert festgestellt werden konnte. In diesem Kapitel sollen die physikalischen Zusammenhänge zwischen dem Einspritzdruck und der Russkonzentration im Abgas experimentell untersucht und dargestellt werden.

Da der Einspritzdruck aufgrund der Unzugänglichkeit der Düsenspitze für die Messtechnik im heißen Brennraum nicht direkt gemessen werden kann, wird zunächst eine Methode zur Bestimmung des mittleren Einspritzdrucks für die Haupteinspritzung vorgestellt. Unter Verwendung dieser Methode wird anschließend empirisch das systematische Verhalten der Reduktion von Russemission bei Steigerung des Einspritzdrucks ermittelt. Das gefundene Verhalten wird dann mit dem Verhalten für den Motorbetrieb mit rückgeführtem Abgas verglichen. Die so gefundenen Haupteinflussfaktoren werden in einem Modell für die durch den Einspritzdruck bedingte Gemischbildung im Kraftstoffstrahl eingebracht und diskutiert. Durch die gezielte Variation der Parameter, welche das Brennverfahren beeinflussen, und durch die Analyse der davon abhängigen Russkonzentration im Abgas soll abgeleitet werden, von welchen Eigenschaften des Kraftstoffstrahls die Gemischbildung abhängig ist.

## 5.1  Bestimmung des mittleren Einspritzdrucks während der Haupteinspritzung

Für die Untersuchungen zum Einfluss des Einspritzdrucks auf die Russemissionen sind an dem verwendeten Common Rail Einspritzsystem zwei Injektortypen eingesetzt worden. Der erste Injektortyp, CRI3.0[1], ist für die Versuche zur Gesetzmäßigkeit des Russverhaltens bei Steigerung des Einspritzdruckes benutzt worden. Der Vorteil dieses piezoelektrisch angesteuerten Injektors für die Untersuchungen besteht in dem direkten Zusammenhang zwischen den bekannten Messgrößen Raildruck und Einspritzdruck. Da der Einspritzdruck nicht gemessen werden kann, wird bei der Brennverfahrensentwicklung standardmäßig der gemessene Raildruck als Größe für die Interpretation der Messergebnisse verwendet. Da sich der mittlere Einspritzdruck nicht linear mit dem Raildruck verändert, wird eine Korrelation zwischen dem Raildruck und dem Einspritzdruck erstellt.

Der zweite Injektortyp, HADI A01[2], ist für die Versuche zum Kapitel der Auflösung der durch den Einspritzdruck bedingten Gemischbildung benutzt worden. Der Vorteil dieses Injektors für die Untersuchungen besteht in einem eingebautem Druckverstärker mit einem Übersetzung von etwa 2:1, der einen hohen Düsenraumdruck bis 2500 bar bei einer im untersuchten Teillastbetriebspunkt relevanten Einspritzdauer ermöglicht. Da der mittlere Einspritzdruck aufgrund des zwischengeschalteten Druckverstärkers bei diesem Injektor während der Haupteinspritzung nicht mit dem Raildruck korreliert, wird eine Messstelle nach dem Druckverstärker für die Bestimmung des mittleren Einspritzdrucks verwendet. Zu diesem Zweck ist der Düsenraumdruck[3] gemessen worden.

---

[1] CRI3.0: Der mit hubgesteuertem Düsenöffnungs- und Schließungsprinzip des „Common Rail Injektors der dritten Generation" der Robert Bosch GmbH wird über die sich mit der Spannung veränderte Länge des eingebauten piezoelektrischen Aktors aktiviert. Im Anhang 3 sowie in [16] ist das hydraulische Funktionsbild dargestellt und erläutert.
[2] HADI A01: Der mit hubgesteuertem Düsenöffnungsprinzip des „Hydraulically Amplified Diesel Injektors" im Musterstand A01 bei der Robert Bosch GmbH wird über die sich mit der Intensität des Stroms an der Magnetspule verändernden Lorentzkraft aktiviert. Im Injektor ist ein Druckverstärkerkolben angebracht, der mit der Bestromung aktiviert wird. Im Anhang 3 sowie in [16] kann die Beschreibung der Funktion entnommen werden.
[3] Düsenraumdruck: Druck im Bereich des Hochdruckzulaufs der Einspritzdüse. Die Messstelle und das Messprinzip sind im Anhang 3 ersichtlich.

### 5.1.1   Methode mit gemessenem Raildruck für CRI3.0

Aufgrund der Unzugänglichkeit des Sacklochraums für einen Sensor zur Druckmessung ist im Rahmen dieser Arbeit der mittlere Einspritzdruck über einen Zusammenhang zwischen dem gemessenen Raildruck und dem Düsensacklochdruck ermittelt worden. Die Daten für die Erstellung des Zusammenhangs basieren auf den Ergebnissen einer eindimensionalen Hydrauliksimulation mit dem Tool AMESim[1] und dem entsprechenden Injektormodell der Motoruntersuchungen [78]. Das Ergebnis der Simulation ist der Sacklochdruckverlauf über der Einspritzdauer für folgende Einstellungen: Es wird mit dem CRI3.0-Injektor eine Raildruckvariation von 400 bis 1600bar mit 200bar Schrittweite durchgeführt und bei jedem Raildruck wird eine Variation der Ansteuerdauer von 300 bis 1500μs mit 100μs Schrittweite realisiert.

Bei gleicher Ansteuerdauer und unterschiedlichen Raildruckniveaus werden unterschiedliche Einspritzmengen abgesetzt. Da im Einzylindermotorversuch folgender Bereich für die Einspritzmasse bei der Haupteinspritzung abgedeckt ist: 10 mg/Einspritzung $< m_B < 40$ mg/Einspritzung, ergibt sich die größte Ansteuerdauer von 1500 μs für 40,5 mg mit dem Raildruck 400 bar und die kleinste Ansteuerdauer von 300 μs für 8,7 mg mit dem Raildruck 1600 bar. Der Zusammenhang zwischen dem Raildruck und dem mittleren Einspritzdruck wird über zwei Beziehungen hergeleitet:

1.   maximaler Sacklochdruck als Funktion des Raildrucks
2.   mittlerer Einspritzdruck als Funktion des maximalen Sacklochdrucks

In Abbildung 5.1 sind die maximalen Werte des Sacklochdrucks für alle simulierten Punkte über der abgesetzten Brennstoffmasse pro Einspritzung dargestellt.

---

[1] AMESim ist ein Programm zur numerischen Simulation technischer Systeme auf der Basis nicht linearer Differentialgleichungssysteme. Dem Anwender stehen dabei eine Vielzahl fertiger Modelle aus unterschiedlichen physikalischen Domänen (Mechanik, Hydrodynamik, Elektromechanik, etc.) zur Verfügung, die er durch eigene Modelle erweitern kann, siehe auch [73].

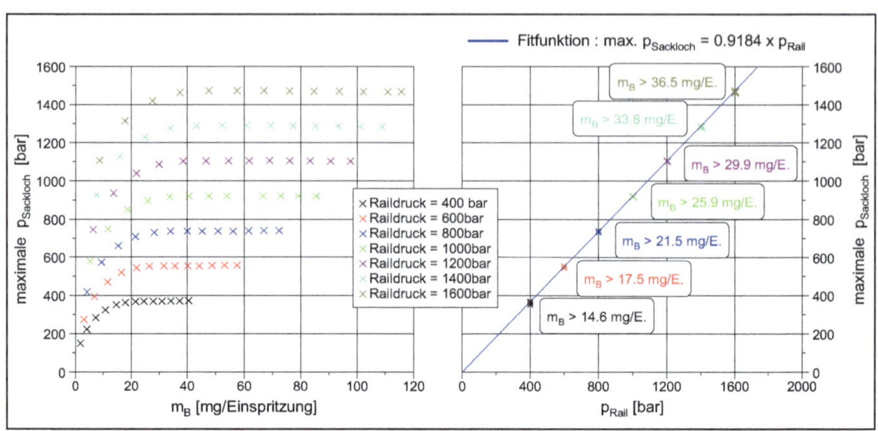


Abbildung 5.1: Darstellung des Sacklochdruckplateaus bei höheren Einspritzmassen

Für alle eingestellten Raildrücke ist beim maximalen Sacklochdruck im linken
Diagramm die Ausbildung eines Plateaus in Richtung höherer abgesetzter Einspritzmassen erkennbar. Nach Auswertung der Plateauhöhe für jeden Raildruck,
im rechten Diagramm sichtbar, kann ein linearer Zusammenhang mit dem eingestellten Raildruck festgestellt werden.

$$p_{Sackloch}\,(Maximalwert) = 0,9184 \cdot p_{Rail}\,(Mittelwert) \qquad \text{Gl. 5.1}$$

Die Beziehung ist für jeden Raildruck nur für Einspritzmassen gültig, bei denen
das Plateau ausgebildet ist. Die untere Grenze der abgesetzten Brennstoffmasse
unter Einhaltung des Plateaus ist für jeden simulierten Raildruck im rechten
Diagramm ersichtlich. Der erreichte Maximalwert des Sacklochdrucks während
der Einspritzung bleibt bei allen simulierten Punkten kleiner als der eingestellte
Raildruck. Dieser Sachverhalt ergibt sich durch die Abstimmung der Drossel-
querschnitte aus den Spritzlöchern und aus dem Nadelsitzspalt. Eine Entdrosselung der Düse ist erreicht, wenn der Strömungsquerschnitt im Sitzspalt gleich
groß wie der Strömungsquerschnitt der Spritzlöcher ist. Da der Strömungsquerschnitt sehr empfindlich gegenüber der Feingeometrie der jeweiligen Drossel-
stellen ist, z.B. der Verrundung des Locheinlaufes, ist eine Simulation notwendig, um den Druck im Sacklochbereich zu bestimmen. Eine Beschreibung der

verwendeten Modellierung mit variablen Stoffwerten kann [14] entnommen werden. Der mittlere Wert des Sacklochdrucks während der Einspritzung, bzw. der mittlere Einspritzdruck, hängt über folgende Beziehung mit dem maximalen Sacklochdruck zusammen:

$$p_{Sackloch}\,(Mittelwert) = p_{Sackloch}\,(Maximalwert) \cdot Formfaktor \qquad \text{Gl. 5.2}$$

Der Formfaktor stellt das Verhältnis zwischen der Form des Druckverlaufs während der Einspritzung und der Form eines idealen rechteckigen Verlaufs dar. Die Berechnung des Formfaktors kann Abbildung 5.2 entnommen werden. Nach Auswertung des Formfaktors für alle simulierten Punkte, im rechten Diagramm von Abbildung 5.2, werden zwei Zusammenhänge deutlich:

1.   der Formfaktor ist unabhängig vom eingestellten Raildruck

2.   der Formfaktor kann als Funktion der Einspritzmasse approximiert werden

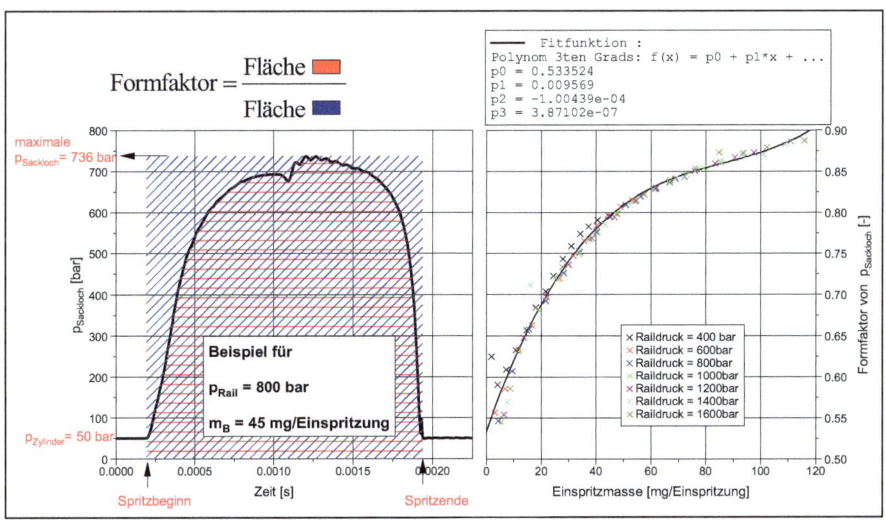


Abbildung 5.2: Approximation des Verlaufs des Formfaktors

Die Simulation des Sacklochdruckes ist mit den Standardeinstellungen der Abteilung DS/ETI2 der Robert Bosch GmbH durchgeführt worden: ein konstantes

Zylinderdruckniveau von 50 bar und ein Prüföl mit gleichen Eigenschaften wie die des Sommerdiesels aus den Motoruntersuchungen.

Abbildung 5.2 können die Parameter der Approximation des Formfaktors über ein Polynom dritten Grades als Funktion der eingespritzten Brennstoffmasse entnommen werden.

$$Formfaktor = p0 + p1 \cdot m_B + p2 \cdot m_B^2 + p3 \cdot m_B^3 \qquad \text{Gl. 5.3}$$

Der mittlere Einspritzdruck wird innerhalb des Einspritzmassenbereiches berechnet, der in Abbildung 5.1 dargestellt ist. Das Einsetzen der zwei ermittelten Approximationen aus Gleichung 5.1 und aus Gleichung 5.3 in Gleichung 5.2 ergibt folgende Beziehung:

$$p_{Inj}(Mittelwert) = (p0 + p1 \cdot m_B + p2 \cdot m_B^2 + p3 \cdot m_B^3) \cdot 0.9184 \cdot p_{Rail} \qquad \text{Gl. 5.4}$$

Eine Gegenüberstellung der mit der Gleichung 5.4 berechneten Werte des mittleren Einspritzdrucks und den mittleren Einspritzdruckwerten aus dem Verlauf des simulierten Sacklochdrucks während der Einspritzung ist in Abbildung 5.4 zu sehen. Für die Einspritzmassenwerte oberhalb des in Abbildung 5.1 definierten Grenzbereiches (auch eingekreist in Abbildung 5.3), ist eine gute Übereinstimmung der berechneten Werte und der simulierten Werte zu finden. Für die Einspritzmassenwerte unterhalb des Grenzbereiches liegen die berechneten Werte deutlich über den Werten der Simulation. Eine Bestimmung des mittleren Einspritzdrucks nach Gleichung 5.4 wird in dieser Arbeit nur für Einspritzmassen oberhalb des in Abbildung 5.1 definierten Grenzbereiches durchgeführt.

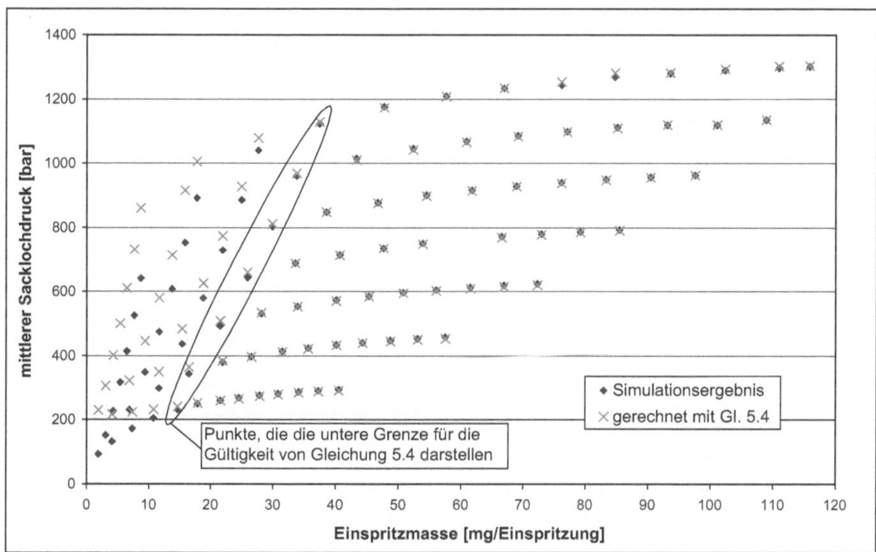


Abbildung 5.3: Vergleich der mittels Gleichung 5.4 berechneten und der mittels AMESim simulierten Werte

## 5.1.2 Methode mit gemessenem Düsenraumdruck für HADI

Die Bestimmung des Sacklochdrucks für das Einspritzsystem HADI wird ähnlich wie für CRI3.0 durchgeführt. Dies geschieht über einen während der Motoruntersuchungen gemessenen Druckwert im Düsenraum und einen Zusammenhang zwischen dieser Messgröße und dem Sacklochdruck, der aus einer eindimensionalen AMESim Hydrauliksimulation ermittelt wurde. Die Ursache für die Notwendigkeit einer anderen Methode als mit CRI3.0 ist die unterschiedliche Anordnung der Druckmessstelle. Weil der HADI-Injektor einen Druckverstärker besitzt, ist eine funktionale Trennung des Druckniveaus im Common Rail und des Druckniveaus im Sacklochraum realisiert worden. Eine einfache Korrelation wie bei CRI3.0 ist dadurch ausgeschlossen. Dies erfordert eine neue Messstelle zwischen dem Druckverstärker und dem Nadelsitz. Um diese Anforderung zu erfüllen, ist eine neue Messstelle in der Zulaufbohrung der Düse angebracht worden. Da bis zum Nadelsitz keine nennenswerte Drosselung erfolgt, ist der Druck in der Zulaufbohrung der Düse und im Düsenraum gleich hoch. Der gemessene Druck wird somit als Düsenraumdruck bezeichnet. Eine Darstellung des Düsenraums kann Abbildung 5.4 entnommen werden.

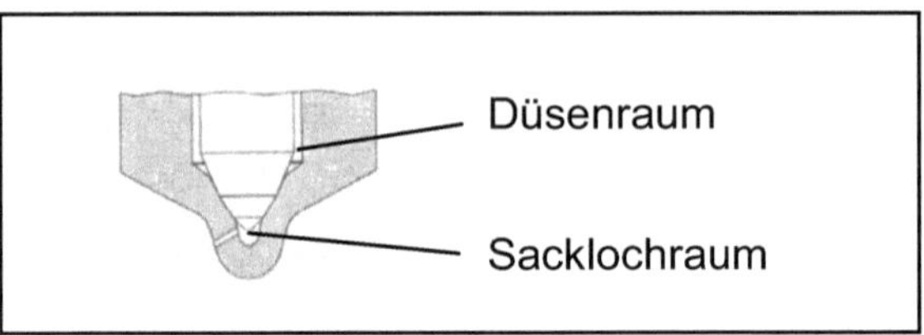


Abbildung 5.4: Schnittbild der Düsenkuppe

Die Druckmessung an der Zulaufbohrung der Düse erfolgt über Dehnungsmessstreifen, die in einer Wheathstone-Widerstandsbrücke elektrisch angeordnet sind. Zwei Dehnmessstreifen sind an eine geschliffene Fläche längs der Zulaufbohrung und zwei sind an der gegenüber liegenden Stelle appliziert. Proportional zur Druckerhöhung werden die Bohrungswände im elastischen Bereich gedehnt, und die Spannung innerhalb der Brücke verändert sich mit linearem Verhältnis zur Dehnung. Eine Beschreibung des Messprinzips ist in Anhang 3 zu sehen. Die Motormessungen mit HADI sind alle im stationärem Motorbetrieb bei $n = 2000$ U/min, $pmi = 8$ bar und konstantem Verbrauch durchgeführt worden. Die Höhe der abgesetzten Einspritzmasse bei der Haupteinspritzung liegt bei diesem Betriebspunkt bei 23 mg. Dementsprechend ist bei dieser konstanten Einspritzmasse eine eindimensionale Hydrauliksimulation mit Variation des Raildrucks von 700 bar bis 1600 bar durchgeführt worden. Da im Motorversuch unterschiedliche Düsendurchflüsse getestet worden sind, ist eine separate Simulationsrechnung für jeden hydraulischen Durchfluss realisiert worden [79].

In Abbildung 5.5 ist ein Beispielergebnis des Sacklochdruckverlaufs aus der Simulation mit dem Düsendurchfluss $Qhyd = 280$ cm³/30s bei 100bar gezeigt. Wie für den CRI3.0 ist für alle berechneten Druckverläufe der Formfaktor bestimmt worden. Im rechten Diagramm liegen die Werte des Formfaktors innerhalb des untersuchten Druckbereichs von 1000 bis 2500 bar auf nahezu gleichem Niveau.

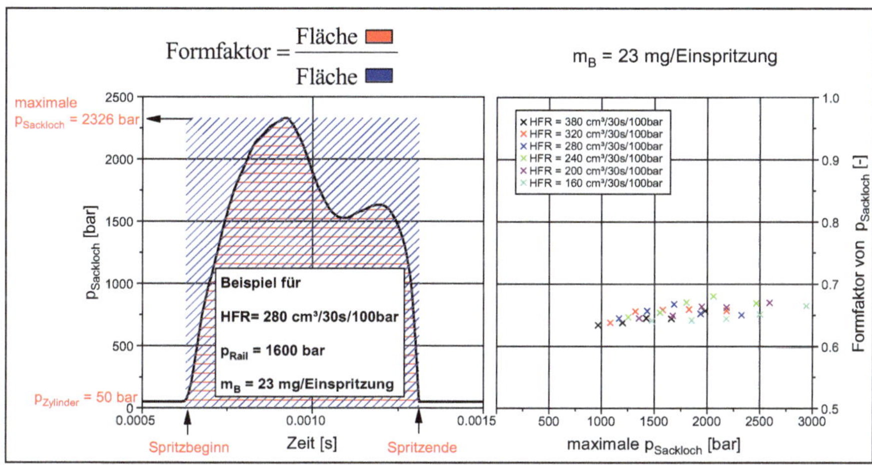


Abbildung 5.5: Approximation des Verlaufs von Formfaktor über maximalem Sacklochdruck

Zusätzlich kann in Abbildung 5.5 festgestellt werden, dass sich der Formfaktor bei konstantem maximalem Sacklochdruck zwischen den verschiedenen untersuchten Düsendurchflüssen nur marginal verändert. Da der mittlere Einspritzdruck sich nach Gleichung 5.2 aus dem Formfaktor und dem maximalen Sacklochdruck zusammensetzt, muss sich der mittlere Einspritzdruck nahezu linear mit dem maximalen Einspritzdruck verändern, wenn der Formfaktor konstant bleiben soll. In der Abbildung 5.6 sind die Werte des mittleren Einspritzdrucks aus allen simulierten Sacklochdruckverläufen über den Werten des maximalen Einspritzdrucks aufgetragen. Eine lineare Beziehung kann festgestellt werden, und eine lineare Approximation mit gezwungenem Null-Durchgang ergibt folgende Fitfunktion:

$$p_{Sackloch}(Mittelwert) \; = \; 0,6617 \cdot \; p_{Sackloch}(Maximalwert) \qquad \text{Gl. 5.5}$$

Die Eigenschaft, einen nahezu konstanten Formfaktor trotz Veränderung des Durchflusses zu bewahren, ist in der hydraulischen Dämpfung der Nadelbewegung zu Beginn der Öffnung der Düsennadel begründet. Die langsame Entdrosselung der Düse dominiert am Anfang des Nadelöffnens das Durchflussverhalten der Düse. Das Ergebnis eines vom Düsendurchfluss nahezu unabhängigen Formfaktors des Sacklochdruckverlaufs ermöglicht es, den einfachen linearen Zusammenhang zwischen dem mittleren und dem maximalen Sacklochdruck darzustellen.

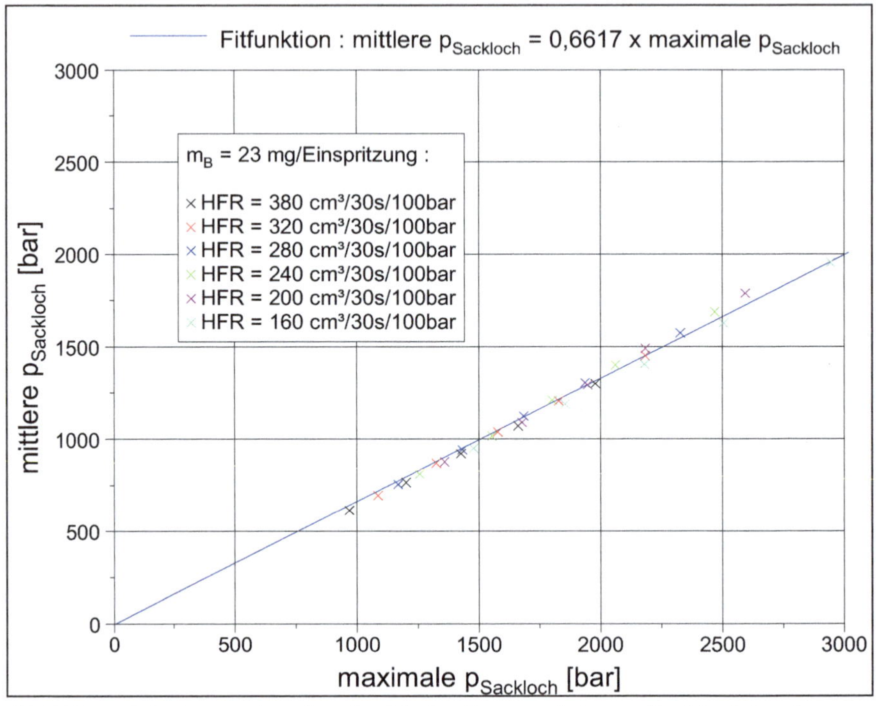


Abbildung 5.6: Approximation des Verlaufs von mittlerem Sacklochdruck

Als zweites Glied der Methode wird der Zusammenhang zwischen dem maximalen Düsenraumdruck und dem maximalen Sacklochdruck verwendet. In Abbildung 5.7 sind die Werte des maximalen Düsenraumdrucks und Sacklochdrucks für alle untersuchten Düsendurchflüsse und Raildruckniveaus der Simulation dargestellt.

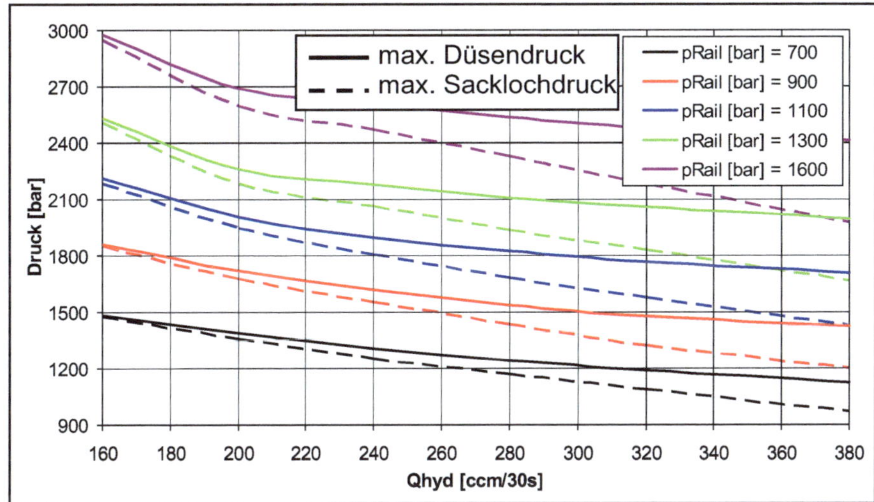


Abbildung 5.7: Vergleich der maximalen Druckwerte in der Düse

Alle Maximalwerte des Sacklochdrucks liegen unterhalb der Maximalwerte des Düsenraumdrucks. Der Unterschied vergrößert sich bei zunehmendem Düsendurchfluss. Als Erklärung für diesen Sachverhalt kann die längere Entdrosselungszeit beim Nadelöffnen für höhere Düsendurchflüsse herangezogen werden. Der Nadelsitzdurchmesser sowie das Dämpfermodul sind bei der Durchflussveränderung nicht geändert worden. Durch die hydraulische Dämpfung bleibt die Nadelgeschwindigkeit zu Beginn der Öffnung für alle Düsendurchflüsse nahezu gleich hoch. Da ein zu den Spritzlöchern äquivalenter Strömungsquerschnitt am Nadelsitzspalt für größere Düsendurchflüsse erst bei höherem Nadelhub erreicht wird, dauert die Entdrosselung der Düse für höhere Düsendurchflüsse bei gleicher Nadelöffnungsgeschwindigkeit länger. Für die Bestimmung des maximalen Sacklochdrucks muss dieser Sachverhalt berücksichtigt werden. Da bei den Motoruntersuchungen die Werte des maximalen Düsenraumdrucks unterschiedlich hoch wie in der Simulation ausfallen, können die Absolutwerte aus der Simulation nicht für die Berechnung mit Werten aus den Motormessungen übernommen werden. Unter der Annahme, dass das Injektorverhalten bei der Simulation und bei den Motoruntersuchungen gleich ist, ist der aus der Simulation ermittelte Druckverlust übertragbar.

$$Druckverlust = \frac{p_{D\ddot{u}senraum}(Maximalwert) - p_{Sacklochraum}(Maximalwert)}{p_{D\ddot{u}senraum}(Maximalwert)} \quad \text{Gl. 5.6}$$

In der Abbildung 5.8 ist der Druckverlust zwischen dem Maximaldruckwert im Düsenraum und im Sacklochraum über dem hydraulischen Düsendurchfluss aufgetragen.

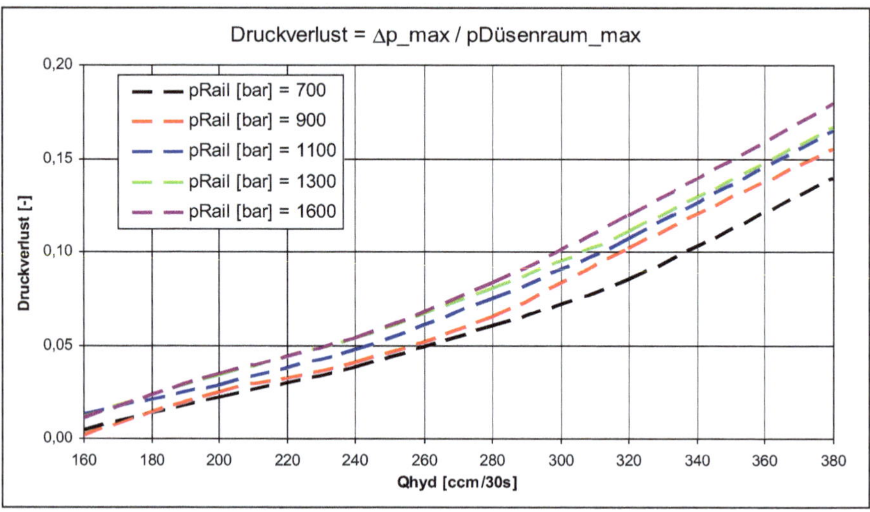


Abbildung 5.8: Darstellung des Druckverlustes über dem hydraulischen Durchfluss

Nach Abziehen des Druckverlustbetrags von dem gemessenen maximalen Düsenraumdruckwert für jeden Messpunkt können die maximalen Sacklochdruckwerte aus den Motoruntersuchungen gewonnen werden. Die Berechnung des mittleren Einspritzdrucks innerhalb der durchgeführten Versuche mit HADI erfolgt somit über folgende Beziehung:

$$p_{Inj}(Mittelwert) = 0,6617 \cdot p_{D\ddot{u}senraum}(Maximalwert) \cdot (1 - Druckverlust) \quad \text{Gl. 5.7}$$

## 5.2  Gesetzmäßigkeit des Rußverhaltens bei Steigerung des Einspritzdrucks

Für die Erstellung eines Modells zur Beschreibung des Einflusses des Einspritzdrucks auf die Rußemission muss im ersten Schritt die Änderung der Rußemission in Abhängigkeit des Einspritzdrucks experimentell ermittelt werden. Die möglichen physikalischen Vorgänge, die jeweils relevant sind und nach denen gesucht wird, bestimmen der Grad der funktionalen Beziehung (z.B. linear, quadratisch, exponentiell, usw.), die das Verhalten der Rußemissionsergebnisse am besten annähert. Das Vorgehen ist zunächst für den Motorbetrieb ohne rückgeführtes Abgas durchgeführt worden. Im Kapitel 4.2.1 ist ein Zusammenhang zwischen dem $\lambda_{G,Rußgrenze}$ für den Motorbetrieb mit Abgasrückführung und $\lambda_{Rußgrenze}$ für den Motorbetrieb ohne Abgasrückführung in Gleichung 4.30 aufgestellt worden. Im zweiten Schritt ist demnach experimentell die Übertragung der gefundenen funktionalen Beziehung für den Motorbetrieb ohne Abgasrückführung über die Gleichung 4.30 auf den Motorbetrieb mit rückgeführtem Abgas zu überprüfen.

### 5.2.1  Empirische Formulierung des Rußverhaltens beim Motorbetrieb ohne Abgasrückführung

Da das Luftverhältnis einen großen Einfluss auf die Russemission beim Dieselmotor hat, muss ein Experiment zur empirischen Formulierung des Verhaltens der Russkonzentration im Abgas bei Veränderung des Einspritzdrucks das verwendete Luftverhältnis berücksichtigen. Hierfür werden Luftverhältnisvariationen für jeden eingestellten Raildruck durchgeführt. Zusätzlich wird bei den verschiedenen Einspritzdrücken die Gasdichte auf konstantem Niveau eingehalten. Hierfür werden folgende Einstellungen konstant gehalten: Motordrehzahl 2000 U/min, Ladedruck 1450 mbar, Abgasgegendruck 1550 mbar, Temperatur von Ladeluft 30°C und keine Abgasrückführung. Schrittweise wird das Luftverhältnis durch Erhöhung der zugeführten Einspritzmasse abgesenkt, bis ein Rußwert größer als 0,8 g/kg fuel gemessen wird. Die Zylinderdruckverläufe für die eingestellten Raildrücke sind beispielhaft bei einem Luftverhältniswert von etwa 1,8 in Abbildung 5.9 dargestellt. Die Untersuchung ist am Aggregat Nr.1 vorgenommen worden. Hierbei war das Aggregat mit dem „abgedrallten Zylinderkopf" und der „Basiskolbenmulde" ausgerüstet, siehe Anhang 1 und 2. Im oberen Diagramm wird das in der Hochdruckleitung zum Injektor gemessene Drucksignal gezeigt und im unteren Diagramm sind die Verläufe vom gemessenen Ansteuerstrom zu sehen. Der Ansteuerbeginn liegt bei allen eingestellten Raildrücken an der gleichen Position von 5,3 °KW vor OT. Im mittleren Diagramm sind die gemessenen Signale des Zylinderdrucks sowie dessen Ableitung $dp_{Zylinder}/d\alpha$ dargestellt. Es kann bei der Erhöhung des Raildrucks festgestellt werden, dass zum einen der Zündverzug kürzer wird [17] und dass zum anderen der maximale Druckanstiegsgradient höher wird.

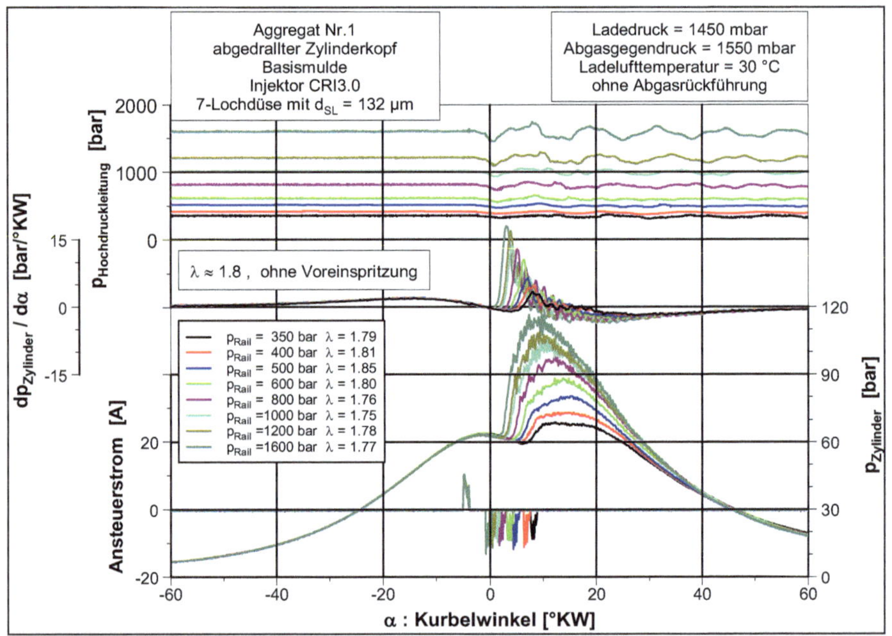


Abbildung 5.9: Zylinderdruckverläufe der Raildruckvariation bei konstantem $\lambda$

Der maximale Druckanstiegsgradient $dp_{Zylinder}/d\alpha$ kurz nach der Selbstzündung ist bei Raildrücken größer als 400 bar größer als 6 bar/°KW; bei Raildrücken größer als 1000 bar nimmt der Druckanstiegsgradient einen größeren Wert als 15 bar/°KW an. Ein hoher Druckanstiegsgradient bewirkt ein hohes Geräuschniveau, das im Pkw aus Komfortgründen begrenzt wird. Druckanstiegsgradienten oberhalb von 6 bar/°KW werden im Fahrzeug im Teillastbetrieb nicht zugelassen. Da in der vorliegende Versuchsreihe mit einer einzigen Einspritzung pro Arbeitspiel kein weiterer Parameter als der Einspritzdruck geändert wird, der auf die Rußemission Einfluss nimmt, eignet sie sich, um der Zusammenhang zwischen dem Einspritzdruck und die Rußemission im Abgas herzuleiten. Um zusätzlich den Bezug zur Anwendung im Fahrzeug zu behalten, wird anschließend der gleiche Versuch mit einer Voreinspritzung wiederholt, um das maximale $dp_{Zylinder}/d\alpha$ auf 6 bar/°KW herabzusetzen. Die Übertragbarkeit des ohne Voreinspritzung gefundenen Zusammenhangs auf das Einspritzmuster mit Voreinspritzung wird somit überprüft. In Abbildung 5.10 sind für die durchgeführten Luftverhältnisvariationen mit dem Einspritzmuster mit einer einzigen Einspritzung die Messergebnisse der Rußemission im Abgas und der pro Arbeitspiel abgesetzte Brennstoffmasse über dem Luftverhältnis dargestellt.

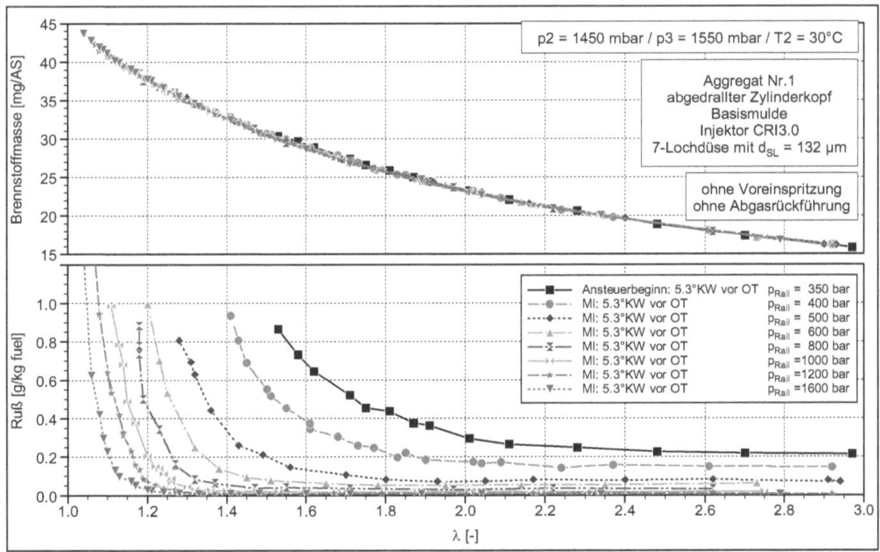


Abbildung 5.10: Gemessene Werte von zugeführter Brennstoffmasse und von Rußemission im Abgas aus den Luftverhältnisabsenkungen ohne Voreinspritzung

Die Verläufe der Rußemission über dem Luftverhältnis weisen für alle untersuchten Raildrücke einen Anstieg bei kleiner werdendem Luftverhältnis auf. Zum Beispiel kann ein Anstieg der Rußemission bei der Kurve mit 1000 bar Raildruck ab Luftverhältniswerte kleiner als $\lambda = 1,3$ beobachtet werden. Dabei ist das Luftverhältnis, bei dem der Anstieg anfängt, auf umso niedrigerem Niveau, je höher der Raildruck liegt. Zusätzlich liegt das absolute Niveau vor dem Anstieg höher je kleiner das Raildruckniveau ist. Zum Beispiel kann bei einem Luftverhältniswert von $\lambda = 2,6$ , der für Raildrücke größer als 350 bar im Bereich vor dem Rußemissionsanstieg liegt, bei 400 bar Raildruck ein Rußwert von 0,15 g/kg fuel und bei 1600 bar Raildruck ein Rußwert von 0,01 g/kg fuel abgelesen werden. Beim Vergleich des Rußemissionsniveaus bei konstantem Luftverhältnis von $\lambda = 1,8$ kann die größte Absenkung der Rußemission bei Steigerung des Raildrucks von 350 bar auf 600 bar festgestellt werden. Wird das beobachtete Luftverhältnis auf ein niedriges Niveau wie $\lambda = 1,4$ eingeregelt, kann festgestellt werden, dass die größte Absenkung bis 1000 bar stattfindet. Als Ursache hierfür kann das unterschiedliche Luftverhältnisniveau zwischen 600 bar und 1000 bar, an dem der Anstieg der Rußemission beginnt, herangezogen werden: für 600 bar liegt dieses bei etwa $\lambda = 1,5$ und für 1000 bar liegt dieses bei etwa $\lambda = 1,3$. Eine Funktion zur Beschreibung des Rußverhaltens bei Änderung des Raildrucks kann demnach nur bei konstantem Luftverhältnis ermittelt werden. Als Überprüfung der gefundenen Beziehung kann anschließend ein Vergleich der Voraussage der Rußemissionswerte bei anderen Luftverhältniswerten unter Verwendung der gleichen Parametrierung durchgeführt werden. Die über die Funktion ermittelten Werte müssen dann die Veränderung des Raildruckwerts wiedergeben, bis zu welchem die größte Absenkung stattfindet.

Als Faktor für die zu ermittelnde Funktion ist der mittlere Einspritzdruck während der Haupteinspritzung zu verwenden. Dieser setzt sich nach Gleichung 5.4 für den verwendeten CRI3.0-Injektor aus dem Formfaktor, dem Raildruck und einer Konstanten (= 0,9184) zusammen. Da bei konstantem Luftverhältniswert in dem Versuch die Einspritzmasse konstant bleibt, bleibt der Formfaktor nahezu konstant. Für Einspritzmassen oberhalb von Werten, die in Abbildung 5.1 dargestellt sind (z.B. $m_B > 36,5$ mg/Einspritzung für Raildruck = 1600 bar), verhält sich dann die Änderung des mittleren Einspritzdrucks linear zur Änderung des Raildrucks. Da die Einspritzmasse bei einem Raildruck von 1600 bar für Luftverhältniswerte kleiner und gleich 1,25 größer als 36,5 mg/Einspritzung sind, kann für Luftverhältnisse in diesem Bereich ein Wert für den mittleren Einspritzdruck für alle untersuchten Raildrücke über Gleichung 5.4 berechnet werden.

Für die Ermittlung der Funktion sind zwei Luftverhältnisniveaus aus diesem Wertebereich ausgewählt worden: $\lambda = 1{,}20$ und $\lambda = 1{,}25$. Diese zwei Luftverhältniswerte decken mit den zugehörigen Rußwerten den weiten Raildruckbereich von 600 bar bis 1600 bar ab. Die Messwerte $p_{Rail}$, $m_B$, $Ru\beta$ sowie die berechneten Werte des Formfaktors und des mittleren $p_{Inj}$ sind für diese zwei Luftverhätnisniveaus tabellarisch in Abbildung 5.11 dargestellt.

| $\lambda$ | $p_{Rail}$ | $m_B$ | Formfaktor | mittlere $p_{Inj}$ | Ruß gemessen |
|---|---|---|---|---|---|
| [-] | [bar] | [mg/Einspritzung] | [-] | [bar] | [g/kg fuel] |
| 1,25 | 600 | 36,6 | 0,768 | 423 | 0,530 |
| 1,25 | 800 | 36,6 | 0,768 | 564 | 0,250 |
| 1,25 | 1000 | 36,6 | 0,768 | 706 | 0,100 |
| 1,25 | 1200 | 36,6 | 0,768 | 847 | 0,040 |
| 1,25 | 1600 | 36,6 | 0,768 | 1129 | 0,015 |
| 1,20 | 600 | 37,8 | 0,773 | 426 | 0,990 |
| 1,20 | 800 | 37,8 | 0,773 | 568 | 0,455 |
| 1,20 | 1000 | 37,8 | 0,773 | 710 | 0,200 |
| 1,20 | 1200 | 37,8 | 0,773 | 851 | 0,075 |
| 1,20 | 1600 | 37,8 | 0,773 | 1135 | 0,030 |

Abbildung 5.11: Darstellung der berechneten Werte des mittleren $p_{Inj}$

Da der Verlauf der Rußwerte bei Erhöhung von $p_{inj}$ in eine Sättigung zu laufen scheint und systematisch eine Halbierung des Rußwerts für eine bestimmte äquidistante Erhöhung von $p_{inj}$ stattfindet wird für die empirische Beschreibung des Verhaltens der Rußkonzentration im Abgas bei Steigerung des Einspritzdrucks eine Halbwertsfunktion in folgender Form gewählt:

Bei konstantem Luftverhältnis gilt:

$$Ruß_{p_{Inj}} = Ruß_{min} + \left( Ruß_{Messung} - Ruß_{min} \right) \cdot e^{-\frac{\ln 2}{p_{Inj,1/2}} \cdot \left( p_{Inj} - p_{Inj,Messung} \right)} \qquad \text{Gl. 5.8}$$

$Ruß_{p_{Inj}}$ stellt den gesuchten Wert von Ruß bei dem mittleren Einspritzdruck $p_{Inj}$ dar. $Ruß_{min}$ stellt den kleinsten erreichbaren Rußwert für den eingestellten Ladedruck dar. $Ruß_{Messung}$ stellt den gemessenen Rußwert bei dem eingestellten mittleren Einspritzdruck bei der Messung $p_{Inj,Messung}$ dar. Diese empirische Methode setzt eine Messung bei gleichem Luftverhältnis voraus, in der eine Paarung der Messwerte $p_{Inj,Messung}$ und $Ruß_{Messung}$ gewonnen wird. Dabei ist zu beachten, dass der eingestellte $p_{Inj,Messung}$ strikt kleiner als der gesuchte $p_{Inj}$ sein muss. $p_{Inj,1/2}$ stellt die Steigerung des mittleren Einspritzdrucks dar, die notwendig ist um eine Halbierung des Rußwerts herbeizuführen. Für die Anwendung der Halbwertsfunktion sind die Kenntnis des Messwerts $Ruß_{Messung}$ und eine Iteration von $Ruß_{min}$ und von $p_{Inj,1/2}$ notwendig. Ziel der Iteration ist es, anhand der Halbwertsfunktion den Verlauf aus den Messpunkten zu approximieren. Für die Messdaten aus dem Versuch für die zwei Luftverhältniswerte $\lambda = 1,2$ und $\lambda = 1,25$, in Abbildung 5.11 dargestellt, entspricht $Ruß_{Messung}$ dem Rußwert beim kleinsteingestelltem Raildruck von 600 bar. Die Iteration von $Ruß_{min}$ und von $p_{Inj,1/2}$ ergibt folgende Werte:

$Ruß_{min} = 0{,}01$ g/kg fuel und $p_{Inj,1/2} = 110$ bar

Ein Vergleich zwischen den mit Gleichung 5.8 gerechneten Rußwerten und den Messwerten aus beiden untersuchten Luftverhältniswerten kann Abbildung 5.12 entnommen werden. Die Kurve der gerechneten Rußwerte verläuft für die beiden untersuchten Luftverhältniswerte nahezu auf der Höhe der Rußmesswerte. Da die Parametrierung von $Ruß_{min}$ und von $p_{Inj,1/2}$ für beide Luftverhältnisse gleich geblieben ist, sowie für andere Luftverhältniswerte hier nicht dargestellt, kann vermutet werden, dass die gefundene Halbwertsfunktion ihre Voraussage bezüglich des Rußverhaltens bei Steigerung des Einspritzdrucks für andere Luftverhältniswerte behält.

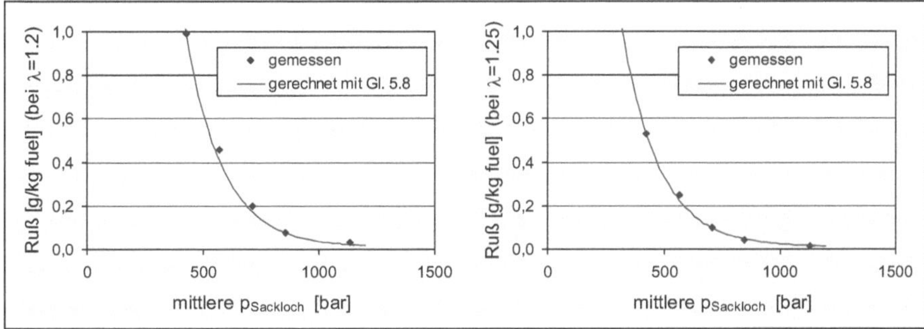

Abbildung 5.12: Vergleich zwischen der Mess- und der berechneten Werte von Rußemission

Dieses Verhalten bedeutet übertragen auf die Größe Luftverhältnis, dass die Halbwertsfunktion mit der gleichen Parametrierung für $p_{Inj,1/2}$ die Luftverhältniswerte bei konstantem Rußwert wiedergeben kann. Die Halbwertsfunktion nimmt für die Beschreibung der Änderung des Luftverhältnisses bei Steigerung des mittleren Einspritzdrucks folgende Form an:

Bei konstanter Rußemission im Abgas gilt:

$$\lambda_{p_{Inj}} = \lambda_{min} + \left(\lambda_{Messung} - \lambda_{min}\right) \cdot e^{-\frac{\ln 2}{p_{Inj,1/2}} \cdot (p_{Inj} - p_{Inj,Messung})} \qquad \text{Gl. 5.9}$$

$\lambda_{pInj}$ stellt den gesuchten Wert des Luftverhältnisses bei dem mittleren Einspritzdruck $p_{Inj}$ dar. $\lambda_{min}$ stellt den kleinsten erreichbaren Luftverhältniswert für den eingestellten Ladedruck dar. $\lambda_{Messung}$ stellt den gemessenen Luftverhältniswert bei dem eingestellten $p_{Inj,Messung}$ dar. Eine Überprüfung dieser Halbwertsfunktion ist für einen Rußwert von 0,6 g/kg fuel aus dem Versuch durchgeführt worden. In Abbildung 5.13 können die gemessenen Werte des Luftverhältnisses bei dem Rußwert von 0,6 g/kg fuel für alle untersuchten Raildrücke entnommen werden. Die Einspritzmassen bei $Ruß = 0,6$ g/kg fuel sind in dem Versuch größer als die unteren Grenzwerte für die Anwendbarkeit dieser Berechnungsmethode des mittleren Einspritzdrucks, so dass für alle untersuchten Raildrücke ein Wert anhand der Methode gerechnet werden kann.

| $p_{Rail}$ | $m_B$ | Formfaktor | mittlere $p_{Inj}$ | $\lambda$ gemessen |
|---|---|---|---|---|
| [bar] | [mg/Einspritzung] | [-] | [bar] | [-] |
| 350 | 28,0 | 0,73 | 235 | 1,650 |
| 400 | 31,0 | 0,75 | 274 | 1,485 |
| 500 | 34,5 | 0,76 | 349 | 1,325 |
| 600 | 37,0 | 0,77 | 424 | 1,240 |
| 800 | 38,2 | 0,77 | 569 | 1,180 |
| 1000 | 39,5 | 0,78 | 715 | 1,140 |
| 1200 | 41,0 | 0,78 | 864 | 1,105 |
| 1600 | 42,7 | 0,79 | 1160 | 1,070 |

Abbildung 5.13: Darstellung der berechneten Werte von mittlerer $p_{Inj}$

Da die Halbwertsfunktion die gleiche Parametrierung für $p_{Inj,1/2}$ mit 110 bar behalten soll, bleiben für die Anwendung ein Messwert und eine Iteration für $\lambda_{min}$ notwendig. Der Messwert für den Versuch ist der Luftverhältniswert von $\lambda = 1{,}65$ bei dem Raildruck von 350 bar, und die Iteration für $\lambda_{min}$ ergibt einen Wert von 1,06.

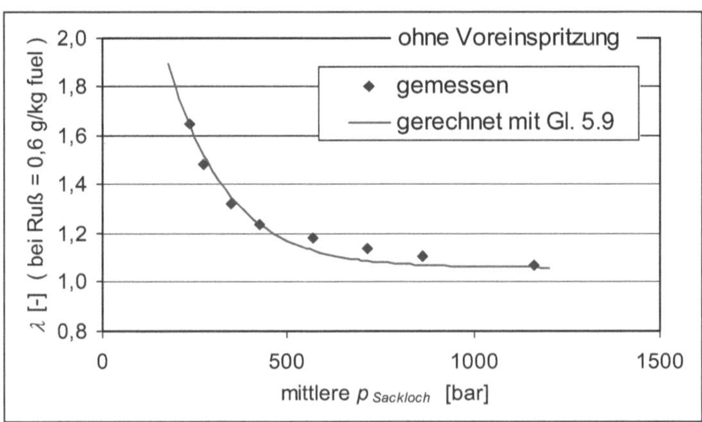


Abbildung 5.14: $\lambda$-Werte über dem mittleren Sacklochdruck

Der Vergleich zwischen den berechneten und den gemessenen Luftverhältniswerten bei der Einspritzdrucksteigerung kann Abbildung 5.14 entnommen werden. Ähnlich wie für die berechneten Rußwerte kann mit der Berechnung der Luftverhältniswerte mittels des empirischen Ansatzes der Halbwertsfunktion eine gute Übereinstimmung mit den Messergebnissen beobachtet werden. Um zusätzlich den Bezug zur Anwendung im Fahrzeug zu behalten, wird der gleiche Versuch mit einer Voreinspritzung wiederholt, um das maximale $dp_{Zylinder}/d\alpha$ auf 6 bar/°KW herabzusetzen. Durch die Wärmefreisetzung bei der Verbrennung der Voreinspritzmenge steigt die Massenmitteltemperatur vor der Absetzung der Haupteinspritzung an. Durch die höhere Temperatur wird der Zündverzug für die Einspritzmenge der Haupteinspritzung zeitlich kürzer. Für höhere Raildrücke ist ein kürzerer Zündverzug notwendig und demnach eine größere Voreinspritzmenge eingesetzt worden. Abbildung 5.15 können die Zylinderdruckverläufe aus dem neuen Versuch mit einer Voreinspritzung an dem Luftverhältnis 1,85 entnommen werden.

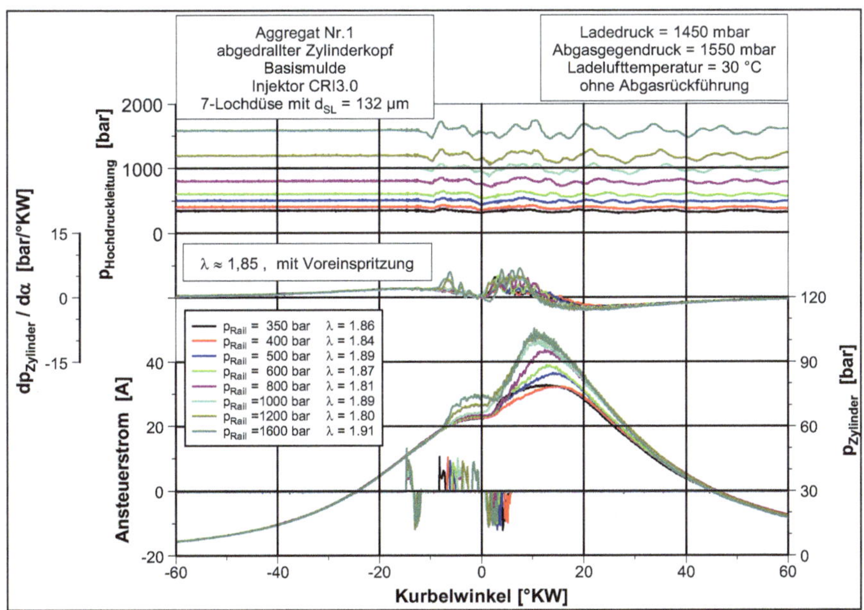


Abbildung 5.15: Zylinderdruckverläufe der Raildruckvariation bei konstantem Luftverhältnis

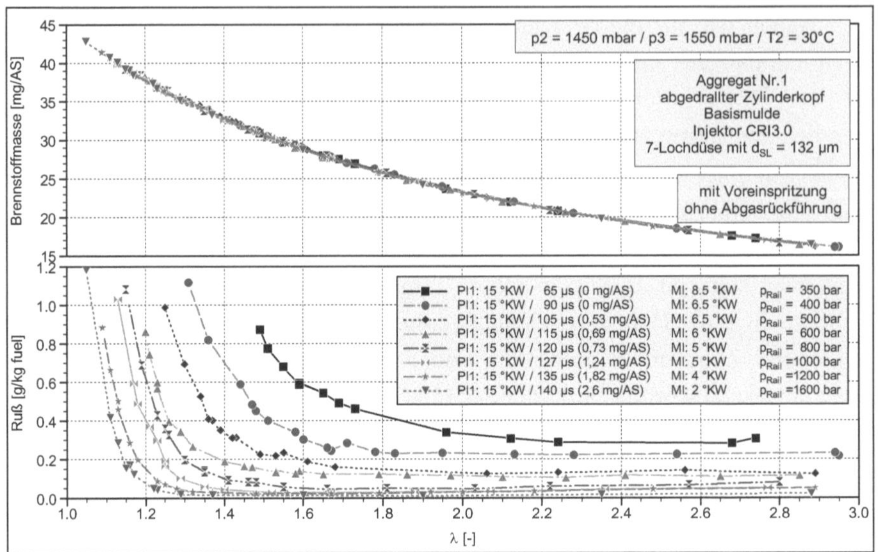


Abbildung 5.16: gemessene Werte von zugeführter Brennstoffmasse und von Rußemission im Abgas aus den Luftverhältnisabsenkungen mit Voreinspritzung

Durch die Voreinspritzung, hier 15 °KW vor dem oberen Totpunkt eingedüst, ist bei einem Raildruck von 1600 bar der maximale Druckanstiegsgradient kurz nach der Selbstzündung der Menge der Haupteinspritzung von 18 auf 6 bar/°KW reduziert worden. Die Verbrennung der Voreinspritzung verursacht bei 1600 bar Raildruck einen maximalen Druckanstieg von 5,5 bar/°KW, der knapp unterhalb der 6 bar/°KW aus der Verbrennung der Haupteinspritzmenge liegt. Die Geräuschreduzierung bei dem hohen Raildruck von 1600 bar durch die Voreinspritzung bei 15 °KW vor OT erreicht demnach eine Grenze. Abbildung 5.16 zeigt für die durchgeführten Luftverhältnisvariationen mit einer Voreinspritzung die Messergebnisse der Rußemission im Abgas und der pro Arbeitsspiel abgesetzte Brennstoffmasse über dem Luftverhältnis.

Der Verlauf der Rußemission im Abgas über dem Luftverhältnis ist ähnlich wie bei der Versuchsreihe ohne Voreinspritzung. Das Rußemissionsniveau bei gleichem Raildruck und gleichem Luftverhältnis liegt bei Raildrücken größer als 600bar auf einem höheren Niveau als bei dem Versuch ohne Voreinspritzung.

Mit dem Einspritzmuster mit einer Voreinspritzung kann das Luftverhältnis über dem Einspritzdruck an der Rußgrenze 0,6 g/kg fuel ebenfalls mit einer Halbwertsfunktion wiedergegeben werden, siehe Abbildung 5.17. Der Parameter $p_{Inj,1/2}$ bleibt mit 110 bar auf gleichem Niveau wie ohne Voreinspritzung. Mit Voreinspritzung ist der $\lambda_{min}$-Wert mit 1,09 höher als bei der Untersuchung ohne Voreinspritzung ($\lambda_{min}$ = 1,06).

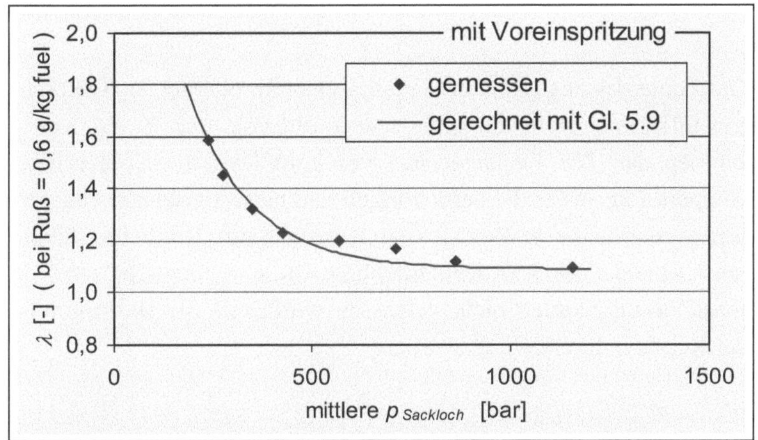



Abbildung 5.17: $\lambda$-Werte über dem mittleren Sacklochdruck

Da innerhalb dieser Untersuchung der Ladedruck konstant auf 1450 mbar geblieben ist, bleibt die Fragestellung offen, über welche Anpassung der Halbwertsfunktion eine empirische Beschreibung des Rußverhaltens bei Änderung des Ladedruckniveaus realisiert werden kann. Zu diesem Zweck ist eine Luftverhältnisabsenkung bei unterschiedlichem Ladedruckniveau durchgeführt worden. Durch Änderung des Ladedrucks bei konstanter Ladelufttemperatur wird im oberen Totpunkt, nach der Verdichtung betrachtet, eine Änderung der Gasdichte bei nahezu konstanter Kompressionsendtemperatur erreicht. Aufgrund der Druckabhängigkeit des Wärmeüberganges entstehen bei Steigerung des Ladedrucks höhere Wandwärmeverluste während der Kompressionsphase. Nach [1] sind für den zu untersuchenden Ladedruckbereich Temperaturunterschiede bei Kompressionsende kleiner als 5% zu erwarten. Demnach ist die Gasdichte bei konstanter Temperatur als Parameter für eine Anpassung der Halbwertsfunktion bei Änderung des Ladedruckniveaus gewählt worden.

Der Wert der Gasdichte wird im stationären Motorbetrieb ohne Abgasrückführung über folgenden Ansatz angenähert:

$$\rho_{OT} = \frac{m_{L,\,ohneAGe}}{V_c} \qquad \text{Gl. 5.10}$$

$\rho_{OT}$ stellt die Gasdichte des angesaugten Gasgemisches im oberen Totpunkt dar (ohne den Brennstoff), $m_{Luft}$ stellt die gemessene Luftmasse, und $V_c$ das Kompressionsendvolumen dar. Die Leckagemasse von Luft über die Kolbenringe während der Kompression, sowie die beim vorigen Ladungswechsel nicht ausgespülte Gasmasse, werden in dieser Betrachtung vernachlässigt. Der Fehler durch diese Annahmen ist kleiner als 3 % der tatsächlichen Masse einzuschätzen [1]. Da das Kompressionsendvolumen nicht gemessen wurde, ist die Bestimmung mittels folgender Relation durchgeführt worden:

$$V_c = \frac{V_h}{\varepsilon - 1} \qquad \text{Gl. 5.11}$$

$V_h$ stellt den Hubraum des Zylinders dar, $\varepsilon$ das Verdichtungsverhältnis. Beide Größen sind durch volumetrische Messungen am Aggregat bekannt und können dem Anhang 1 entnommen werden. Für das Kompressionsendvolumen konnte über Gl. 5.11 folgender Wert berechnet werden: $V_c = 27{,}73$ cm³. Die Zylinderdruckverläufe zu dem Versuch der Ladedruckvariation sind beispielhaft für den konstanten Luftverhältniswert von $\lambda = 1{,}9$ über Grad Kurbelwinkel aufgetragen in Abbildung 5.18 ersichtlich. Die Variation der Gasdichte erstreckt sich von 17,56 bis 28,49 kg/m³ mit drei gleichverteilten Zwischenschritten. Die durchgezogenen Linien stellen die Druckverläufe im gefeuerten Betrieb aufgenommen dar, die gestrichelten Linien stellen die Druckverläufe im geschleppten Motor aufgenommen mit gleichen Lade- und Abgasgegendruckniveaus wie beim gefeuerten Betrieb dar. Ein konstanter Raildruck von 800 bar sowie ein konstanter

Ansteuerbeginn der Haupteinspritzung ist für alle untersuchten Gasdichten eingehalten worden.

Um den maximalen Druckanstiegsgradienten $dp_{Zylinder}/d\alpha$ auf ähnlichem Niveau für alle Gasdichten zu halten, wurde die abgesetzte Masse der Voreinspritzung angepasst. Dabei gilt folgende Regel: je kleiner die Gasdichte, desto höher die abgesetzte Masse der Voreinspritzung, um die Zündbedingungen zu verbessern. In Abbildung 5.18 kann ein vergleichbarer Zylinderdruckanstieg nach Entzündung zwischen den Gasdichten beobachtet werden.

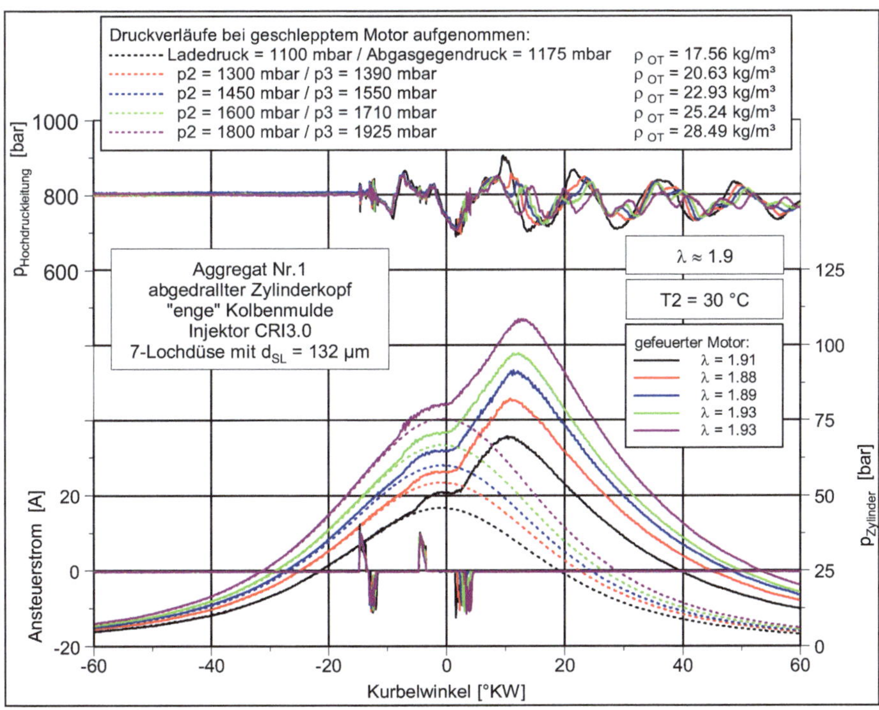


Abbildung 5.18: Zylinderdruckverläufe der Gasdichtevariation bei konstantem Luftverhältnis

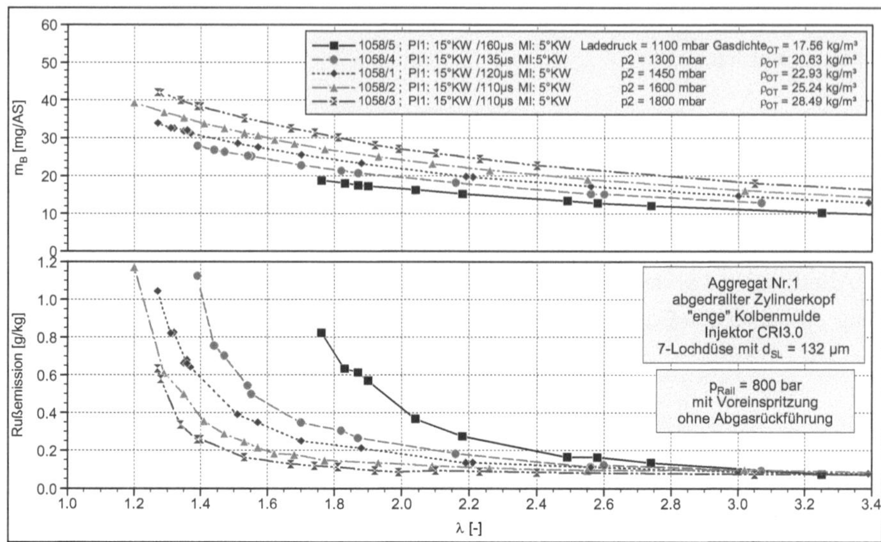


Abbildung 5.19: Zugeführter Brennstoffmasse und Rußemission im Abgas aus den Luftverhältnisabsenkungen bei verschiedenen Ladedrücken

Für gleiches Luftverhältnis von $\lambda = 1{,}9$ ist eine längere Ansteuerdauer bei den höheren Gasdichten eingestellt worden. Die längere Spritzdauer, über die längere Ansteuerdauer erzielt, ermöglicht bei gleichem Raildruck die Absetzung einer größeren Einspritzmasse der Haupteinspritzung. In Abbildung 5.19 sind die Einspritzmasse und der Rußemissionswerte aus den Luftverhältnisabsenkungen für alle untersuchten Gasdichten gezeigt. Das erreichte Luftverhältnisniveau bei $Ru\beta = 0{,}6$ g/kg fuel mit der „engen"-Kolbenmulde liegt höher als bei der für die Ermittlung des Rußverhaltens bei Steigerung des Einspritzdrucks verwendeten Basiskolbenmulde. Die Absenkung der Rußemission bei konstantem Luftverhältnis im Zuge der Erhöhung der Gasdichte sowie die Verbesserung des Luftverhältnisses bei konstantem Rußniveau ähneln dem Verlauf der gefundenen Halbwertsfunktion. Eine Halbwertsfunktion für die Erhöhung der Gasdichte lässt sich bei konstantem Einspritzdruckniveau, wie folgt darstellen.

$$\lambda_{\rho_{OT}} = \lambda_{min} + \left(\lambda_{Messung} - \lambda_{min}\right) \cdot e^{\frac{\ln 2}{\rho_{OT,1/2}} \cdot \left(\rho_{OT} - \rho_{OT,Messung}\right)} \qquad \text{Gl. 5.12}$$

$\lambda_{\rho OT}$ stellt den gesuchten Wert des Luftverhältnisses bei der Gasdichte $\rho_{OT}$ dar. $\lambda_{min}$ steht für den kleinsten erreichbaren Luftverhältniswert für den eingestellten Einspritzdruck. $\lambda_{Messung}$ stellt den gemessenen Luftverhältniswert bei eingestellter Gasdichte $\rho_{OT,Messung}$ dar. Eine Überprüfung dieser Halbwertsfunktion ist für einen Rußwert von 0,6 g/kg fuel aus dem Versuch durchgeführt worden. Um die Übertragbarkeit der Parameter der Halbwertsfunktion für die Änderung der Gasdichte auf andere Einspritzdruckniveaus zu zeigen, ist zusätzlich die gleiche Variation der Gasdichte für einen konstanten Raildruck von 1600 bar durchgeführt worden. Die gemessenen Werte des Luftverhältnisses bei einem Rußwert von 0,6 g/kg fuel für alle untersuchten Gasdichten für beide untersuchten Raildrücke können der Abbildung 5.20 entnommen werden.

| Ruß | Luft-masse | Gasdichte | $p_{Rail}$ | $m_B$ | Form-faktor | mittlere $p_{Inj}$ | $\lambda$ gemessen |
|---|---|---|---|---|---|---|---|
| [g/kg fuel] | [mg/AS] | [kg/m³] | [bar] | [mg/ Einsprit-zung] | [-] | [bar] | [-] |
| 0,60 | 487 | 17,56 | 800 | 19,0 | 0,68 | 501 | 1,89 |
| 0,60 | 572 | 20,63 | 800 | 26,0 | 0,72 | 530 | 1,52 |
| 0,60 | 636 | 22,93 | 800 | 30,5 | 0,74 | 546 | 1,39 |
| 0,60 | 700 | 25,24 | 800 | 37,0 | 0,77 | 566 | 1,31 |
| 0,60 | 790 | 28,49 | 800 | 42,0 | 0,79 | 578 | 1,28 |
| 0,60 | 476 | 17,16 | 1600 | 25,0 | 0,72 | 1052 | 1,35 |
| 0,60 | 568 | 20,48 | 1600 | 32,0 | 0,75 | 1101 | 1,20 |
| 0,60 | 631 | 22,73 | 1600 | 37,5 | 0,77 | 1134 | 1,13 |
| 0,60 | 696 | 25,10 | 1600 | 44,0 | 0,79 | 1165 | 1,10 |
| 0,60 | 781 | 28,16 | 1600 | 49,0 | 0,81 | 1186 | 1,08 |

Abbildung 5.20: Darstellung der berechneten Werte der mittleren $p_{Inj}$

Da die Einspritzmasse zwischen den Gasdichten bei gleichem Rußwert von 0,6 g/kg fuel nicht auf gleichem Niveau liegt, spreizt der Formfaktor von 0,68 für die kleinste Gasdichte bis auf 0,79 für die höchste untersuchte Gasdichte. Diese Veränderung des Formfaktors bewirkt bei 800 bar eine Abweichung von ca. 13 % im mittleren Einspritzdruck zwischen der kleinsten und der größten Gasdichte, und bei 1600 bar Raildruck eine Abweichung von ca. 11 %. Trotz dieser Abweichung ist ein Test der Halbwertfunktion für diesen Versuch fortgeführt worden. Für die Messdaten aus dem Versuch für die zwei Raildruckwerte 800 bar und 1600 bar, in Abbildung 5.20 dargestellt, entspricht $\lambda_{Messung}$ dem Luftverhältniswert bei der jeweils kleinsteingestellten Gasdichte. Die zwei Approximationen zur Bestimmung von $\lambda_{min}$ und von $\rho_{OT,1/2}$ haben folgende Werte ergeben:

$$\lambda_{min} = 1{,}23 \text{ und } \rho_{OT,1/2} = 2{,}5 \text{ kg/m}^3$$

Ein Vergleich zwischen den mit Gleichung 5.12 gerechneten Luftverhältniswerten und den Messwerten aus zwei untersuchten Raildrücken kann Abbildung 5.21 entnommen werden.

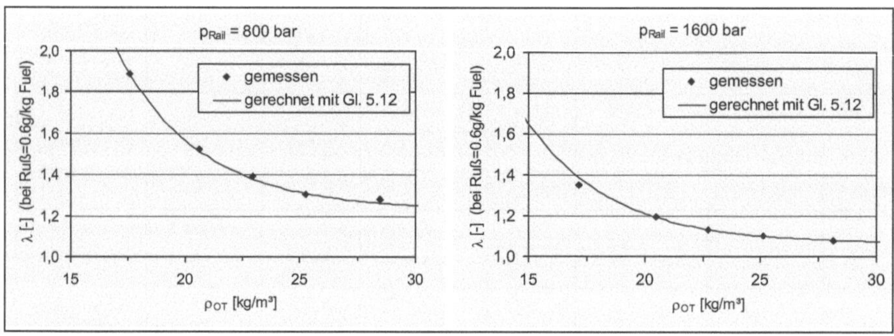


Abbildung 5.21: Luftverhältniswerte bei Steigerung der Gasdichte für zwei Raildruckniveaus

Für die Änderung der Gasdichte bei konstantem Einspritzdruck verläuft die Halbwertsfunktion nach Gleichung 5.12 bei beiden untersuchten Raildruckwerten nahezu auf der Höhe der gemessenen Luftverhältniswerte. Da sich der iterierte Wert $\rho_{OT,1/2} = 2{,}5 \text{ kg/m}^3$ für die Messungen bei $p_{Rail} = 800$ bar auf die Untersuchung bei 1600 bar übertragen lässt, kann die gleiche Halbwertsfunktion für die Änderungen der Gasdichte bei verschiedenen Einspritzdruckniveaus verwendet werden. Aufgrund der Spreizung des mittleren Einspritzdrucks in der Größenordnung von 12 % vom Maximalwert bei konstantem Raildruck ist ein Mittelwert für die Darstellung über dem mittleren Einspritzdruck zu wählen. Die Mitte zwischen dem kleinsten und dem höchsten Wert pro untersuchtem Raildruck ist als Mittelwert des mittleren Einspritzdrucks bei konstantem Raildruck gewählt worden. Hierdurch ergibt sich ein Wert von 539,5 bar für den Mittelwert des mittleren Einspritzdrucks bei einem Raildruck von 800 bar und einem Wert von 1119 bar bei einem Raildruck von 1600 bar.

Da für die Variation der Gasdichte nicht die gleiche Brennraummulde („enge"-Kolbenmulde) wie für die Variation des mittleren Einspritzdrucks („Basis"-Kolbenmulde) verwendet wurde, wurde die Raildruckvariation für diese Konfiguration wiederholt. Für einen konstanten Ladedruck von 1450 mbar (entspricht einer Gasdichte von 22,93 kg/m³) ist eine Raildruckvariation von 400 auf 1600 bar mit 200 bar Schrittweite durchgeführt worden. Die gemessenen Luftverhältniswerte bei $Ruß = 0{,}6$ g/kg fuel sowie der Verlauf der approximierten Halbwertsfunktion für diesen Versuch sind in Abbildung 5.22 dargestellt.

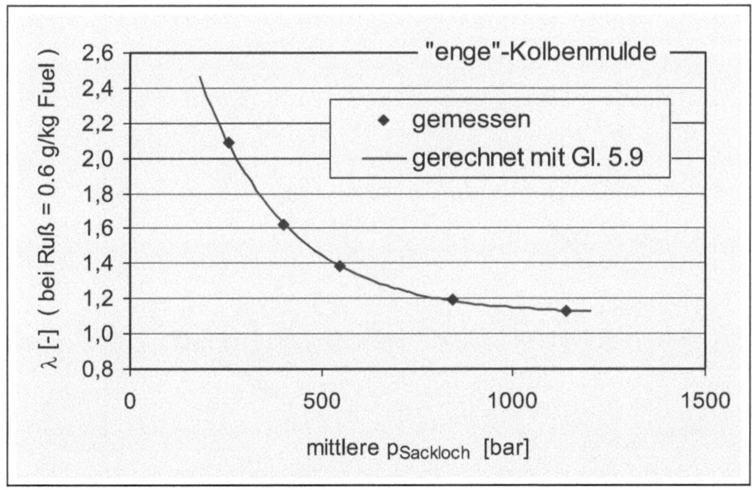


Abbildung 5.22: Luftverhältniswerte bei Steigerung des Einspritzdrucks

Bei der approximierten Halbwertsfunktion nach Gleichung 5.9 sind die Werte $\lambda_{min} = 1{,}11$ und $p_{Inj,1/2} = 160$ bar ermittelt worden. Zusätzlich zur Halbwertsfunktion für die Steigerung des mittleren Einspritzdrucks in Gleichung 5.9, ermöglicht die Halbwertsfunktion für die Steigerung der Gasdichte, wie sie in Gleichung 5.12 dargestellt ist, im Teillastbereich des Motorkennfeldes eine vollständige Beschreibung der Änderung des Luftverhältnisses bei $Ruß = 0{,}6$ g/kg fuel aufzustellen. In Abbildung 5.23 sind die drei berechneten Kurven der Halbwertsfunktion für die mit der „engen"-Kolbenmulde gemessenen Rußemission dargestellt. Die rote Kurve stellt die Werte des Luftverhältnisses bei $Ruß = 0{,}6$ g/kg fuel für die Erhöhung des mittleren Einspritzdrucks bei konstanter Gasdichte dar. Die blauen Kurven zeigen die Luftverhältniswerte bei $Ruß = 0{,}6$ g/kg fuel für die Erhöhung der Gasdichte bei konstantem Einspritzdruck.

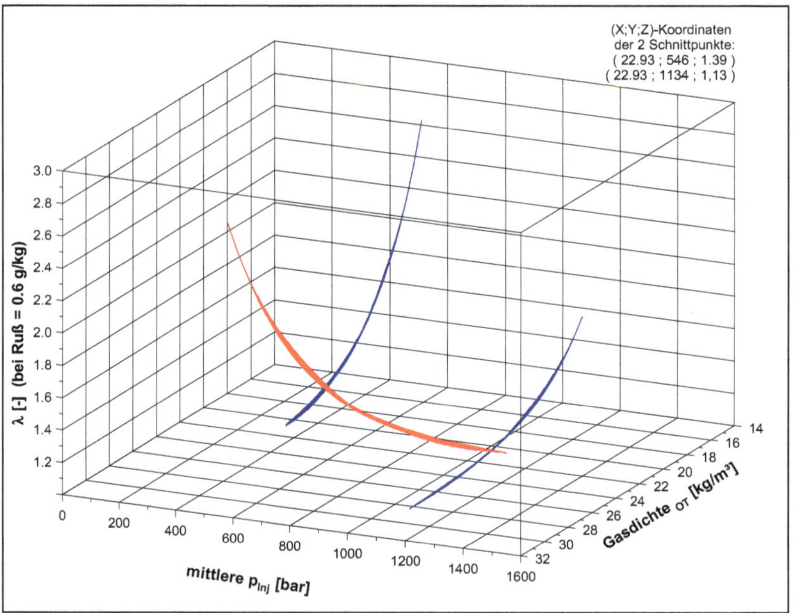


Abbildung 5.23: Luftverhältniswerte im Teillastbetrieb bei Änderung der Gasdichte und des Einspritzdrucks am Aggregat Nr.1 mit Basiszylinderkopf und „enge"-Mulde

Als Randbedingung für die dargestellten Luftverhältniswerte ist eine diffusive Verbrennung eingehalten worden. Dabei bleibt die Spritzdauer strikt größer als die Zündverzugsdauer, so dass eine diffusive Verbrennung stattfindet. Desweiteren bleibt die Verdichtungs-endtemperatur annähernd auf gleichem Niveau. Letzteres wird durch die Einhaltung einer konstanten Ladelufttemperatur von 30 °C erreicht. Zuletzt ist ein annähernd konstanter indizierter Verbrauch von 210 g/kWh eingehalten worden.

Die rote Kurve und die zwei blauen Kurven schneiden sich an den zwei angegebenen Punkten und gehören zu einer Oberfläche, die für Ruß = 0.6 g/kg fuel das Niveau des Luftverhältnisses für jeden beliebigen Wert der Gasdichte bei nahezu konstanter Verdichtungsendtemperatur im oberen Totpunkt und des mittleren Einspritzdrucks wiedergibt.

### 5.2.2 Empirische Formulierung des Rußverhaltens beim Motorbetrieb mit Abgasrückführung

Im Gegensatz zum Motorbetrieb mit reiner Luft wird beim Motorbetrieb mit externer Abgasrückführung bei konstantem Ladedruck eine Luftverhältnisabsenkung weniger über eine Erhöhung der Einspritzmenge als über eine Absenkung der zugeführten Frischluftmenge erreicht. Die Luftverhältnisabsenkung erfolgt hauptsächlich über das Ersetzen der Luft durch rückgeführtes Abgas. Der Verbrauch, der bei zunehmender Abgasrückführrate leicht zunimmt, beeinflusst die Luftverhältnisabsenkung mit untergeordneter Rolle im Vergleich zur Luftmassenreduzierung. Um das Rußverhalten bei einer Einspritzdrucksteigerung für den Motorbetrieb mit Abgasrückführung empirisch zu ermitteln, ist der Versuch bei 800 bar Raildruck aus dem Kapitel 4.2.1 um Abgasrückführvariationen für die Raildrücke 400, 600, 1200 und 1600 bar ergänzt worden. Eine schrittweise Luftverhältnisabsenkung durch Erhöhung der Abgasrückführung bei konstantem Ladedruck von 1450 mbar bis zum Erreichen eines Rußwerts von 0,6 g/kg fuel, ist für unterschiedliche Anfangsluftverhältnisse bei jedem Raildruck durchgeführt worden. Dieser Versuch ist wie die erste Ermittlung der Halbwertsfunktion in Kapitel 5.2.1 mit dem Aggregat Nr.1 realisiert worden. Jedoch war das Aggregat mit dem Basiszylinderkopf ausgerüstet, der ein höheres Drallniveau als der abgedrallte Zylinderkopf aufweist, siehe Anhang 2. Aufgrund dessen sind die Luftverhältnisvariationen ohne Abgasrückführung mit der Basiskonfiguration wiederholt worden, um als Vergleichbasis zum Motorbetrieb mit Abgasrückführung die Halbwertsfunktion des Rußverhaltens im Motorbetrieb ohne Abgasrückführung zu bekommen. Diese Ergebnisse können dem Anhang 7 entnommen werden. Die Rußemissionswerte über dem Luftverhältnis der Luftverhältnisabsenkungen bei Motorbetrieb mit Abgasrückführung für alle untersuchten Raildrücke sind in Abbildung 5.24 ersichtlich.

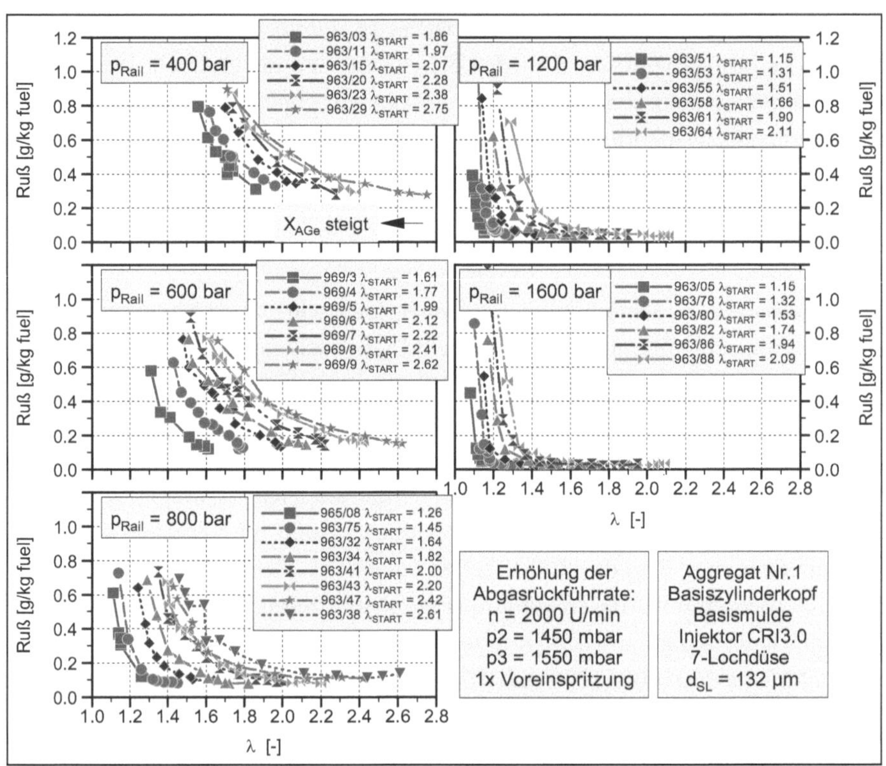


Abbildung 5.24: Verlauf der Rußwerte aus der Raildruckvariation über dem Luftverhältnis

Ähnlich wie im Kapitel 4.2.1 für 800 bar gezeigt, kann ein Anstieg der Rußemission im Abgas bei der Absenkung des Luftverhältnisses beobachtet werden. Bei allen Raildrücken kann für steigende Anfangsluftverhältnisse ein steigender Luftverhältniswert zur Überschreitung des Rußwertes 0,6 g/kg fuel beobachtet werden. Desweiteren kann eine Verringerung des kleinsten erreichten Luftverhältniswerts bei einem Rußwert von 0,6 g/kg fuel bei Steigerung des Raildrucks festgestellt werden. Die größte Verringerung findet zwischen 400 und 800 bar statt.

Wie in Kapitel 4 gezeigt ist das Luftverhältnis bei Motorbetrieb mit Abgasrückführung aufgrund der Vernachlässigung von $CO_2$ und $H_2O$ im Ansauggemisch nicht aussagekräftig. In Gleichung 4.20 ist deswegen $\lambda_G$ als Luftverhältnis unter Berücksichtigung des Einflusses des Abgasanteils im Ansauggemisch eingeführt worden. Abbildung 5.25 zeigt beispielhaft für 800 bar und 1600 bar die Rußwerte der Luftverhältnisabsenkungen aufgetragen über dem nach Gleichung 4.25 berechneten Gemischluftverhältnis.

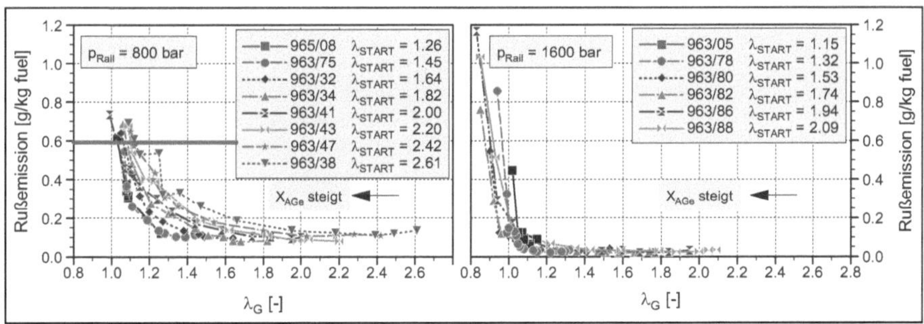


Abbildung 5.25: Verlauf der Rußwerte bei Raildrücken von 800 und 1600 bar über $\lambda_G$

Bei einem Rußwert von 0,6 g/kg fuel kann innerhalb eines Raildrucks ein Konvergieren der Gemischluftverhältniswerte aller Kurven auf einen Wert festgestellt werden. Bei 800 bar Raildruck liegt dieser Wert auf $\lambda_G = 1{,}08$, bei 1600 bar auf $\lambda_G = 0{,}95$. Letzterer Wert kleiner als 1 kann durch den Luftaufwandunterschied zwischen dem Motorbetrieb mit und ohne Abgasrückführung erklärt werden, siehe Abbildung 4.19. Da in Gleichung 4.30 ein Zusammenhang zwischen dem Luftverhältnis bei Motorbetrieb mit reiner Luft an der Rußgrenze und dem Gemischluftverhältnis an der Rußgrenze bei Motorbetrieb mit externer Abgasrückführung festgestellt worden ist, ermöglicht $\lambda_{G,Rußgrenze}$ eine Übertragung der Halbwertsfunktion für das Rußverhalten beim Motorbetrieb ohne Abgasrückführung auf den Motorbetrieb mit Abgasrückführung. Abbildung 5.26 zeigt für alle untersuchten Raildrücke in blau die Werte von $\lambda_{Rußgrenze}$ aus den Luftverhältnisabsenkungen beim Motorbetrieb ohne Abgasrückführung (siehe Anhang 7) und in rot die Werte von $\lambda_{G,Rußgrenze}$ aus den Luftverhältnisabsenkungen durch Abgasrückführung über dem Raildruck aufgetragen.

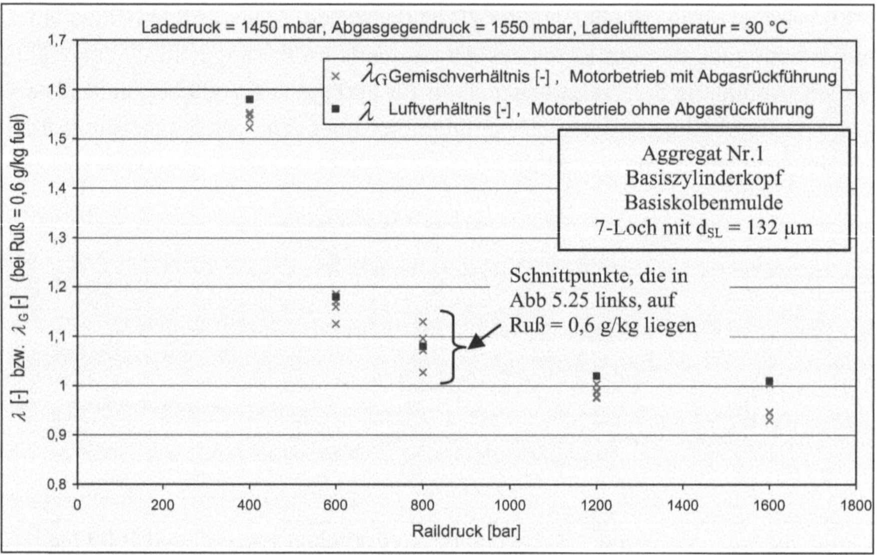


Abbildung 5.26: Luftverhältniswerte an der Rußgrenze mit und ohne Abgasrückführung

Der Verlauf der Werte von beiden Luftverhältnissen zeigt das gleiche Verhalten, wobei die Werte von $\lambda_{G,Rußgrenze}$ bei allen untersuchten Raildrücken tendenziell unterhalb der Werte von $\lambda_{Rußgrenze}$ liegen. In Gleichung 4.30 nimmt $\lambda_{G,Rußgrenze}$, wenn die angesaugte Gasgemischmasse bei Motorbetrieb mit Abgasrückführung kleiner als die angesaugte Luftmasse bei Motorbetrieb ohne Abgasrückführung ist, einen kleineren Wert als $\lambda_{Rußgrenze}$ an. In Abbildung 4.19 aus dem Kapitel 4 kann für den Raildruck 800 bar festgestellt werden, dass der Luftaufwand an der Rußgrenze beim Motorbetrieb mit Abgasrückführung niedriger als der Luftaufwand bei Motorbetrieb ohne Abgasrückführung ist. Dieser Sachverhalt ist auf die thermische Drosselung[1] im Saugrohr bei Rückführung des Abgases zurückzuführen.

Da die Werte von $\lambda_{Rußgrenze}$ über die empirische Halbwertsfunktion gewonnen werden können und die Werte von $\lambda_{G,Rußgrenze}$ über die Gleichung 4.30 mit den Werten von $\lambda_{Rußgrenze}$ korrelieren, können die Werte von $\lambda_{G,Rußgrenze}$ bei Steigerung des Einspritzdrucks ebenfalls mit der empirischen Halbwertsfunktion aus dem Motorbetrieb ohne Abgasrückführung bestimmt werden. Voraussetzung für ein solches Vorgehen sind eine Messung beim Motorbetrieb ohne Abgasrückführung, die Kenntnis von $p_{Inj,1/2}$ und von $\lambda_{min}$ für die Halbwertsfunktion bei der untersuchten Gasdichte und die Beziehung zwischen dem Luftaufwand und dem rückgeführten Abgasanteil im Ansauggemisch. Nach der Bestimmung der $\lambda_{G,Rußgrenze}$-Werte können die Luftverhältniswerte an der Rußgrenze für den Motorbetrieb mit Abgasrückführung mit der Berechnungsmethode aus Kapitel 4.2.2 ermittelt werden. Im Vergleich bei konstantem Ladedruck zwischen $\lambda_{Rußgrenze}$ und $\lambda_{G,Rußgrenze}$ in Abbildung 5.26 ist der durch Absenkung des Luftaufwandes bei Motorbetrieb mit Abgasrückführung entstehende Unterschied in der Gasdichte im oberen Totpunkt im Vergleich zum Motorbetrieb ohne Abgasrückführung nicht berücksichtigt worden. Durch Verwendung der Halbwertsfunktion aus Gleichung 5.12 für die Änderung der Gasdichte bei konstantem Einspritzdruck lässt sich dieser Sachverhalt berücksichtigen.

---

[1] Thermische Drosselung: Da das rückgeführte Abgas am Abgasrückführventil heißer ist als die Ladeluft, findet durch die abnehmende Dichte im Zuge der Mischung eine Reduktion des Massenstroms vom Ansauggasgemisch statt, siehe Anhang 5.

# 6 Modell für das Zweiphasengebiet innerhalb des Kraftstoffstrahls

Sowohl eine Erhöhung des Einspritzdrucks als auch eine Erhöhung der Gasdichte führen in gleicher Weise zu einer rußärmeren Verbrennung. Dies wurde anhand der empirisch gefundenen Halbwertfunktion für das Rußemissionsverhalten gezeigt, die für eine Steigerung des Einspritzdrucks und der Gasdichte gleicherweise parametriert wird. Eine Erweiterung des Gasentrainmentmodells von Siebers [47], die diese Bedingung erfüllt, wird in folgendem Abschnitt vorgeschlagen. Das neue Modell beinhaltet zwei Zwischenberechnungen: Die Ermittlung der mittleren Geschwindigkeit des Einspritzstrahls über die Entfernung zur Düse und die Bestimmung der mittleren Dichte der Gasphase des Einspritzstrahls.

## 6.1 Mittlere Geschwindigkeit des Einspritzstrahls

Das Gasentrainment wird im Modell von Siebers als Prozess dargestellt, der die Verdampfung der flüssigen Tropfen im Strahl begrenzt. Wie im Kapitel 3 erläutert, zeigt Siebers in seinen Untersuchungen eine Übereinstimmung der berechneten maximalen Länge der Flüssigphase, unter Annahme einer Verdampfung anhand des Gasentrainmentmodells, und der gemessenen maximalen Länge der Flüssigphase. In Gleichungen 3.14 und 3.15 sind die zwei Formeln zur Berechnung der maximalen Länge der Flüssigphase aufgestellt, die Siebers verwendet. Die Beziehung 3.14 gibt das Mischungsverhältnis $\tau$ an dem Abstand der maximalen Länge der Flüssigphase $l_{Fl}$ zwischen dem Kraftstoffmassenstrom und dem Massenstrom der im Strahl eingebrachten Luft an. Bei Kenntnis des Betrags dieses Mischungsverhältnisses kann eine erste Abschätzung der durch das Gasentrainment erreichten Strahlabmagerung an der maximalen Länge der Flüssigphase abgegeben werden. Dafür wird ein Vergleich zum stöchiometrischen Luftbedarf $L_{st}$ wie folgt durchgeführt.

$$\lambda_{Gasentrainment}(l_{Fl}) = \frac{1}{\tau \cdot L_{st}} \qquad \text{Gl. 6.1}$$

Zur Bestimmung von $\tau$ wird folgende Umstellung von Gleichung 3.15 verwendet.

$$\tau = \frac{2}{\sqrt{\left(\left(\dfrac{l_{Fl}\cdot\tan(\alpha/2)}{0.25\cdot\sqrt{0.9}\cdot d_{SL}}\right)^2 \cdot \dfrac{\rho_a}{\rho_{Fl}}+1\right)-1}} \qquad \text{Gl. 6.2}$$

Als Werte für $b$ und für $C_{SL}$ empfiehlt Siebers 0,25 und 0,9 , siehe Kapitel 3.1. Mittels Gleichung 3.17 wird $\tan(\alpha/2)$ bestimmt. Die Werte von $\rho_a$ und $\rho_{Fl}$ werden als bekannt vorausgesetzt.

Ein Messwert von $l_{Fl}$, ermittelt unter vergleichbaren Randbedingungen wie in dem Versuch aus Kapitel 5.2, ist die Voraussetzung für eine realistische Abschätzung von $\tau$. Da Siebers in seinen Untersuchungen zur Ermittlung der maximalen Länge der Flüssigphase einen Dieselkraftstoff mit abweichenden Spezifikationen und eine ältere und nicht strömungsoptimierte Düsenbauart im Vergleich zu den Untersuchungen aus Kapitel 5.2 verwendete, können die Messwerte zur vorliegenden Abschätzung nicht benutzt werden. Als Grundlage zur Berechnung von $\tau$ wurde die maximale Eindringtiefe der Flüssigphase mit der gleichen Düsenart wie bei den Motoruntersuchungen anhand von Messungen an der Hochdruck- und Hochtemperaturbrennkammer bestimmt. Der Düsendurchfluss mit 390 cm³/30s@100bar sowie der Konizitätsfaktor mit $ks = 1,5$ (strömungsoptimierte Auslegung) sind identisch der Düsenkonfiguration aus den Untersuchungen in Kapitel 5.2. Diese Messungen sind bei der Robert Bosch GmbH von Herrn Dieter Hertlein in der Abteilung CR/AEE3 durchgeführt worden. Um ein Ergebnis in Abhängigkeit vom Durchmesser am Lochaustritt $d_{SL}$ zu bekommen, sind drei Düsen mit respektiv 6-, 8- und 12-Lochausführung in diesen Messungen eingesetzt worden. Der folgenden Tabelle sind die $d_{SL}$-Werte der verwendeten Düsen zu entnehmen.

| Lochanzahl [-] | 6 | 8 | 12 |
|---|---|---|---|
| $d_{SL}$ [μm] | 143 | 124 | 100 |

Abbildung 6.1: untersuchte Durchmesserwerte des Lochaustritts an der Brennkammer

Die Messergebnisse von $l_{Fl}$ sind in Abbildung 6.2 dargestellt. Da nach Siebers ein linearer Zusammenhang mit Nulldurchgang zwischen dem Lochdurchmesser und der maximalen Länge der Flüssigphase besteht, ist eine entsprechende lineare Approximation mit den vorliegenden Werten durchgeführt worden. Die daraus resultierende Funktion ist ebenfalls in Abbildung 6.2 dargestellt.

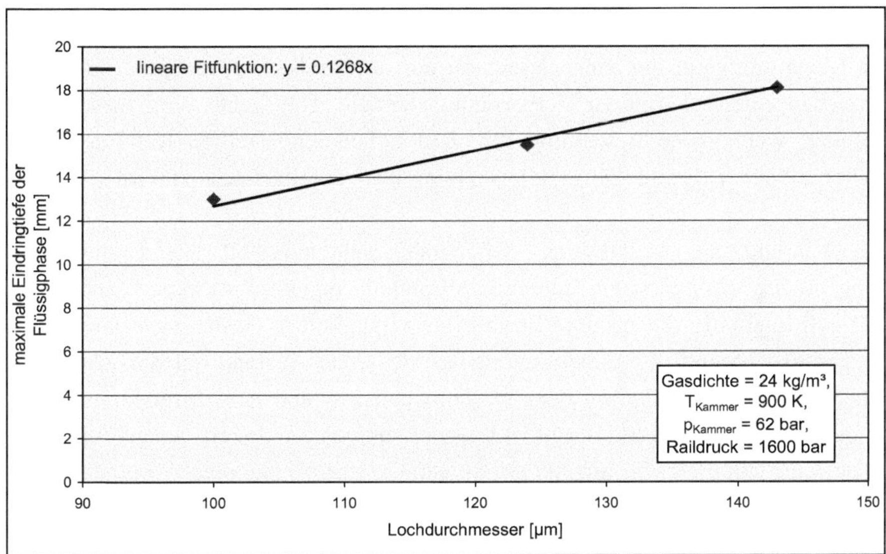


Abbildung 6.2: maximale Eindringtiefe der Flüssigphase gemessen an der Hochtemperatur- / Hochdruckbrennkammer der Robert Bosch GmbH [61]

Die Brennkammeruntersuchung ist mit einer Gasdichte von 24 kg/m³ und einer Gastemperatur von 900 K durchgeführt worden. Diese Randbedingungen liegen auf ähnlichem Niveau wie bei den Motoruntersuchungen aus Kapitel 5.2. Mittels der linearen Approximation wird unter den Randbedingungen der Brennkammeruntersuchungen für die 7-Lochdüse aus dem Motorversuch, die einen Durchmesser am Lochaustritt von $d_{SL} = 132$ µm besitzt, eine maximale Länge der Flüssigphase von $l_{Fl} = 16{,}7$ mm bestimmt. Nach Einsetzen dieses Wertes in Gleichung 6.2 bekommt man einen Wert von 0,299 für $\tau$. Dies bedeutet auch, dass der Massenstrom der mitgeführten Luft an der maximalen Länge der Flüssigphase etwa 3,3-fach höher als der Kraftstoffmassenstrom ist. Jedoch kann nach Einsetzen von 0,299 in Gleichung 6.1 festgestellt werden, dass der Strahl an der Position der maximalen Länge der Flüssigphase eine Abmagerung von 0 auf $\lambda_{Gasentrainment}(l_{Fl}) = 0{,}23$ erreicht. Messungen des Luftverhältnisses an der flüssigen Strahlspitze eines Dieselstrahls von Dec und Espey [45, 62] lieferten Werte bei etwa $\lambda = 0{,}25$. Dieser Wert mit einer Nkw-Düse mit $d_{SL} > 200$ µm stimmt gut mit dem berechneten Wert $\lambda_{Gasentrainment}(l_{Fl}) = 0{,}23$ überein. Der ermittelte $\lambda$-Wert liegt weit unter dem $\lambda = 1$ Niveau und zeigt damit, dass die Abmagerung durch das Gasentrainment nur einen Bruchteil der notwendigen Abmagerung für das Erreichen einer rußärmeren Verbrennung darstellt. Deutlicher wird diese Feststellung, wenn diese Bewertung mit dem hohen eingestellten Raildruck von 1600 bar bei der Brennkammeruntersuchung ins Verhältnis gesetzt wird.

Zur Klärung der Beteiligung der Strahlgeschwindigkeit am Gemischbildungsprozeß soll zuerst ein Berechnungsmodell eingeführt werden. Dieses Modell soll qualitativ die mittlere Strahlgeschwindigkeit in Strömungsrichtung ($x$-Richtung) während des Einspritzvorgangs für jeden Abstand auf der geometrischen Strahlachse zwischen dem Düsenlochaustritt und dem Muldenrand wiedergeben. Der modellierte Strahl ist bis zum Muldenrand bereits ausgebildet und ist definiert mit gleichförmigem Geschwindigkeitsprofil bei allen Abständen.

Weitere Annahmen bzw. Vereinfachungen des Modells sind im Folgenden aufgelistet.

- Eine konstante Einspritzgeschwindigkeit $U_{aus}$, die mit dem Integralmittelwert der Austrittsgeschwindigkeit während der Einspritzung korrespondiert. $U_{aus}$ wird anhand des mittleren Einspritzdrucks nach Gleichung 3.1 berechnet.
- Zwischen der mitgeschleppten Luft und dem Kraftstoff sind keine Geschwindigkeits-unterschiede vorhanden
- Stationäre Strömung mit gleichmäßigem Anwachsen (konstanter Strahlkegelwinkel)
- Am Muldenrand sind keine Gewichtskräfte und keine Druckkraftunterschiede vorhanden
- Ruhende Kammerbedingungen (keine Drallströmung der Luft)

Abbildung 6.3 zeigt eine schematische Darstellung des modellierten Sprays für die Berechnung der mittleren Strahlgeschwindigkeit. Auf der Basis der Theorie des Gasentrainments und der Impulserhaltung in Strömungsrichtung $x$ kann folgende Bilanzierung aufgestellt werden.

$$\rho_{Fl} \cdot A_f(0) \cdot U_{aus}^2 = \rho_{Fl} \cdot A_f(x) \cdot U(x)^2 + \rho_a \cdot A_a(x) \cdot U(x)^2 \qquad \text{Gl. 6.3}$$

Dabei sind $\rho_{Fl}$ und $\rho_a$ respektiv die Dichte des flüssigen Kraftstoffs und der Umgebungsluft, die im Strahl eingebracht wurde; $A_f(0)$ stellt die aufsummierte Querschnittsfläche der Düsenlöcher dar; $U(x)$, $A_f(x)$ und $A_a(x)$ sind die mittlere Strahlgeschwindigkeit, bzw. die Querschnittsfläche benetzt durch Kraftstoff und die Querschnittsfläche benetzt durch mitgeschleppte Luft im Abstand $x$ in Strömungsrichtung.

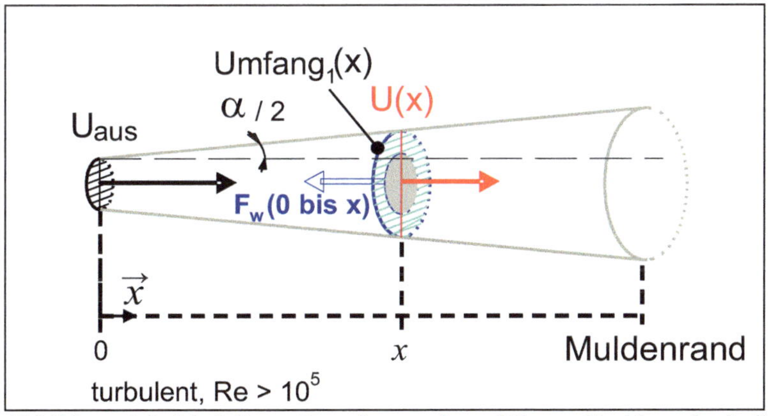


Abbildung 6.3: Modell zur Berechnung der mittleren Strahlgeschwindigkeit

Die Querschnittsfläche $A_f(x)$ wird über die Massenerhaltung des Kraftstoffes ermittelt.

$$\rho_{Fl} \cdot A_f(0) \cdot U_{aus} = \rho_{Fl} \cdot A_f(x) \cdot U(x) \qquad \text{Gl. 6.4}$$

Die Fläche $A_a(x)$ wird nach dem Modellieren des Gasentrainments bestimmt. In diesem Ansatz wächst $\rho_a \cdot A_a(x)$ über den Abstand proportional zur kumulierten

Strömungswiderstandskraft $F_W$ *(0 bis x)*, die die Luft auf den Strahl vom Düsenlochaustritt bis zum Abstand $x$ ausgeübt hat.

$$\rho_a \cdot A_a(x) \propto F_W(0 \text{ } bis \text{ } x)$$

Gl. 6.5

Die kumulierte Strömungswiderstandskraft wird nach dem Widerstandsgesetz von Newton, angewendet auf den modellierten Strahl, wie folgt berechnet:

$$F_W(0 \text{ } bis \text{ } x) = C_W \cdot \frac{1}{2} \cdot \rho_a \cdot n_{SL} \cdot \int_0^x Umfang_1(x) \cdot U(x)^2 dx$$

Gl. 6.6

Dabei stellt $C_W$ der Widerstandsbeiwert dar. In diesem Modell kann die ausgerollte Strahlhülle analog einer längs angeströmten ebenen glatten Platte betrachtet werden. Bei ebenen Platten hängt $C_W$ in hohem Maß von der Reynoldszahl ab. Lefebvre gibt Reynoldszahlen in einer Größenordnung zwischen $10^5$ und $10^6$ für die Strömung eines Dieselstrahls in Luft an [49]. Bei Berücksichtigung dieses Reynoldszahlbereichs ergibt sich ein $C_W$-Wert von etwa 0,005 [63]. Da theoretisch alle Löcher der Düse identisch sind, wird für die Berechnung von $F_W$ *(0 bis x)* die kumulierte Reibungskraft vom ersten Strahl multipliziert mit dem Lochanzahl $n_{SL}$ genommen. Die Funktion $Umfang_1(x)$ wird in Abhängigkeit von $x$, von $d_{SL}$ und von $\tan(\alpha/2)$ wie folgt bestimmt:

$$Umfang_1(x) = 2\pi \cdot \left( x \cdot \tan\left(\frac{\alpha}{2}\right) + \frac{d_{SL}}{2} \right)$$

Gl. 6.7

Desweiteren wird das Integral von 0 bis $x$ in Gleichung 6.6 anhand einer Annäherung nach der Simpson'schen Formel[1] für zwei Teilintervalle wie folgt umgestellt.

$$\int_0^x Umfang_1(x) \cdot U(x)^2 dx = 2\pi \cdot \left[ \begin{array}{l} U(x)^2 \cdot \frac{x}{2}\left( \frac{x}{2}\tan\left(\frac{\alpha}{2}\right) + \frac{d_{SL}}{3} \right) \\[2ex] + U(x) \cdot U_{aus} \cdot \frac{x}{3} \cdot \left( \frac{x}{2}\tan\left(\frac{\alpha}{2}\right) + \frac{d_{SL}}{2} \right) \\[2ex] + U_{aus}^2 \cdot \frac{x}{3} \cdot \left( \frac{x}{4}\cdot\tan\left(\frac{\alpha}{2}\right) + \frac{d_{SL}}{2} \right) \end{array} \right]$$

Gl. 6.8

---

[1] Simpson'sche Formel für zwei Intervalle: $\int_a^b f(x)dx \approx \frac{b-a}{6} \cdot \left[ f(a) + 4 \cdot f\left(\frac{a+b}{2}\right) + f(b) \right]$

Hierbei wurde $U(x/2)$ in der Simpson'sche Formel durch folgende Vereinfachung ersetzt.

$$U\left(\frac{x}{2}\right) = \frac{U_{aus} + U(x)}{2} \qquad \text{Gl. 6.9}$$

Um die weitere Abhängigkeit der Fläche $A_a(x)$ von $A_f(x)$ herzustellen, wird das Mischungsverhältnis $\tau$ verwendet. Folgendes Verhältnis soll durch Verwendung von $\tau$ ermittelt werden:

$$\frac{\overset{o}{m}_K(x)}{\overset{o}{m}_a(x)} = \frac{\rho_{Fl} \cdot A_f(x) \cdot U(x)}{\rho_a \cdot A_a(x) \cdot U(x)} \qquad \text{Gl. 6.10}$$

Da $\tau$ das Verhältnis $\dot{m}_K / \dot{m}_a$ an der maximalen Länge der Flüssigphase wiedergibt, und die maximale Eindringtiefe der Flüssigphase mit Veränderung des Lochaustrittsdurchmessers und mit Veränderung der Gasdichte verändert wird, muss eine weitere Anpassung vorgenommen werden. Bei Betrachtung bei einer normierten Länge $x$, ergibt sich folgende Beziehung:

$$\frac{\overset{o}{m}_K(normierte\ x)}{\overset{o}{m}_a(normierte\ x)} = \tau \cdot \frac{l_{Fl}}{d_{SL}} \qquad \text{Gl. 6.11}$$

Die maximale Eindringtiefe der Flüssigphase $l_{Fl}$ wird über den Messwert in der Brennkammer bestimmt, und $\tau$ wird anhand von Gleichung 6.2 berechnet. In der Beschreibung des Gasentrainments von Siebers in Gleichung 3.12 führt eine Erhöhung der Gasdichte zu einer Erhöhung des Massenstroms der in den Strahl eingebrachten Luft mit Wurzel der Gasdichte. In Messungen an der Brennkammer [47] stellte Siebers fest, dass sich die maximale Länge der Flüssigphase ebenfalls mit der Wurzel der Gasdichte verkleinert. Diese Feststellung wurde mehrfach von Pauer [17] und Hertlein [61] empirisch bestätigt. Unter Berücksichtigung dieses Sachverhalts und des Werts $l_{Fl} = 16{,}7$ mm für eine Gasdichte von 24 kg/m³ ergibt eine Berechnung der maximalen Eindringtiefe der Flüssigphase für die gleiche Düse (7-Loch mit $d_{SL} = 132$ µm) und für die gleiche Gastemperatur $T_{Kammer} = 900$ K bei einer Gasdichtevaration folgende Werte, siehe Abbildung 6.4.

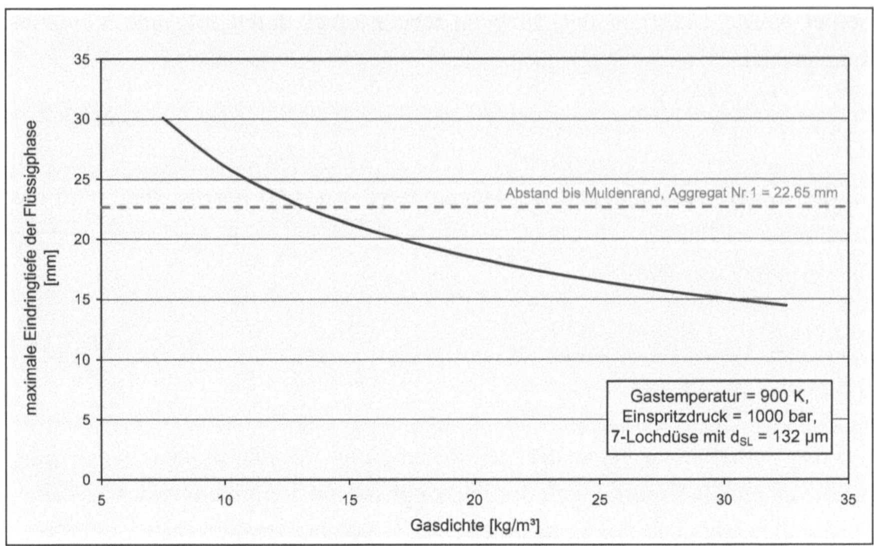


Abbildung 6.4: Berechnete maximale Eindringtiefe der Flüssigphase bei Veränderung der Gasdichte, nach Siebers [47]

Die Abnahme der maximalen Eindringtiefe der Flüssigphase bei Erhöhung der Gasdichte ist das Ergebnis der Intensivierung des Verdampfungsprozesses aufgrund des höheren Gasentrainments. Da der Kraftstoffmassenstrom sich dabei unwesentlich verändert und der höhere Luftmassenstrom eine verhältnismäßig höhere Enthalpie für die Verdampfung in dem Strahl einbringt, ergibt sich ein kürzerer Weg für das Erreichen einer vollständigen Verdampfung. Bei einer Einspritzdrucksteigerung ändert sich die maximale Eindringtiefe der Flüssigphase nicht, obwohl der Kraftstoffmassenstrom gleichzeitig erhöht wird. Nach der Theorie von Siebers muss der Luftmassenstrom, der in dem Strahl eingebracht wird, im gleichen Maß, wie der Kraftstoffmassenstrom erhöht wird, ansteigen. Da der Kraftstoffmassenstrom in etwa mit Wurzel aus dem Einspritzdruck ansteigt, wird nach dem Gasentrainment-Ansatz der Luftmassenstrom, der in dem Strahl eingebracht wird, ebenfalls mit Wurzel aus dem Einspritzdruck ansteigen.

Bei Einsetzen der Beziehung 6.11 in Gleichung 6.10 kann $A_a(x)$ an der normierten Länge $x$ als Funktion von $\tau$ berechnet werden.

$$A_a\ (normierte\ x) = A_f\ (normierte\ x) \cdot \frac{\rho_{Fl}}{\rho_a} \cdot \frac{1}{\tau} \cdot \frac{d_{SL}}{l_{Fl}} \qquad \text{Gl. 6.12}$$

Die Querschnittsfläche $A_a$ *(normierte x)* wird in Gleichung 6.5 als Faktor eingesetzt.

$$\rho_a \cdot A_a(x) = A_f(x) \cdot \frac{\rho_{Fl}}{\rho_a} \cdot \frac{1}{\tau} \cdot \frac{d_{SL}}{l_{Fl}} \cdot k \cdot F_W\ (0\ bis\ x) \qquad \text{Gl. 6.13}$$

$k$ stellt dabei den Proportionalitätsfaktor zwischen $\rho_a \cdot A_a(x)$ und der kumulierten Strömungswiderstandskraft vom Düsenlochaustritt bis zum Abstand $x$ dar, und nimmt in dem bestehenden Modell einen Wert von 100 an. Mit Gleichung 6.13 ist ein Zusammenhang zwischen $A_a(x)$ und $A_f(x)$ hergestellt worden. Da in den vorliegenden Untersuchungen Mehrlochdüsen eingesetzt worden sind, die im Vergleich zu Einlochdüsen bei gleicher Querschnittsfläche $A_f(0)$ eine größere Mantelfläche der Strahlhülle aufweisen, muss eine zusätzliche Anpassung vorgenommen werden. In das Gesetz von Newton steigt die Strömungswiderstandskraft linear mit der Stirnfläche des Körpers zusammen. Eine größere Mantelfläche für die gleiche Querschnittsfläche $A_f(0)$ bedeutet demnach, dass bezogen auf dem Kraftstoffmassenstrom mehr Luftmassenstrom in dem Strahl eingebracht wird. Nach Ersetzen von $\rho_a \cdot A_a(x)$ durch Gleichung 6.13 in Gleichung 6.3 und von $\rho_{Fl} \cdot A_f(x)$ in Gleichung 6.3 durch Gleichung 6.4 bekommt man folgende Formel:

$$U_{aus} = U(x) + U(x) \cdot \frac{1}{\tau} \cdot \frac{d_{SL}}{l_{Fl}} \cdot k \cdot C_W \cdot \frac{1}{2} \cdot n_{SL} \cdot \int_0^x Umfang_1(x) \cdot U(x)^2\, dx \qquad \text{Gl. 6.14}$$

Nach Umstellen der Formel 6.14 nach $U(x)$ erhält man eine kubische Gleichung, die im Anhang 8 gezeigt ist. Zur Lösung dieser Gleichung werden die Cardanischen Formeln des Mathematikers Gerolamo Cardano verwendet [64], die dem Anhang 8 entnommen werden können. Von den drei Lösungen gibt es genau eine reelle Lösung, die als Wert für die mittlere Strahlgeschwindigkeit bei jedem ausgewerteten Abstand genommen wird. Ein Beispiel-ergebnis dieser Berechnung für eine Einspritzdrucksteigerung und eine Gasdichteerhöhung ist in Abbildung 6.5 gezeigt.

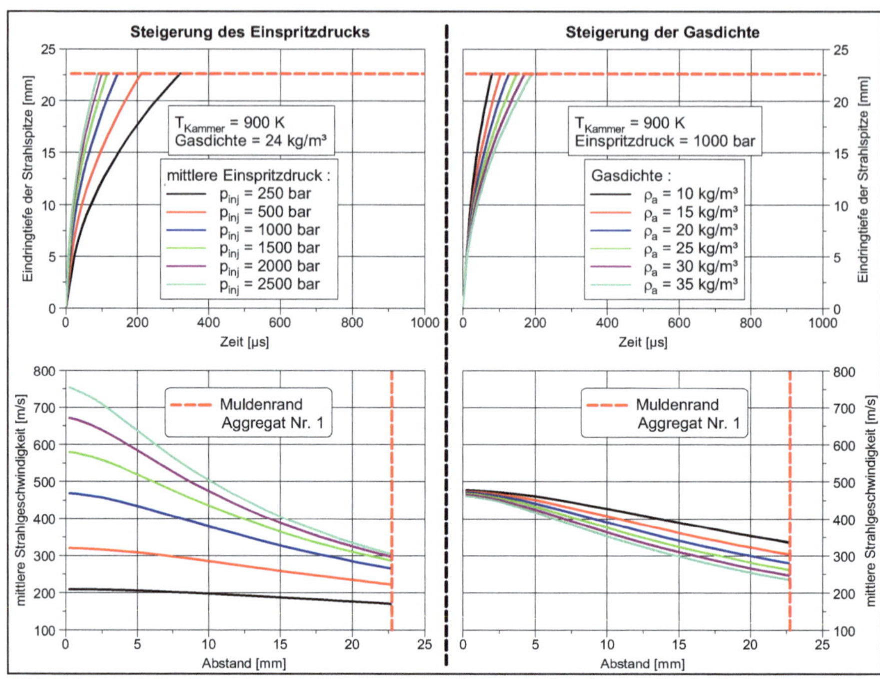


Abbildung 6.5: Berechnete Werte der mittleren Strahlgeschwindigkeit und der Eindringtiefe der Strahlspitze

Die zwei oberen Diagramme zeigen den berechneten Verlauf der Eindringtiefe der Strahlspitze für beide Variationen. Die hinterlegten Berechnungsformeln sind Gleichung 3.8 und 3.9, es handelt sich dabei um Korrelationen aus Naber und Siebers [44]. Die Weite der Skalierung der $x$-Achse mit 1000 µs entspricht in etwa der Spritzdauer mit einem eingestellten Raildruck von 1000 bar, einer Gasdichte im oberen Totpunkt von etwa 22 kg/m³ und einem Luftverhältnis von etwa 2,2. Die Dauer zwischen dem Zeitpunkt der Erreichung des Muldenrands bis zu den 1000 µs kann als Mindestinteraktionszeit eingeschätzt werden, da an der Rußgrenze deutlich niedrigere Luftverhältniswerte gefahren werden. Deutlich ersichtlich sowohl für die Einspritzdrucksteigerung als auch für die Gasdichteerhöhung ist der hohe Zeitanteil der Spritzdauer mit Strahl-/Muldenrandinteraktion. Bei 250 bar mittlerem Einspritzdruck und 24 kg/m³ weisen mindestens ca. 70 % der Einspritzdauer Muldenrandinteraktion auf. Bei

35 kg/m³ Gasdichte und 1000 bar mittlerem Einspritzdruck weisen mindestens ca. 80 % der Einspritzzeit Muldenrandinteraktion auf. Unter Einhaltung der Betriebsbedingungen eines Pkw-Dieselmotors bei und oberhalb der mittleren Teillast selbst bei einem langsamen Eindringen der Strahlspitze weist also weiterhin ein hoher Zeitanteil der Einspritzung Muldenrandinteraktion auf. Aufgrund dieses Sachverhalts ist eine Auswertung der mittleren Geschwindigkeit des Strahls bei Abständen unmittelbar vor dem Muldenrand sinnvoll. Die Reduzierungsrate der mittleren Strahlgeschwindigkeit über dem Abstand nimmt bei Steigerung des Einspritzdrucks zu. Dies ist begründet in dem stärkeren Gasentrainment bei höherem Einspritzdruck, das mehr Luftmassenstrom im Strahl einbringt. Für eine Einspritzdrucksteigerung nimmt die mittlere Strahlgeschwindigkeit am Muldenrand zu, und für eine Gasdichteerhöhung nimmt dieselbe ab. Diese Beobachtung aus berechneten Größen zeigt qualitativ ein konträres Verhalten für eine Einspritzdrucksteigerung und für eine Gasdichteerhöhung auf. Daraus kann gefolgert werden, dass die mittlere Strahlgeschwindigkeit am Muldenrand zumindest nicht allein die gesuchte physikalische Größe darstellen kann, die zu weniger Rußemission im Abgas führt.

## 6.2  Mittlere Dichte der Gasphase des Einspritzstrahls

In beiden Fällen der Einspritzdrucksteigerung und der Erhöhung der Gasdichte findet eine Intensivierung der Verdampfung statt. Bei der Einspritzdrucksteigerung steigt jedoch nach der Gasentrainmenttheorie von Naber und Siebers [44] der Kraftstoffmassenstrom in gleichem Maß wie der Luftmassenstrom, der in den Strahl eingebracht wird, an. Da bei einer Erhöhung der Gasdichte der Kraftstoffmassenstrom nur marginal geändert wird, verkleinert sich bei einer Gasdichteerhöhung das Mischungsverhältnis $\tau$ an der maximalen Eindringtiefe der Flüssigphase. Im Gegensatz dazu bleibt während einer Einspritzdrucksteigerung $\tau$ annähernd konstant. Da die Enthalpieströme auch von den Massenströmen abhängen, ist zu erwarten, dass sich bei der Verdampfung ein unterschiedliches Temperaturverhalten des Gemisches aus Luft und Dampf im Strahl bei einer Gasdichteerhöhung und bei einer Einspritzdrucksteigerung einstellt. Um das Temperaturverhalten qualitativ zu ermitteln, wird ein Verdampfungsmodell eingeführt. Eine schematische Darstellung des Modells zeigt Abbildung 6.6. In diesem Modell findet eine stationäre Strömung statt. Daraus ergibt sich ein stationärer Verdampfungsprozeß. Da für den in den Versuchen verwendeten Dieselkraftstoff keine Enthalpiewerte über der Temperatur vorhanden sind, wird in dem Modell ein Ersatzkraftstoff verwendet.

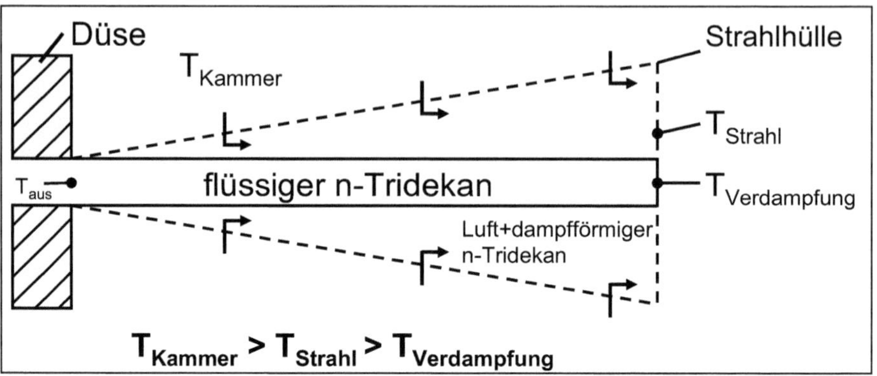


Abbildung 6.6: Schematische Darstellung des Verdampfungsmodells

Gewählt wird der Ersatzkraftstoff ‚n-Tridekan', weil seine Ordnungszahl des n-Alkans von 13 repräsentativ für die mittlere Ordnungszahl der Mischung von n-Alkanen in kommerziellem Dieselkraftstoff ist [65]. Die Siedepunkttemperatur von n-Tridekan entspricht etwa der Temperatur, bei der 50 % Volumenanteil eines handelsüblichen Dieselkraftstoffes verdampft ist [80]. Die Enthalpietabellen für das n-Tridekan sind im Anhang 9 gezeigt und wurden der Quelle [66] entnommen. In dem Verdampfungsmodell wird zur Vereinfachung eine Verdampfungstemperatur gewählt, obwohl in der Realität eine Siedekurve hinterlegt ist. Die Verdampfungstemperatur wird anhand der Siedekurve des in den Versuchen verwendeten Dieselkraftstoffes bestimmt. Gewählt wird die Temperatur, an der ein Volumenanteil von 50 % bereits verdampft wurde. Damit soll ein Schwerpunkt zwischen den leichtflüchtigen und den schwerflüchtigen Kraftstoffanteilen dargestellt werden. Die Siedekurve des verwendeten Dieselkraftstoffes kann Abbildung 6.7 entnommen werden.

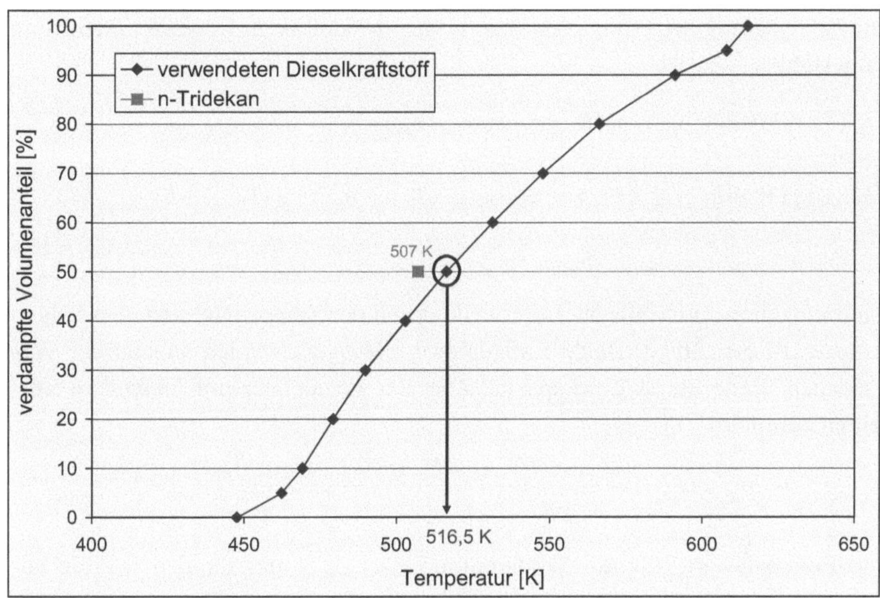


Abbildung 6.7: Siedekurve des in den Motorversuchen verwendeten Dieselkraft-stoffes

In Rot eingetragen ist die gewählte Verdampfungstemperatur von $T_V = 516,5$ K zu sehen, die in dem Verdampfungsmodell eingesetzt wird. In dem Modell wird das flüssige n-Tridekan von der Temperatur $T_{aus} = 323$ K am Lochaustritt bis zur Verdampfungstemperatur $T_V = 516,5$ K von der im Strahl eingebrachten Luft und dem bereits verdampften und zusätzlich aufgeheizten n- Tridekan aufgeheizt. Bei $T_V = 516,5$ K bezieht das flüssige n-Tridekan die notwendige Verdampfung-senthalpie. Da das flüssige n-Tridekan aufgrund von Diffusionseffekten nicht sofort komplett verdampft, sondern erst an der maximalen Eindringtiefe der Flüssigphase vollständig verdampft ist, wird in dem Modell das verdampfte n-Tridekan aufgeheizt, bis die Temperatur $T_{Strahl}$ des Gemisches aus Luft und n-Tridekan-Dampf mit dem bekannten Mischungsverhältnis $\tau$ an der maximalen Eindringtiefe der Flüssigphase zu einer vollständigen Verdampfung des flüssigen n-Tridekans führt.

Die Bilanzierung der Enthalpieströme in dem Modell ist in folgender Gleichung dargestellt.

$$\dot{m}_a\,(l_{Fl})\cdot\left[h_a(T_{Kammer})-h_a(T_{Strahl})\right] = \dot{m}_K\,(l_{Fl})\cdot$$

$$\left[h_{K,Fl\ddot{u}ssig}(T_V)-h_{K,Fl\ddot{u}ssig}(T_{aus}) + r_{Verdampfung}(T_V) + h_{K,Dampf}(T_{Strahl})-h_{K,Dampf}(T_V)\right]$$

Gl. 6.15

Die Enthalpiewerte $h_a$ für die Luft als Funktion der Temperatur sind ebenfalls in Anhang 10 ersichtlich. Beide Enthalpiewerte $h_{K,Fl\ddot{u}ssig}$ werden anhand der vorhandenen Werte der Wärmekapazität über der Temperatur mit folgendem Verfahren ermittelt:

$$h_{K,Fl}(T_V) - h_{K,Fl}(T_{aus}) = (T_V - T_{aus})\cdot\frac{Cp_{K,Fl}(T_V)+Cp_{K,Fl}(T_{aus})}{2}\qquad\text{Gl. 6.16}$$

Die Enthalpiewerte für die Verdampfung $r_{Verdampfung}$ und für den n-Tridekan-Dampf $h_{K,Dampf}$ sind im Anhang 9 über der Temperatur tabelliert. Gesucht wird die Temperatur $T_{Strahl}$ des Gemisches aus Luft und n-Tridekan-Dampf an der maximalen Eindringtiefe der Flüssigphase.

Dafür wird das Mischungsverhältnis $\tau = \dot{m}_K / \dot{m}_a$ an der maximalen Länge der Flüssigphase als bekannt vorausgesetzt. Die Bestimmung von $\tau$ für die Gasdichtevariation erfolgt über das Einsetzen des berechneten Werts der maximalen Eindringtiefe der Flüssigphase in Gleichung 6.2, die in Abbildung 6.4 graphisch dargestellt sind. Die Bestimmung von $\tau$ für eine Lochdurchmesservariation erfolgt ähnlich über das Einsetzen der linear interpolierten Messwerte der maximalen Eindringtiefe der Flüssigphase in Gleichung 6.2, die in Abbildung 6.2 grafisch dargestellt sind. Bei einer Einspritzdruckvariation in dem variierten Wertebereich oberhalb von 250 bar ist der Wert von $\tau$ annähernd konstant und entspricht dem Wert bei der eingestellten Gasdichte während der Variation. Für die Bestimmung der Temperatur $T_{Strahl}$ in dem Verdampfungsmodell wird folgender Iterationsalgorithmus angewendet:

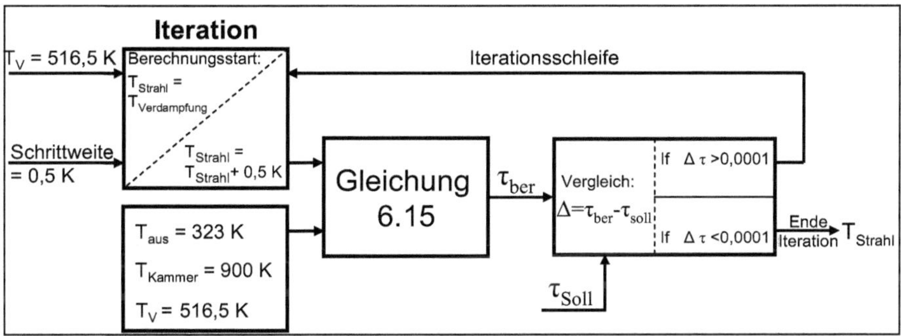


Abbildung 6.8: Iterationsalgorithmus zur Berechnung von $T_{Strahl}$

Als Startwert der Iteration von $T_{Strahl}$ wird $T_V = 516{,}5$ K genommen. Anschließend wird mit dem vorliegenden Algorithmus das Offset zwischen den Mischungsverhältnissen $\tau_{ber}$ und $\tau_{soll}$ bis auf die vierte Stelle nach dem Komma reduziert. $\tau_{soll}$ stellt dabei das anhand von Gleichung 6.2 berechnete Mischungsverhältnis dar. Aus der Berechnung von $T_{Strahl}$ für eine Variation der Gasdichte von 7,5 bis 32,5 kg/m³ für die 7-Lochdüse aus dem Motorversuch mit einem Lochaustrittsdurchmesser von 132 µm und einem Einspritzdruck von 1000 bar ergeben sich die Werte, die in Abbildung 6.9 dargestellt sind.

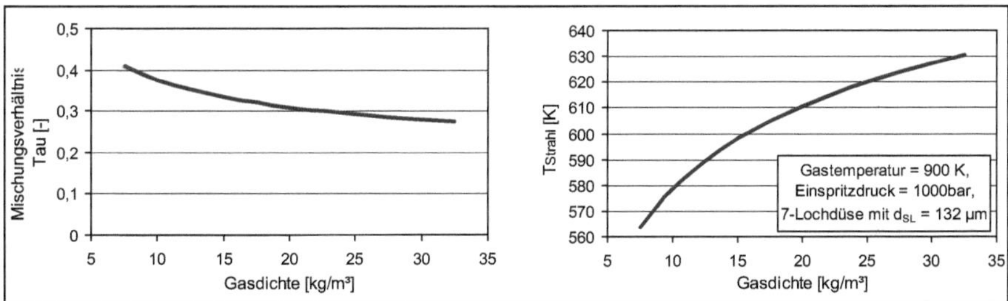


Abbildung 6.9: Berechnete Werte für $\tau$ und für $T_{Strahl}$ bei einer Variation der Gasdichte

Da bei einer Gasdichteerhöhung die maximale Eindringtiefe der Flüssigphase abnimmt, nimmt $\tau$ dabei ebenfalls ab. In dem linken Diagramm aus Abbildung 6.9 erreicht $\tau$ bei der höchsten untersuchten Gasdichte von 32,5 kg/m³ einen Wert von 0,2735. Wie im rechten Diagramm der Abbildung 6.9 zu sehen ist, nimmt die Temperatur $T_{Strahl}$ des Gemisches aus Luft und n-Tridekan-Dampf im Strahl an der maximalen Länge der Flüssigphase bei einer Steigerung der Gasdichte zu. Diese Zunahme findet aufgrund der Abnahme von $\tau$ statt. Da bei einer Einspritzdrucksteigerung bei konstanter Gasdichte $\tau$ annähernd konstant bleibt, ist zu erwarten, dass $T_{Strahl}$ auch konstant bleibt. Eine Erhöhung der Temperatur führt zu einer Zustandsänderung der Gasphase im Strahl. Demzufolge ändert sich der Zustand des Gasgemisches im Strahl bei einer Gasdichteerhöhung, während der Zustand des Gasgemisches im Strahl bei einer Einspritzdrucksteigerung erhalten bleibt. Wenn für den Zustand des Gasgemisches im Strahl die Dichte herangezogen wird und dieselbe mit der mittleren Strahlgeschwindigkeit multipliziert wird, ergibt sich die physikalische Größe ‚Impulsdichte'. Dieser Vektor $\vec{g}$ mit der Einheit kg/(m².s) wird in der Strömungslehre verwendet, analog zu einer Kraft pro Fläche in der Mechanik. Voraussetzung für die Eignung dieser Größe ist, dass bei einer Gasdichteerhöhung die Dichte des Gasgemisches im Strahl zunimmt. Um diese Fragestellung zu klären, wird eine Berechnung der mittleren Strahldichte unmittelbar nach der maximalen Eindringtiefe der Flüssigphase durchgeführt. Die mittlere Strahldichte wird anhand folgender Gleichung berechnet.

$$\rho_{Strahl} = \frac{\dot{m}_D + \dot{m}_a}{\dot{V}} \qquad \text{Gl. 6.17}$$

Hierbei stellt $\dot{m}_D$ den Dampfmassenstrom und $\dot{m}_a$ den in den Strahl eingesaugten Luftmassenstrom dar. Da unmittelbar nach der maximalen Eindringtiefe der Flüssigphase der Kraftstoffdampfmassenstrom gleich dem eingespritzten Kraftstoffmassenstrom ist ($\dot{m}_D = \dot{m}_K$), kann Gleichung 6.17 nach $\tau$ umgestellt werden. Die mittlere Strahldichte wird dann in folgender Formel aufgestellt.

$$\rho_{Strahl} = \frac{\dot{m}_K \cdot (1 + \frac{1}{\tau})}{\dot{V}} \qquad \text{Gl. 6.18}$$

In dieser Gleichung bleibt noch $\dot{V}$ zu ermitteln, um die mittlere Dichte $\rho_{Strahl}$ bestimmen zu können. Hierfür wird der Strahl unmittelbar nach der maximalen Eindringtiefe der Flüssigphase als homogenes Gemisch von Realgas betrachtet.

Zusätzlich wird angenommen, dass der Gesamtdruck im Strahl dort stets gleich wie der Kammerdruck ist. Da die Summe der Partialdrücke im Strahl den Gesamtdruck ergibt, kann folgende Gleichung aufgestellt werden:

$$p_{Kammer} = p_D + p_a \qquad \text{Gl. 6.19}$$

Die Partialdrücke werden nach der Van-der-Waals-Realgasgleichung ermittelt, so dass sich folgende Beziehung ergibt:

$$p_{Kammer} = \frac{R_D \cdot T_{Strahl}}{\dfrac{\dot{V}}{\dot{m}_D} - b_D} - \frac{a_D}{\left(\dfrac{\dot{V}}{\dot{m}_D}\right)^2} + \frac{R_a \cdot T_{Strahl}}{\dfrac{\dot{V}}{\dot{m}_a} - b_a} - \frac{a_a}{\left(\dfrac{\dot{V}}{\dot{m}_a}\right)^2} \qquad \text{Gl. 6.20}$$

Die Werte für die Van-der-Waals-Koeffizienten ($a_D$, $b_D$) und ($a_a$, $b_a$) sowie für die spezifischen Gaskonstanten ($R_D$, $R_a$) sind im Anhang 9 und 10 aufgelistet, $T_{Strahl}$ ist aus der vorherigen Verdampfungsrechnung bekannt, und bei Kenntnis des Mischungsverhältnisses kann $\dot{m}_a$ als Funktion von $\dot{m}_K$ und $\tau$ berechnet werden.

Nach Umstellen von Gleichung 6.20 nach $\dot{V}$ und nach einsetzen von $\tau$ ergibt sich folgende polynomiale Gleichung vierten Grades:

$$\dot{V}^4 \cdot \frac{p_{Kammer}}{\dot{m}_K} \cdot \tau - \dot{V}^3 \cdot \left( p_{Kammer} \cdot (\tau \cdot b_D + b_a) + T_{Strahl} \cdot (\tau \cdot R_D + R_a) \right)$$

$$+ \dot{V}^2 \cdot \dot{m}_K \cdot \left( p_{Kammer} \cdot b_D \cdot b_a + \tau \cdot (a_D + \frac{a_a}{\tau^2}) + T_{Strahl} \cdot (R_D \cdot b_a + R_a \cdot b_D) \right) \qquad \text{Gl. 6.21}$$

$$- \dot{V} \cdot \dot{m}_K^2 \cdot (a_D + \frac{a_a}{\tau^2}) \cdot (\tau \cdot b_D + b_a) + \dot{m}_K^3 \cdot b_D \cdot b_a \cdot (a_D + \frac{a_a}{\tau^2}) = 0$$

Die vier Lösungen dieser Gleichung werden anhand der Cardanischen Formeln ermittelt [64]. Diese Formeln für eine biquadratische Gleichung sind im Anhang 8 zu sehen. Von den vier Lösungen sind zwei komplexe und zwei reelle Zahlen. Die reelle Lösung mit der Größenordnung $5*10^{-4}$ m³/s ist für den Volumenstrom $\dot{V}$ gewählt worden, weil die andere reelle Lösung mit der Größenordnung $1*10^{-5}$ m³/s unrealistische Werte der Strahldichte ergibt, die höher als beim flüssigen Kraftstoff liegen. Nach Einsetzen dieser Lösung in Gleichung 6.18 erhält man für die mittlere Strahldichte folgende Werte:

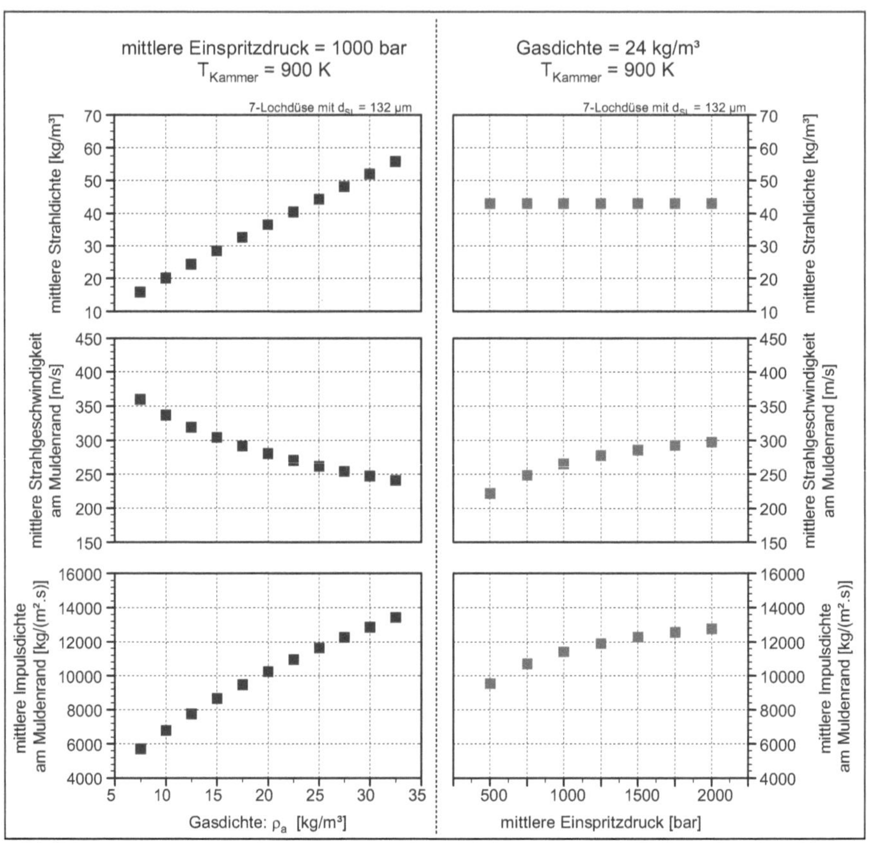


Abbildung 6.10: Berechnete Werte der mittleren Impulsdichte des Strahls am Muldenrand

Die zwei oberen Diagramme in Abbildung 6.10 zeigen den Verlauf der berechneten mittleren Strahldichte mit einer 7-Lochdüse mit $d_{SL} = 132$ µm links für eine Erhöhung der Gasdichte und rechts für eine Steigerung des Einspritzdrucks. Bei der Erhöhung der Gasdichte ist ein Anstieg der berechneten mittleren Strahldichte zu beobachten, der nur marginal niedriger als bei einem linearen Verlauf ist. Die Werte liegen bei etwa dem Zweifachen der Werte der Gasdichte. Im Gegensatz dazu bleibt die berechnete mittlere Strahldichte bei einer Einspritzdrucksteigerung auf demselben Niveau. Dieser Sachverhalt ist in der annähernd gleichbleibenden Temperatur $T_{Strahl}$ und $\tau$ begründet. Die Berechnung von $\dot{V}$ für die Ermittlung der mittleren Strahldichte liefert eine weitere Information. Die folgende Abbildung zeigt einen Vergleich des berechneten Partialdrucks des Dampfes und des ermittelten Dampfdrucks aus der Dampfdruckkurve von n-Tridekan, die Anhang 9 entnommen werden kann.

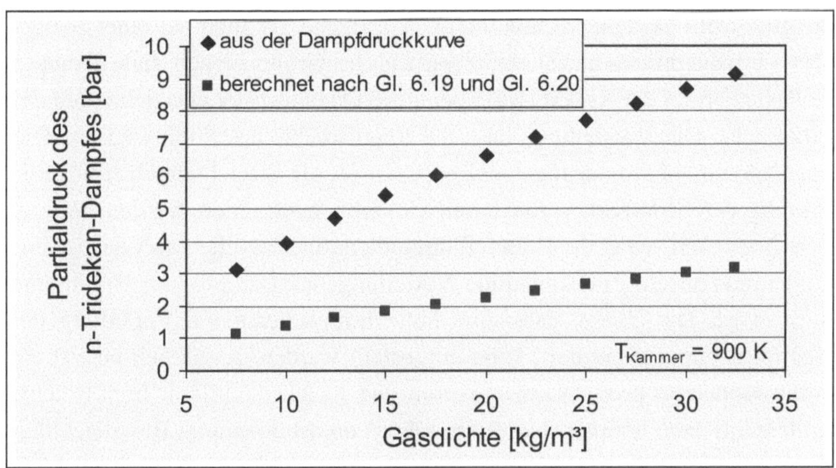


Abbildung 6.11: Vergleich der berechneten Dampfpartialdrücke aus der Dampfdruckkurve und aus Gleichung 6.20

Die Partialdruckwerte von n-Tridekan-Dampf, anhand von Gleichung 6.20 berechnet, liegen im untersuchten Gasdichte-Bereich unterhalb des Druckniveaus, welches anhand der Dampfdruckkurve von n-Tridekan ermittelt wird. Das Druckniveau, das aus der Dampfdruckkurve ermittelt wird, ist derjenige Partialdruck, welcher zu einer Sättigung der Gasphase führt, also der Sättigungs-Partialdruck. Unter den im Pkw-Brennraum vorliegenden Randbedingungen während der Einspritzung liegt demnach der Partialdruck des Dampfes im Strahl unterhalb des Sättigungs-Partialdrucks.

In den zwei Diagrammen in der Mitte von Abbildung 6.10 sind die berechneten Werte der mittleren Strahlgeschwindigkeit unmittelbar vor dem Muldenrand für eine Gasdichteerhöhung und für eine Einspritzdrucksteigerung aufgetragen. Wie bereits in Abbildung 6.5 gezeigt, nimmt die Geschwindigkeit des Strahls am Muldenrand bei einer Erhöhung der Gasdichte ab und bei einer Steigerung des Einspritzdrucks zu. Multipliziert man die mittlere Geschwindigkeit des Strahls am Muldenrand mit der mittleren Strahldichte, so erhält man die mittlere Impulsdichte des Strahls unmittelbar vor dem Muldenrand, siehe die zwei unten stehenden Diagramme in Abbildung 6.10. Die mittlere Impulsdichte am Muldenrand steigt sowohl bei einer Erhöhung der Gasdichte als auch bei einer Steigerung des Einspritzdrucks an. Diese physikalische Größe verhält sich demnach wie die Reduzierung der Rußemission bei einer Erhöhung der Gasdichte und des Einspritzdrucks. Die Vorstellung, dass die Impulsdichte des Strahls unmittelbar vor dem Muldenrand die wichtigste Eigenschaft für die Erreichung einer höheren Abmagerung des Strahls darstellt, kann wie folgt interpretiert werden: Wie in Kapitel 3.2 erläutert, sorgt die Brennraummulde dafür, dass die Kraft des Strahls am Muldenrand in eine gleichmäßige Verteilung des Dampfes im Brennraum umgesetzt wird. Die These, dass eine hohe Impulsdichte die Verteilung des Dampfes im Brennraum fördert, kann aufgestellt werden. Zusätzlich besitzt ein Strahl mit doppelt so großem Massenstrom und gleicher mittlerer Impulsdichte am Muldenrand dann doppelt so viel Strahlkraft am Muldenrand. Bei gleichbleibender Impulsdichte am Muldenrand skaliert demnach die Strahlkraft am Muldenrand zusammen mit dem Massenstrom des Strahls.

In seine Untersuchungen des an ebene Platten auftreffenden Sprays bei verschiedenen Gasdichten, beobachtete Mattes, dass bei einer Erhöhung der Gasdichte unter Beibehaltung einer am Strahlauftreffbereich an der Platte konstanten Strahlkraft der Sprayradius $r_2$ wesentlich kleiner wird [41]. Die Definition der von Mattes ausgewerteten Größen ist in folgender Abbildung ersichtlich. Die Ausbreitung des Strahls entlang der Prallplatte nach dem Auftreffen nimmt analog zu dem Sprayradius $r_2$ an der ebenen Platte bei einer Erhöhung der Gasdichte ab. Wie aus dem Diagramm unten links von Abbildung 6.10 entnommen werden kann, steigt bei Erhöhung der Gasdichte die mittlere Impulsdichte des Strahls am Muldenrand annähernd proportional zur Gasdichte an. Demnach steigt die mittlere Strahlkraft am Muldenrand ebenfalls annähernd linear jedoch leicht unterproportional zur Gasdichte an. Nach dem halbempirischen Ansatz von Mattes wächst der Sprayradius $r_2$ mit der vierten Wurzel der Differenz zwischen Düsensacklochdruck und Umgebungsdruck: $\Delta p^{0,25}$, und sinkt mit der vierten Wurzel der Gasdichte: $\rho_a^{0,25}$ [41]. In folgende Überlegung wird angenommen, dass die Ausbreitung des Strahls entlang der Mulden nach dem Auftreffen sich analog zu

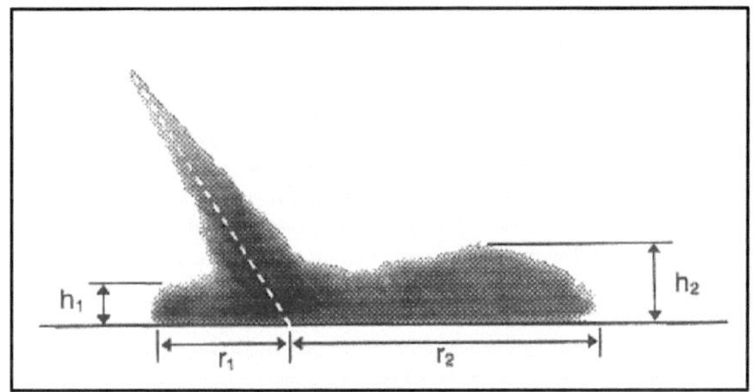

Abbildung 6.12: ausgewertete Größen von Mattes [41]

diesem Ansatz verhält. Steigt die Strahlkraft annähernd linear zur Gasdichte bleibt nach diesem Ansatz die Ausbreitung des Strahls entlang der Muldenkontur in etwa konstant. Unter dieser Annahme und unter der Voraussetzung, dass die Strahlspitze dem Muldenrand an der gleichen Position erreicht, kann als Begründung für die Verringerung der Rußkonzentration im Abgas bei Erhöhung der Gasdichte die Erhöhung der Dichte von Sauerstoff im Brennraum herangezogen werden. Dadurch dass nach Erhöhung der Gasdichte der Einspritzstrahl annähernd die gleiche Volumenvergrößerung aufweist, steigt das lokale Luftverhältnis direkt proportional mit der Zunahme der Dichte von Sauerstoff im Brennraum. Hierdurch bilden sich nach dem Strahlauftreffen am Muldenrand mehr Brennraumanteile mit lokalem Luftverhältnis größer oder gleich Eins, die bei Erfassung durch die Flamme eine schnellere und intensivere Verbrennung und Rußoxidation aufweisen. Bei einem Anstieg des Einspritzdrucks, der eine Erhöhung der mittleren Impulsdichte des Strahls am Muldenrand bewirkt, wird die Verringerung der Rußkonzentration im Abgas ebenfalls über die Erzeugung höhere Brennraumanteile mit lokalem Luftverhältnis größer oder gleich Eins erreicht. Letztere geschieht jedoch anders als bei einer Erhöhung der Gasdichte. Da die Sauerstoffdichte im Brennraum unverändert bleibt, wird eine Erhöhung des lokalen Luftverhältnisses durch eine höhere Volumenvergrößerung des Strahls entlang der Muldenkontur erreicht.

Die hier vorgestellten Ergebnisse der Impulsdichte sind berechnete Werte, die es experimentell zu überprüfen gilt. Bei der vorliegenden Arbeit ist die notwendige Messtechnik für eine Strahlkraftmessung in einer Hochdruck- / Hochtemperatur Brennkammer nicht vorhanden. Jedoch wird im Folgenden angestrebt, das Impulsdichte-Modell anhand von Hinweisen aus Messergebnissen von Motorversuchen zu überprüfen.

# 7 Validierung des Modells durch motorische Untersuchungen

Die Motorversuche im Kapitel 7 können in zwei Variationsarten zusammenge-fasst werden:

- Düsenparameter: Diese Versuche beinhalten eine Variation des hydrau-lischen Düsendurchflusses und eine Variation der Lochanzahl der Düse.
- Motorparameter: Diese Versuche beinhalten eine Variation der Düsen-einragtiefe und eine Variation der Drallströmungsgeschwindigkeit.

## 7.1 Variation der Düsenparameter hydraulischer Durchfluss und Lochanzahl

Da die Impulsdichte eine von dem Strahlmassenstrom unabhängige Größe dar-stellt, bietet eine Variation des Austrittsdurchmessers der Düsenlöcher unter Einhaltung einer konstanten Impulsdichte am Muldenrand einen möglichen Ver-such zur Überprüfung der Theorie der Impulsdichte am Muldenrand. Stimmt diese Theorie, dann wird die Rußemission sich in einem solchen Versuch nicht verändern. Die Realisierung einer Verkleinerung des Düsenlochdurchmessers kann über zwei Wege erfolgen: zum einen über eine Lochanzahlerhöhung bei gleichbleibendem hydraulischem Durchfluss ($Qhyd$) der Düse und zum anderen über eine Reduzierung des hydraulischen Durchflusses der Düse bei gleichblei-bender Lochanzahl. Bevor die Versuchsrandbedingungen festgelegt werden, wird eine Abschätzung des Verhaltens der Impulsdichte für beide Variationen von Lochanzahl und von hydraulischem Durchfluss durchgeführt. Da beide Va-riationen auch im Motorversuch mit Aggregat Nr. 2 und dem Einspritzsystem HADI untersucht worden sind, wird die Abschätzung mit den entsprechenden Düsen erfolgen. Die Düsenkonfigurationen sind in den folgenden zwei Abbil-dungen 7.1 und 7.2 dargestellt. Die Lochanzahlvariation beinhaltet die Lochan-zahl 4, 6, 8 und 10, und dabei wird der Durchmesser $d_{SL}$ von 159 µm bei der 4 Lochdüse bis auf 100 µm bei der 10-Lochdüse reduziert. Die Variation des hydraulischen Durchflusses beinhaltet die $Qhyd$-Werte 380, 320, 280, 240, 200 und 160 cm³/30s bei 100 bar. Dabei wird der Durchmesser $d_{SL}$ von 141 µm bei $Qhyd = 380$ cm³/30s bis auf $d_{SL} = 92$ µm bei $Qhyd = 160$ cm³/30s reduziert. Beide Variationen beinhalten einen gemeinsamen Bereich des Lochdurchmessers zwischen 100 µm und 141 µm und zusätzlich eine Ausführung mit annähernd dem gleichen Lochdurchmesser von 100 µm für unterschiedliche Lochanzahl: die 10-Lochdüse mit $Qhyd = 320$ cm³/30s bei der Lochanzahlvariation und die 6-Lochdüse mit $Qhyd = 200$ cm³/30s bei der $Qhyd$-Variation.

| | | | | |
|---|---|---|---|---|
| Hydraulischer Durchfluss [cm³/30s bei 100bar] | 320 | 320 | 320 | 320 |
| Lochanzahl [-] | 4 | 6 | 8 | 10 |
| Lochaustrittsdurchmesser [µm] | 159 | 129 | 112 | 100 |
| Öffnungswinkel [°] | 153 | 153 | 153 | 153 |
| k-Faktor[1] der Düsenlöcher | ks1,5 | ks1,5 | ks1,5 | ks1,5 |
| Sacklochausführung | mini | mini | mini | mini |
| Düsenbezeichnung [A433 19X XXX] | 9 566 | 7 586 | 9 122 | 9 186 |

Abbildung 7.1: Düsenkonfigurationen der Lochanzahlvariation

---

[1] $k\text{-Faktor} = \dfrac{d_{SL,Einlauf} - d_{SL,Austritt}}{10}$

Eine Düse mit ks1,5 besitzt Düsenlöcher mit einem $k$-Faktor von 1,5; durch die Verrundung der Einlaufkanten während der Fertigung wurde der Durchfluss der Düse justiert ($s$ bedeutet strömungsoptimiert).

| Hydraulischer Durchfluss [cm³/30s bei 100bar] | 380 | 320 | 280 | 240 | 200 | 160 |
|---|---|---|---|---|---|---|
| Lochanzahl [-] | 6 | 6 | 6 | 6 | 6 | 6 |
| Lochaustrittsdurchmesser [μm] | 141 | 129 | 121 | 112 | 102 | 92 |
| Öffnungswinkel [°] | 153 | 153 | 153 | 153 | 153 | 153 |
| k-Faktor der Düsenlöcher | ks1,5 | ks1,5 | ks1,5 | ks1,5 | ks1,5 | ks1,5 |
| Sacklochausführung | mini | mini | mini | mini | mini | mini |
| Düsenbezeichnung [A433 19X XXX] | 7 585 | 7 586 | 8 790 | 8 725 | 9 017 | 9 098 |

Abbildung 7.2: Konfigurationen der Düsen des hydraulischen Durchflusses

Die Berechnung der mittleren Impulsdichte am Muldenrand für eine Gasdichte von 24 kg/m³ und einen Einspritzdruck von 1000 bar wird wie in Kapitel 6 in folgenden vier Schritten durchgeführt:

1- Berechnung des Mischungsverhältnisses $\tau$ für alle untersuchten $d_{SL}$ anhand der Messwerte der maximalen Eindringtiefe der Flüssigphase aus Abbildung 6.2 und von Gleichung 6.2.

2- Berechnung der mittleren Strahlgeschwindigkeit am Muldenrand für alle Düsen anhand von Gleichung 6.14

3- Berechnung der mittleren Strahldichte für alle Düsen anhand von Gleichung 6.20 und von Gleichung 6.21

4- Berechnung der mittleren Impulsdichte am Muldenrand für alle Düsen

Abbildung 6.2 kann entnommen werden, dass die lineare Interpolation mit Nulldurchgang der maximalen Eindringtiefe der Flüssigphase bei Veränderung des Lochdurchmessers in guter Übereinstimmung mit den Messwerten steht. Bei anderen Messungen an der Brennkammer konnte dieser Sachverhalt beobachtet und bestätigt werden [17, 47]. Nach der Gasentrainmenttheorie von Siebers nimmt nur die Gasdichte Einfluss auf dem Strahlkegelwinkel, siehe Gleichung 3.17. Nimmt man wie Siebers an, dass bei Veränderung des Lochdurchmessers der Kegelwinkel $\alpha$ des Strahls sich nicht verändert, bedeutet die lineare Relation zwischen $d_{SL}$ und $l_{Fl}$ für $\tau$ in Gleichung 6.2, dass sich $\tau$ an der maximalen Eindringtiefe der Flüssigphase bei Veränderung des Durchmessers am Lochaustritt nicht verändert. Somit ergibt sich ein Wert für $\tau$ von 0.2987 für eine Gasdichte von 24 kg/m³, der für alle Düsen an der maximalen Endringtiefe der Flüssigphase gilt. Wird dieser Wert für $\tau$ eingesetzt, werden ferner die $d_{SL}$-Werte der Düsen, der neue Abstand bis zum Muldenrand von 25.2 mm beim zweiten Aggregat, die Gasdichte von 24 kg/m³ und der mittlere Einspritzdruck von 1000 bar in Gleichung 6.14 eingesetzt, dann erhält man bei den zwei Variationen folgende Werte für die mittlere Strahlgeschwindigkeit am Muldenrand.

In Abbildung 7.3 kann beobachtet werden, dass eine Reduzierung des Lochdurchmessers durch eine *Qhyd*-Reduktion qualitativ keinen Einfluss auf die mittlere Strahlgeschwindigkeit am Muldenrand hat.

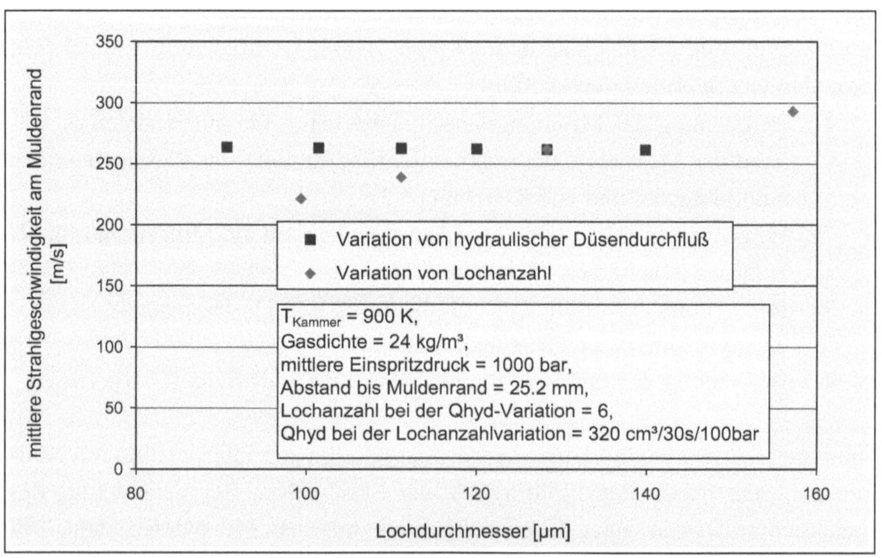


Abbildung 7.3: Berechnete Werte der mittleren Strahlgeschwindigkeit am Muldenrand für eine Lochanzahl- und für eine *Qhyd*-Variation

Im Gegensatz dazu wird bei einer Lochanzahlerhöhung, die ebenfalls eine Reduktion des Lochdurchmessers hervorruft, die mittlere Geschwindigkeit am Muldenrand kleiner. Um die Ursache für diesen Sachverhalt, der qualitativ in Abbildung 7.3 wiedergegeben ist, aufzuklären werden insbesondere die zwei Düsen mit annähernd gleichem Lochdurchmesser und mit unterschiedlicher Lochanzahl verglichen, siehe Abbildung 7.4.

Beide Düsen weisen die gleiche mittlere Austrittsgeschwindigkeit auf. Die Düse mit einer Lochanzahl von 10 zeigt bei zunehmender Entfernung zur Düse eine im Vergleich zu der 6-Lochdüse zunehmend niedrigere Strahlgeschwindigkeit auf. Begründet werden kann dies nicht durch ein anderes Verhältnis der Strahloberfläche zum Strahlvolumen, da dieses Verhältnis in diesem Beispiel konstant bleibt.

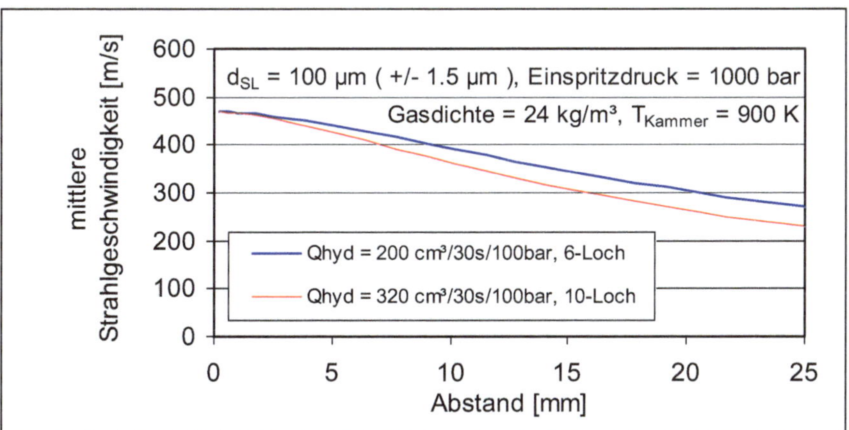


Abbildung 7.4: Berechnete mittlere Strahlgeschwindigkeit zur Darstellung des Einflusses der Lochanzahl

Jedoch ist die gesamte Strahloberfläche der 10-Lochdüse größer als die der 6-Lochdüse, so dass folgende Vorstellung gelten könnte: Die Strahlen einer 10-Lochdüse erfahren insgesamt ein höheres Gasentrainment als die Einspritzstrahlen einer 6-Lochdüse.

Da als Ergebnis aus der vorhergehenden Berechnung des Mischungsverhältnisses $\tau$, dieses bei Veränderung des Lochaustrittsdurchmessers sich nicht verändert, ergibt sich für die mittlere Strahldichte ebenfalls keine Veränderung. Für die vorliegende Gasdichte von 24 kg/m³ nimmt die mittlere Strahldichte einen Wert von 44,5 kg/m³ bei allen untersuchten Düsen an. Multipliziert man die ermittelte mittlere Strahldichte mit der ermittelten mittleren Strahlgeschwindigkeit am Muldenrand, so erhält man für beide Variationen die Impulsdichtewerte in der Abbildung 7.5 gezeigt. Aus den in Abbildung 7.5 gezeigten Berechnungsergebnissen geht hervor, dass, wie bei der mittleren Strahlgeschwindigkeit am Muldenrand, die Impulsdichte am Muldenrand bei einer Variation des hydraulischen Durchflusses konstant bleibt. Demnach stellt die Variation des hydraulischen Durchflusses einen möglichen Versuch dar, um das Impulsdichte-Modell zu verifizieren. Dabei wird der Trend der Rußemission im Abgas mit dem Verlauf der Impulsdichte verglichen.

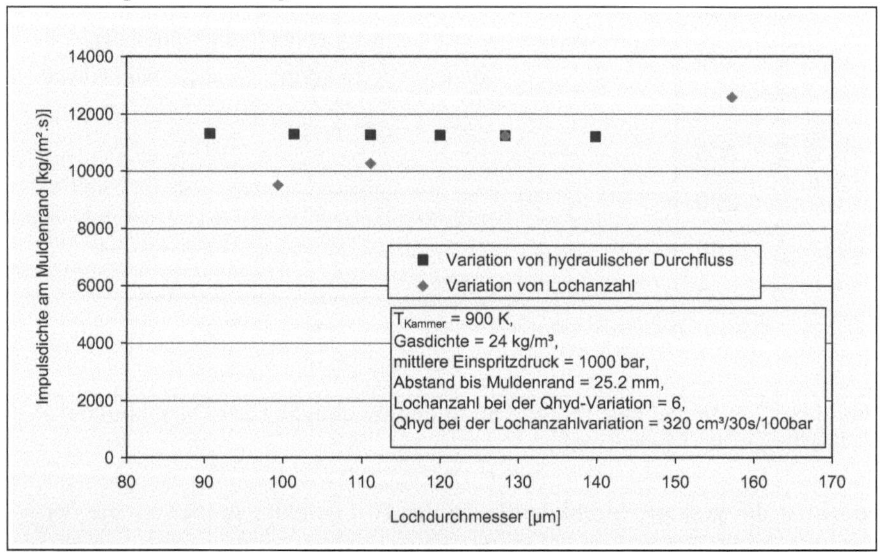


Abbildung 7.5: Berechnete mittlere Impulsdichte am Muldenrand für beide Variationen

Die in Abbildung 7.1 und 7.2 vorgestellten Düsen sind mittels des Einspritzsystems HADI mit dem zweiten Einzylindermotor (siehe Anhang 1 und 3) anhand von Abgasrückführraten-variationen an dem stationären Betriebspunkt 2000 U/min und 8 bar indizierten Mitteldruck untersucht worden. Die schrittweise Erhöhung der Abgasrückführrate ist solange fortgeführt worden, bis ein Rußemissionsniveau größer als 0,5 g/kg fuel gemessen wurde. Für jede Düse ist eine Raildruckvariation mit folgenden Stützstellen durchgeführt worden: 700, 900, 1100, 1300 und 1600 bar. Da bei größer werdendem Einspritzdruck eine höhere Einspritzmasse bei gleicher Einspritzzeit im Brennraum abgesetzt wird, erhöht sich der Vormischanteil bei Steigerung des Einspritzdrucks. Eine Erhöhung des Vormischanteils der Verbrennung bewirkt zwar eine deutliche Reduktion der Rußemission, ist aber bei einer Fahrzeugapplikation aufgrund des damit verbundenen hohen Zylinderdruckanstiegsgradienten kurz nach der Entzündung begrenzt. Für eine Reduzierung von $dp_{Zylinder}/d\alpha$ sind somit zusätzlich zwei Voreinspritzungen abgesetzt worden. Für höhere Raildrücke ist ein kürzerer Zündverzug für die Reduzierung des maximalen $dp_{Zylinder}/d\alpha$ notwendig und demnach eine größere Voreinspritzmenge abgesetzt worden.

In den folgenden zwei Abbildungen sind die Messsignale zu sehen, die während der Messungen der Variation vom hydraulischen Durchfluss aufgenommen wurden. In Abbildung 5.44 sind beispielhaft die Indizierkurven der Raildruckvariation mit der 6-Lochdüse mit dem Durchfluss $Qhyd$=380cm³/30s bei 100bar dargestellt. In Abbildung 7.7 sind beispielhaft die Indizierkurven der Variation des hydraulischen Durchflusses bei konstantem Raildruck von 900bar dargestellt.

Aus beiden Abbildungen kann entnommen werden, dass der Druckgradient $dp_{Zylinder}/d\alpha$ kurz nach Entzündung der Menge der Haupteinspritzung durch die zwei Voreinspritzungen auf ähnliches Niveau reduziert wurde.

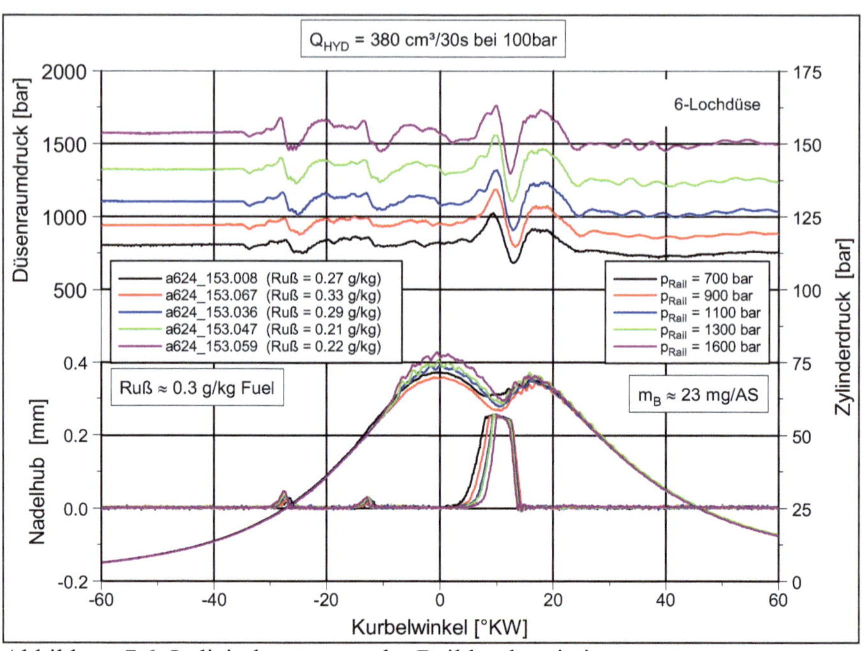



Abbildung 7.6: Indizierkurven aus der Raildruckvariation
mit $Qhyd$ = 380 cm³/30s@100bar

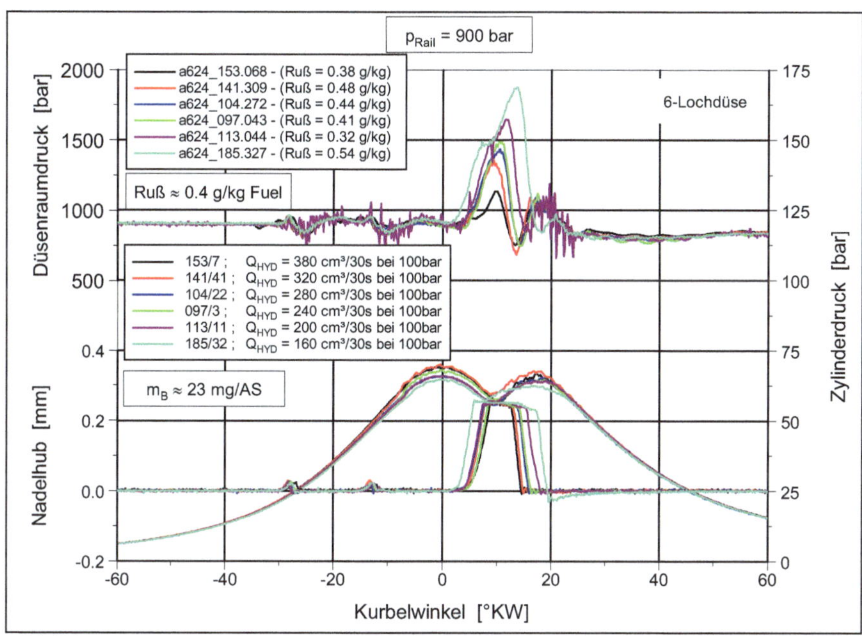



Abbildung 7.7: Indizierkurven aus der *Qhyd*-Variation mit 900bar konstantem Raildruck

Zusätzlich ist in Abbildung 7.7 ersichtlich, dass bei kleiner werdendem hydraulischem Durchfluss, obwohl der eingestellte Raildruck gleich bleibt, der maximal erreichte Düsenraumdruck höher liegt. Aufgrund der kürzeren Spritzdauer bei hohem hydraulischem Durchfluss für das Absetzen der gleichen Einspritzmasse im Brennraum wird der Druckverstärkerkolben, bevor er den Nennhub zurückgelegt hat, wieder abgesteuert. Dadurch bleibt die Dauer des rampenförmigen Anstiegs des Druckes im Düsenraum zu Beginn der Einspritzung kurz, und es stellt sich ein kleinerer maximaler Druck als bei kleineren hydraulischen Durchflüssen ein. Daher lässt sich feststellen, dass beim HADI-Injektor der mittlere Einspritzdruck bei Verkleinerung des Düsendurchflusses mit gleichgestelltem Raildruck deutlich erhöht wird. Der höchste gemessene Maximalwert des Düsenraumdrucks wurde mit der 6-Lochdüse mit *Qhyd* = 160 cm³/30s bei 100bar und 1600 bar eingestelltem Raildruck gemessen und erreichte einen Wert von 2525 bar. Mit der in diesen zwei Abbildungen gezeigten Einspritzstrategie wurde die gesamte Variation des hydraulischen Durchflusses mit dem Aggregat gefahren. Die Ergebnisse aus der Abgasmessung der Ruß- und $NO_x$-Emission für die Messreihen entsprechend der in Abbildung 7.6 und 7.7 dargestellten Indizierkurven sind Abbildung 7.8 zu entnehmen.

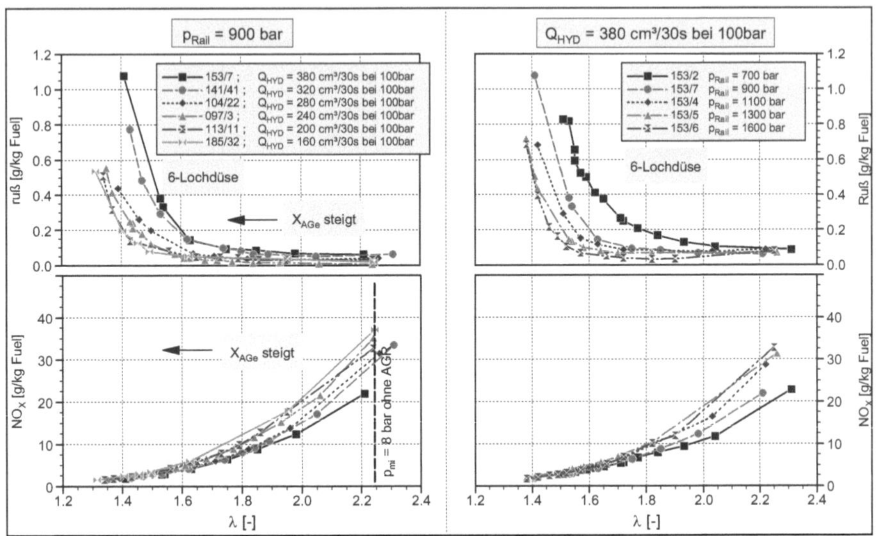


Abbildung 7.8: Ruß- und $NO_x$- Messwerte aus den Abgasrückführratenvariationen bei der Variation des hydraulischen Durchflusses

Bei allen vier Diagrammen stellt der Messpunkt in jeder Kurve mit dem höchsten Luftverhältniswert den Messpunkt bei Motorbetrieb ohne Abgasrückführung dar. Da der Lastpunkt konstant auf einen indizierten Mitteldruck von 8 bar eingeregelt wurde, liegt dieser Luftverhältniswert bei allen Kurven in etwa bei 2,25. Die anderen Messpunkte sind bei Motorbetrieb mit Abgasrückführung aufgenommen worden. Dabei gilt: Je höher die Abgasrückführungsrate, desto niedriger ist das Luftverhältnisniveau. Im oberen linken Diagramm findet der Anstieg der Rußemission für kleiner werdende Düsendurchflüsse bei niedrigerem Luftverhältniswert statt. Somit erreicht die Düse mit $Q_{hyd}$=160 cm³/30s bei 100bar einen Luftverhältniswert von 1,32 bei einer Rußemission von 0,53 g/kg fuel. Betrachtet man die Schnittpunkte aller Rußkurven in diesem Diagramm mit der horizontalen Gitterlinie bei $Ruß$ = 0,4 g/kg fuel, dann kann eine Sättigung der Reduzierung der Luftverhältniswerte bei der schrittweisen Absenkung des Düsendurchflusses festgestellt werden. Ein ähnliches Bild ist im oberen rechten Diagramm für eine Raildruckerhöhung von 700 bar bis auf 1600 bar zu beobachten. Bei höheren Raildrücke findet der Anstieg der Rußemission bei kleineren Luftverhältniswerten statt. Jedoch kann bei weiterer Erhöhung des Raildrucks eine Sättigung der Reduzierung der bei $Ruß = 0{,}4$ g/kg fuel vorliegenden Luftverhältniswerte beobachtet werden. Das ähnliche Verhalten der Rußemission bei einer Raildruckerhöhung und einer Absenkung des Düsendurchflusses bei konstantem Raildruck deutet auf einen gemeinsamen physikalischen Effekt zur Förderung der Gemischbildung hin. Im unteren linken Diagramm kann beobachtet werden, dass der $NO_x$-Wert bei dem ersten Messpunkt ohne Abgasrückführung bei kleiner werdendem Düsendurchfluss ansteigt. Für die Messpunkte mit Abgasrückführung verringert sich bei kleiner werdendem Luftverhältniswert das beobachtete $NO_x$-Offset zwischen den Düsendurchflüssen bis zu einem Luftverhältniswert von etwa 1,5 immer mehr. Für Luftverhältnisse unterhalb dieses Werts bleibt kaum ein Unterschied zwischen der $NO_x$-Emission der unterschiedlichen Düsendurchflüsse. Bei der NOx-Emission kann ein ähnliches Bild bei der Raildruckerhöhung beobachtet werden. Dies verstärkt die Vermutung einer gemeinsamen Wirkweise einer Raildruckerhöhung und einer Absenkung des hydraulischen Durchflusses bei konstantem Raildruck auf die Gemischbildung.

Wertet man die erreichten Werte der Abgasrückführrate bei konstantem Rußwert von 0,4 g/kg fuel für alle untersuchten Düsendurchflüsse sowie alle untersuchten Raildrücke aus, so erhält man die in Abbildung 7.9 gezeigte Verläufe. Für die *x*-Achse des Diagramms ist der mittlere Einspritzdruck anhand von Gleichung 5.7 berechnet worden. In dieser Gleichung sind die Maximalwerte des gemessenen Düsenraumdrucks bei jeder variierten Einstellung eingesetzt worden, sowie die entsprechenden Werte des Druckverlusts aus Abbildung 5.8, siehe Kapitel 5. Alle Messpunkte der Abgasrückführrate bei konstantem $Ruß = 0{,}4$ g/kg fuel, die mit einem Düsendurchfluß kleiner und gleich 320 cm³/30s bei 100bar aufgenommen wurden, liegen nahezu auf einer Kurve, so dass kaum ein Unterschied zwischen den unterschiedlichen Düsendurchflüssen auszumachen ist. Bei gegebenem mittlerem Einspritzdruck findet man in diesem Düsendurchflussbereich einen Wert der Abgasrückführrate bei $Ru\beta = 0{,}4$ g/kg fuel, unabhängig vom Wert des Düsendurchflusses. Die Ergebnisse mit einem Düsendurchfluß von 380 cm³/30s bei 100bar weisen zwar den gleichen Anstieg der erreichten Abgasrückführrate bei Steigerung des mittleren Einspritzdrucks auf, wie die abgebildete Kurve aus den anderen Ergebnissen zeigt, diese liegen jedoch bei gleichem mittlerem Einspritzdruck unterhalb der Werte aus der Kurve der Abgasrückführrate der kleineren Düsendurchflüsse.

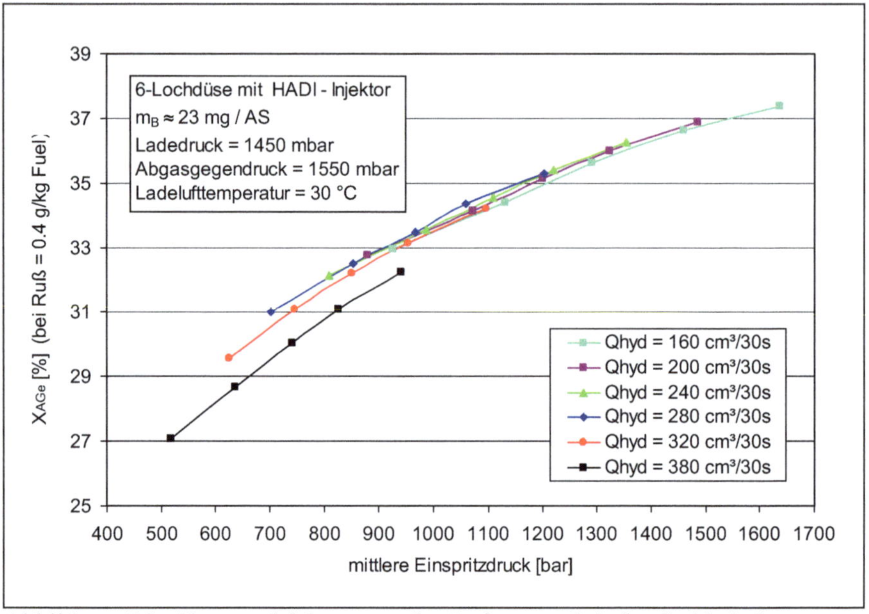


Abbildung 7.9: Abgasrückführrate an der Rußgrenze 0.4g/kg fuel bei einer Variation des hydraulischen Durchflusses

Als Ursache für die niedrigere mögliche Abgasrückführrate mit der 380 cm³/30s bei 100bar kann der große Lochaustrittsdurchmesser angeführt werden, hier 141 µm. Dadurch wird die maximale Eindringtiefe der Flüssigphase zu groß, so dass sie bis zu dem Verbrennungsort reicht und dort eine verstärkte Rußbildung bewirkt. Ob diese Vermutung zutrifft, wird anhand der Ergebnisse aus dem nächsten Versuch der Lochanzahlvariation weiterdiskutiert. Zunächst werden andere Einspritzparameter in diesem Versuch, die für ihren Einfluss auf die Ruß-emission in der Literatur oft zitiert werden, näher beleuchtet. Kleinere Düsen-durchflüsse bei annähernd konstanter abgesetzter Einspritzmasse einzusetzen, bedeutet für konstanten mittleren Einspritzdruck eine längere Einspritzdauer, auch während der bereits ablaufenden Verbrennung, siehe Abbildung 7.7. Da bei konstantem mittlerem Einspritzdruck in Abbildung 7.9 festgestellt werden kann, dass kein Unterschied im Wert der Abgasrückführungsrate bei konstantem $Ruß = 0{,}4$ g/kg fuel zwischen den unterschiedlichen Düsendurchflüssen vorhan-den ist, wird die unterschiedlich länge Spritzdauer sich nicht maßgebend auf die Rußemission innerhalb dieses Versuchs ausgewirkt haben. Das Ergebnis in Ab-bildung 7.9 zeigt, dass der Haupteinflussparameter auf die Rußemission in dem Versuch der mittlere Einspritzdruck ist. Dass die unterschiedlich kleinen Spritz-löcher unterhalb von 141 µm bei den untersuchten 6-Lochdüsen bei konstantem mittlerem Einspritzdruck keinen Unterschied zu der gemessenen Abgasrückführ-rate hervorgerufen haben, kann mit der konstanten mittleren Impulsdichte am Muldenrand erklärt werden.

Nach dem in Kapitel 6 vorgestellten Modell verringert eine Lochanzahlerhöhung die Impulsdichte am Muldenrand (siehe Abbildung 7.5), so dass eine Ver-schlechterung der Rußemission zu erwarten ist. In den folgenden zwei Abbil-dungen sind die Indizierkurven und die bei $Ruß = 0{,}4$ g/kg fuel gemessenen Abgasrückführraten der Lochanzahlvariation dargestellt. In Abbildung 7.10 kann festgestellt werden, dass bei dem eingestellten Raildruck von 900 bar der Düsen-raumdruck bei den vier untersuchten Lochanzahlen einen ähnlichen Verlauf und ein nahezu gleiches Maximum von 1300 bar aufweist. Da der hydraulische Durchfluss zwischen den verschiedenen Lochanzahlen gleich ist, findet in der Düse bei der Einspritzung ein ähnlicher Druckaufbau statt. Wie bei der Variation des hydraulischen Durchflusses sind zwei Voreinspritzungen appliziert worden, um den Druckanstiegsgradient $dp_{Zylinder}/d\alpha$ auf ein ähnliches Niveau zu reduzie-ren. Desweiteren konnte in dieser Variation der Spritzbeginn der Haupteinsprit-zung gleichgestellt werden, ohne die Randbedingung der Gleichstellung des Verbrauchs zu verletzen.

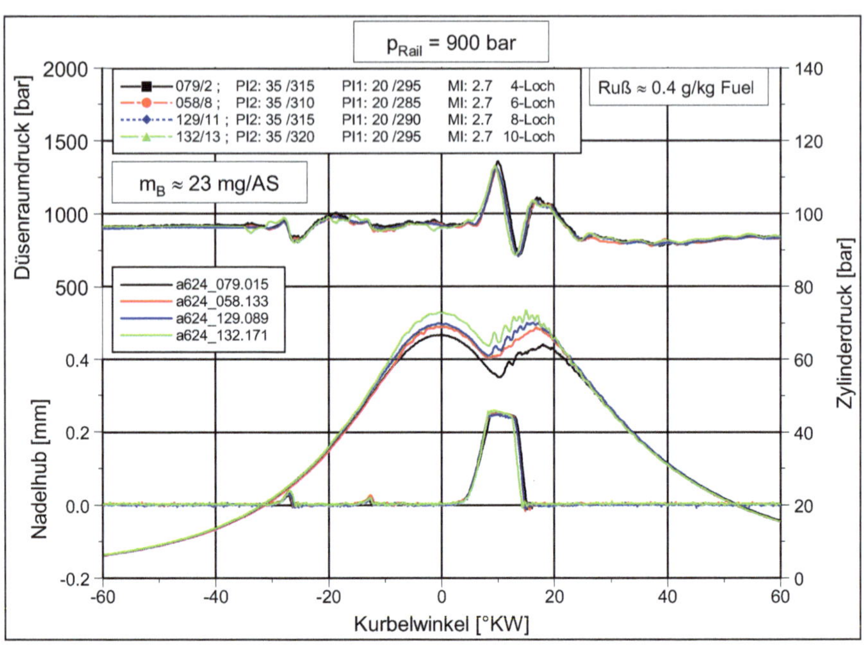


Abbildung 7.10: Indizierkurven aus der Lochanzahlvariation bei einem Raildruck von 900 bar

In Abbildung 7.11 kann bei jeder Lochanzahl beobachtet werden, dass an der Rußgrenze von 0,4 g/kg fuel die gemessene Abgasrückführrate bei Erhöhung des mittleren Einspritzdrucks ansteigt. Der Anstiegsgradient liegt dabei von Lochanzahl zu Lochanzahl auf ähnlichem Niveau. Jedoch ist von Lochanzahl zu Lochanzahl bei gleichem mittlerem Einspritzdruck ein unterschiedliches Niveau der Abgasrückführrate an der Rußgrenze 0,4 g/kg fuel erreicht worden. Die 6-Lochdüse erreicht in der Variation die höchsten Werte der Abgasrückführrate an der Rußgrenze 0,4 g/kg fuel. Die zwei Lochanzahlen größer als 6 weisen den eindeutigen Trend eines mit der Lochanzahl abnehmenden Wert der möglichen Abgasrückführrate an der Rußgrenze 0,4 g/kg fuel auf.

Die Erhöhung der Rußemission für die schrittweise Lochanzahlerhöhung von 6 nach 10 stimmt mit der Verringerung der Impulsdichte am Muldenrand überein.

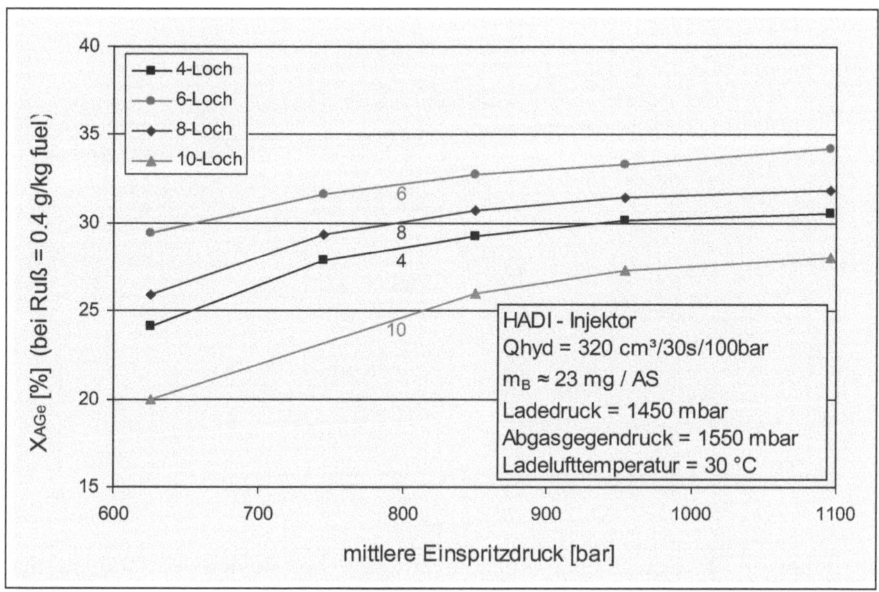


Abbildung 7.11: Abgasrückführrate an der Rußgrenze 0,4 g/kg fuel bei der Variation der Lochanzahl am Aggregat Nr. 2

Das schlechtere Ergebnis der 4-Lochdüse als der 6-Lochdüse kann jedoch zumindest nicht allein anhand der Impulsdichte am Muldenrand erklärt werden. Offensichtlich überlagert sich ein weiterer Effekt mit dem Einfluss der Impulsdichte am Muldenrand, der einen verschlechternden Einfluss auf die Rußemission hat. Vergleicht man die Ergebnisse an diesem Betriebspunkt $n = 2000$ U/min und $pmi = 8$ bar der Lochanzahlvariation von Aggregat Nr. 2 mit dem Ergebnis der Lochanzahlvariation von Aggregat Nr. 1, so kann festgestellt werden, dass die beste Lochanzahl der jeweiligen Aggregate bei einem nahezu gleichen Wert des Lochdurchmessers von etwa 130 µm erreicht wird, Abbildung 7.12.

Zusätzlich ist in Abbildung 7.12 der Lochaustrittsdurchmesser der 6-Lochdüse mit $Qhyd = 380$ cm³/30s/100bar, die bei der zuvor gezeigten $Qhyd$-Variation ein höheres Rußemissionsniveau zeigte, anhand eines lilafarbenen Pfeils vermerkt.

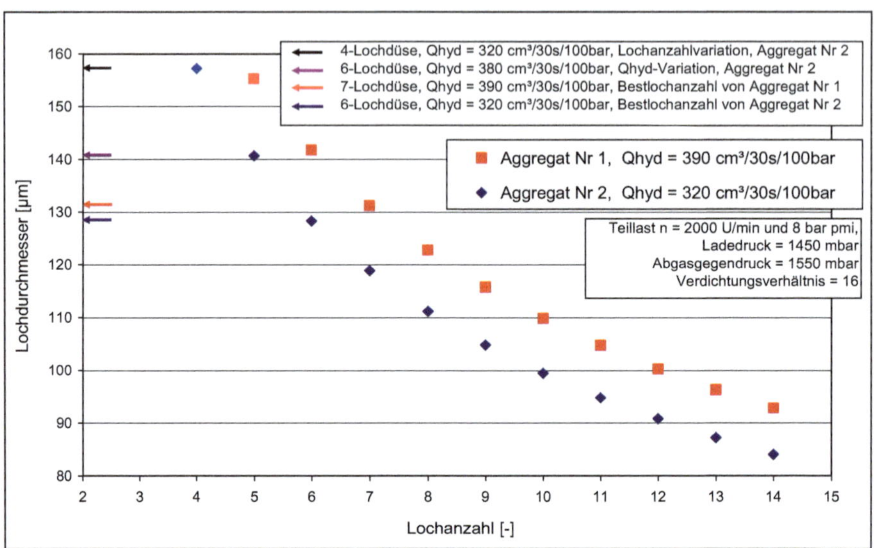


Abbildung 7.12: Berechneter Lochdurchmesser bei beiden Variationen der Lochanzahl

Betrachtet man allein den Lochdurchmesser in den drei bisher vorgestellten Variationen (Lochanzahl am Aggregat Nr. 1, Lochanzahl am Aggregat Nr. 2, $Qhyd$ am Aggregat Nr. 2), dann können Gemeinsamkeiten bezüglich des Rußverhaltens beobachtet werden: Zum einen der bereits erwähnte Lochdurchmesser von etwa 130 µm bei optimaler Lochanzahl in beiden Variationen; zum anderen die starke Zunahme der Rußemission für einen Lochdurchmesser größer als 130 µm. Dies wurde sowohl mit gleichbleibender Lochanzahl bei der $Qhyd$-Variation am Aggregat Nr. 2 mit der Düse mit $Qhyd$ = 380 cm³/30s bei 100bar (Lochdurchmesser = 141 µm) festgestellt als auch mit kleinerer Lochanzahl bei der Lochanzahlvariation am Aggregat Nr. 2 mit der 4-Lochdüse (Lochdurchmesser = 159 µm).

Die maximale Eindringtiefe der Flüssigphase der 4-Lochdüse ist zwar größer als die der 6-Lochdüse, jedoch bleibt der berechnete Wert anhand der Korrelation aus den Brennkammeruntersuchungen in Abbildung 6.2 mit 19,9 mm kleiner als die 25,2 mm lange Strecke bis zum Muldenrand. Verglichen bei gleicher Lochanzahl liegt demnach die maximale Eindringtiefe der Flüssigphase beim ersten Aggregat näher am Muldenrand als beim zweiten Aggregat. Wobei in beiden Aggregaten die Flüssigphase bei den Kammerbedingungen (Temperatur und Gasdichte) des untersuchten Teillastbetriebspunktes ($n = 2000$ U/min und $pmi = 8$ bar) den Muldenrand nicht erreicht. Sollte eine zu lange maximale Eindringtiefe der Flüssigphase bei großen Spritzlöchern die Ursache für die schlechtere Rußemission sein, dann dadurch, dass diese bis zum Ort der Verbrennung eindringt. Dies würde jedoch für die zwei untersuchten Aggregate bei gleichem mittleren Einspritzdruck bedeuten, dass zum einem der nächstliegende Verbrennungsort sich vor dem Muldenrand befindet und dass zum anderen die Entfernung des nächstliegenden Verbrennungsorts zum Düsenlochaustritt bei den zwei untersuchten Aggregate die gleiche ist.

Da bei einer Erhöhung des Verdichtungsverhältnisses unter Beibehaltung der Gasdichte der nächstliegende Verbrennungsort näher zur Düse rückt [75], sollte sich nach diese Vermutung das Optimum bezüglich Minderung der Rußkonzentration im Abgas an diesem Teillastbetriebspunkt in Richtung höhere Düsenlochanzahl verschieben. Da der nächstliegende Verbrennungsort im Rahmen dieser Arbeit nicht gemessen werden kann, muss diese Frage offen bleiben. Mit den vorliegenden Messergebnissen ist jedoch belegt worden, dass in dem untersuchten Teillastbetriebspunkt von $n = 2000$ U/min und $pmi = 8$ bar mit beiden Aggregaten beim Überschreiten eines Grenzwerts für den Spritzlochdurchmesser (in etwa 135 µm) eine Zunahme der Rußemission stattfindet.

## 7.2  Variation der Motorparameter Düsenüberstand und Drallströmung

In der vorgeschlagenen These zur Impulsdichte am Muldenrand trägt der Impuls des gasförmigen Strahls im Zusammenhang mit der Muldengeometrie zu einer Verringerung der Konzentration des Kraftstoffes im Brennraum bei. An der maximalen Länge der Flüssigphase am Aggregat Nr. 1 mit der 7-Lochdüse ($d_{SL} = 132$ µm) und an dem Betriebspunkt $n = 2000$ U/min und $pmi = 8$ bar erreicht der Strahl ein Luftverhältnis von etwa $\lambda_{Gasentrainment} = 0{,}23$ , siehe Kapitel 6. Setzt man als theoretisches Ziel, ein stöchiometrisches Luftverhältnis von $\lambda = 1{,}0$ , um die Bedingungen für eine Rußoxidation zu erreichen, dann muß der

Kraftstoffdampf mit etwa 14,5-mal mehr Luftmasse vermischt werden. Da die Dichte des gasförmigen Strahls vor dem Muldenrand in etwa doppelt so hoch wie die Luftdichte ist, ergibt sich in etwa eine Anforderung von 23-facher Volumenvergrößerung des gasförmigen Strahls durch den Aufprall am Muldenrand. Bei dieser Abschätzung wird ersichtlich, wie relevant die Volumenbildung durch die Umsetzung des Strahlimpulses am Muldenrand ist. Bezieht man das notwendige Volumen für die Erreichung eines stöchiometrischen Verhältnisses bei 19 mg Kraftstoffmasse mit einer doppelten Strahldichte als der Luft und eine Luftdichte von 22 kg/m³ auf das Kompressionsendvolumen im Oberen Totpunkt des Aggregat Nr. 1 (Verdichtungsverhältnis 16) ein, dann ergibt sich ein Volumenverhältnis von 0,7. Dieser Wert ist ein theoretischer Wert, der eine um den oberen Totpunkt zentrierte Einspritzung voraussetzt und die Brennraumvolumenvergrößerung durch die Abwärtsbewegung des Kolbens nicht berücksichtigt.

Durch das ermittelte Verhältnis von 0,7 wird ersichtlich, dass an diesem Teillastbetriebspunkt ein Großteil des vorhandenen Brennraumvolumens ausgenutzt werden muß. Zur Aufgabe der Muldengeometrie gehört demnach ein hoher Umsetzungsgrad des Strahlimpulses in der Volumenvergrößerung. Darauf basierend dürfte bei konstanter Impulsdichte des Strahls am Muldenrand die Auftreffposition des Strahls auf der Mulde einen merkbaren Einfluss auf die lokale Abmagerung des Einspritzstrahls haben, der dort als Gasgemisch aus Kraftstoffdampf und Luft vorhanden ist.

Im folgenden Versuch wird die Auftreffposition des Strahls auf die Mulde vertikal verschoben, um den Umsetzungsgrad des Strahlimpulses im Volumen zu verändern und damit die These der Volumenbildung durch die Kombination von Strahlkraft und Muldengeometrie als Einflussgröße auf die Rußemission zu überprüfen. Diese Verschiebung soll über eine Veränderung der Einragtiefe der 7-Lochdüse ($d_{SL}$ = 132 µm) im Brennraum erfolgen. Abbildung 7.13 enthält eine schematische Darstellung zur Definition der drei geometrischen Abmessungen für die Beschreibung der Variation. Die geometrische Spray-Achse ist in Rot eingezeichnet.

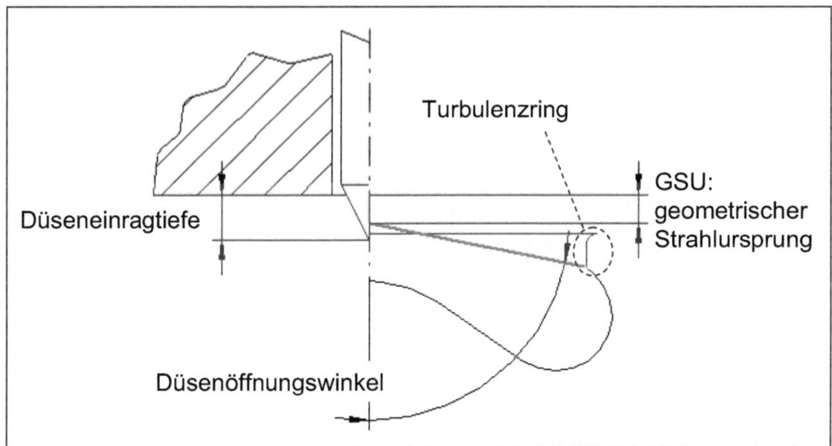


Abbildung 7.13: Schematische Darstellung zur Definition von Größen bei der Variation der Düseneinragtiefe

Die Düseneinragtiefe beschreibt der Abstand auf der Düsenmittenachse vom Zylinderkopfboden bis zur Spitze der Düsenkuppe. Der Düsenöffnungswinkel stellt den Winkel zwischen der Düsenmittenachse und der geometrischen Strahlmittenachse in Grad dar. Der geometrische Strahlursprung beschreibt den Abstand auf der Düsenmittenachse vom Zylinderkopfboden bis zum Schnittpunkt zwischen der Strahlmittenachse und der Düsenmittenachse. Da der Abstand vom Strahlursprung bis zur Düsenkuppenspitze konstruktiv festgelegt ist, wird bei Veränderung der Düseneinragtiefe in demselben Maß der geometrische Strahlursprung bewegt. Zusätzlich bleibt der geometrische Düsenöffnungswinkel konstant auf 78,5°. Somit kann über eine Variation der Unterlegscheibendicke zwischen Injektor und Injektoraufnahme im Zylinderkopf die Strahlauftreffposition variiert werden. Dazu sind in Abbildung 7.14 die verwendete Unterlegscheibendicke sowie der entsprechende geometrische Strahlursprung eingetragen. Die Variation erfolgt in Schritten von 0,5mm.

| Unterlegscheibendicke [mm] | 2,5 | 3,0 | 3,5 | 3,9 |
|---|---|---|---|---|
| GSU [mm] | 0,97 | 0,47 | -0,03 | -0,43 |

Abbildung 7.14: Unterlegscheibendicke und entsprechender geometrischer Strahlursprung

Die Motoruntersuchungen sind mittels des CRI3.0-Injektors am Aggregat Nr. 1 vorgenommen worden. Der Betriebspunkt $n = 2000$ U/min und $pmi = 8$ bar wurde für jede eingestellte Unterlegscheibendicke stationär angefahren. Das eingesetzte Einspritzmuster beinhaltet eine Voreinspritzung und eine Haupteinspritzung. Für jede eingestellte Unterlegscheibendicke ist eine Raildruckvariation durchgeführt worden. Die Werte der eingestellten Randbedingungen im Versuch sowie die Indizierkurven sind beispielhaft in Abbildung 7.15 für die Unterlegscheibe von 3,5 mm Dicke gezeigt. Zur Reduzierung des $dp_{Zylinder}/d\alpha$ wurde die Voreinspritzmenge zusammen mit dem Raildruck erhöht, und zur Gleichstellung des Verbrauchs ist eine Anpassung des Ansteuerbeginns von Raildruck zu Raildruck vorgenommen worden. Unter Einhaltung dieser Randbedingungen wurde die Rate der externen Abgasrückführung schrittweise erhöht, bis die Rußgrenze von 0,6 g/kg fuel überschritten wurde. Die Werte der Abgasrückführrate an dieser Rußgrenze sind in Abbildung 7.16 dargestellt.

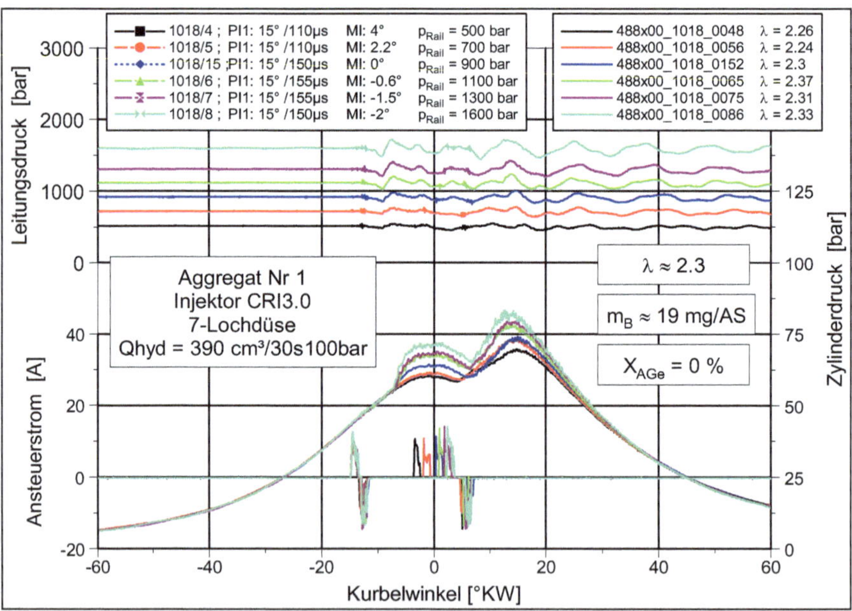



Abbildung 7.15: gemessene Indizierkurven der Raildruckvariation bei dem geometrischen Strahlursprung von $GSU = 0,47$ mm

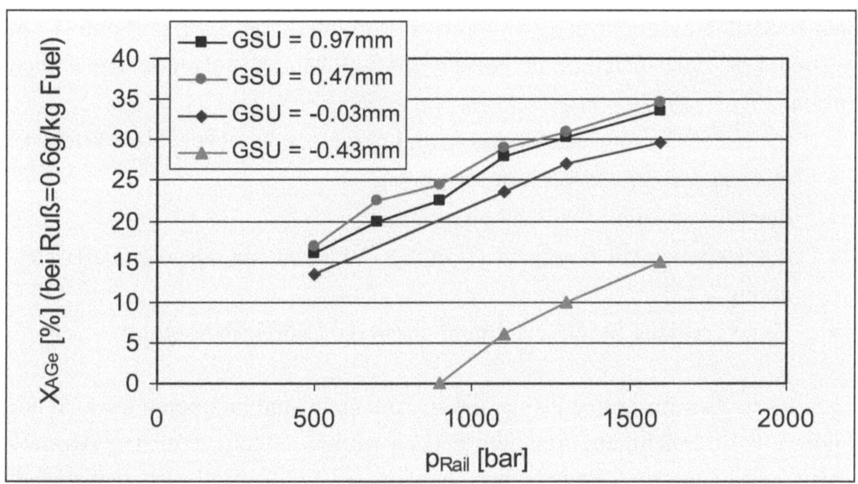



Abbildung 7.16: gemessene Abgasrückführrate an der Rußgrenze 0,6 g/kg fuel bei der Variation der Düseneinragtiefe am Aggregat Nr. 1

Da die abgesetzte Einspritzmasse von ca. 19 mg/AS kleiner als die vorausgesetzte minimale Einspritzmasse zur Anwendung von Gleichung 5.4 ist (siehe Abbildung 5.3), konnte der mittlere Einspritzdruck nicht bestimmt werden. Jedoch bleibt der Formfaktor der Einspritzung bei konstantem Raildruck und konstanter Einspritzmasse konstant. Aufgrund dessen ist ein Vergleich der Werte bei konstantem Raildruck noch sinnvoll, bei zwei verschiedenen Raildrücken jedoch nicht mehr. In Abbildung 7.16 ist bei konstantem Raildruck die höchste Abgasrückführrate an der Rußgrenze 0,6 g/kg fuel mit der Unterlegscheibe 3,5 mm gemessen worden. Diese Unterlegscheibe stellt ein Optimum innerhalb der Variation für den Teillastbetriebspunkt dar, weil eine größere Unterlegscheibe eine minimale Erhöhung der möglichen Abgasrückführrate liefert und eine kleinere Unterlegscheibedicke ebenfalls niedrigere Werte bewirkt, wobei die Verschlechterung größer ist mit der kleineren Unterlegscheibe. Um eine Einschätzung der Verteilung des Kraftstoffs im Brennraum nach dem Auftreffen des Strahls auf dem Muldenrand zu bekommen, wird ein einfaches Modell angelehnt an Mattes [41], generiert.

Dieses Modell ermöglicht es, den Strahlauftreffanteil des Kraftstoffstrahls am Muldenrand zu visualisieren. In diesem Modell werden folgende Annahmen getroffen:

- die äußere Kontur des Strahls wird durch einen Kreiskegel beschrieben
- das Einspritzgesetz verläuft rechteckig
- der Düsenöffnungswinkel beträgt 78,5°,
- der Kegelwinkel beträgt 8° (um 1,53° kleiner als der Wert aus Gleichung 3.17)
- keine vertikale Strahlverwehung durch die Ladungsbewegung

Die geometrischen Zusammenhänge dieser Annahme sind im oberen Bereich der Abbildung 7.17 ersichtlich. Auf den je nach Mulde unterschiedlichen Abstand des Muldenkragens vom Strahlursprung wird der Strahl projiziert, wobei sich eine elliptische Fläche ergibt. Der Strahlkegelwinkel ist mit 8° kleiner als in der Realität gewählt worden, um den Fehler durch die Annahme ‚keine vertikale Verwehung durch Ladungsbewegungen' zu reduzieren. Die Bewegung des Kolbens wird mit einer Dauereinspritzung überlagert. Dabei werden die Strahlanteile bzw. die Flächenanteile des elliptischen Querschnitts berechnet, die auf den Muldenrand treffen. Das Verhältnis dieser berechneten Fläche, bezogen auf den Querschnitt der Ellipse, wird als Auftreffanteil bezeichnet. Die Ergebnisse der Berechnung des Strahlauftreffanteils für die am Aggregat Nr. 1 durchgeführte Düseneinragtiefe sind im unteren Teil von Abbildung 7.17 gezeigt. Die gezeigten Verläufe wurden jeweils mit den geometrischen Strahlursprüngen errechnet, wie in Abbildung 7.17 eingetragen. Die berechneten Ergebnisse zeigen einen wellenförmigen Verlauf. Das erste Auftreffen des Strahls auf dem zylindrischen Teil des Muldenkragens erfolgt zwischen 29 °KW vor OT für $GSU = 0,97$ mm und 25 °KW vor OT für $GSU = -0,43$ mm. Anschließend findet ein steiler Anstieg des Auftreffanteils des Strahls auf dem Muldenkragen statt. Erreicht die linear interpolierte Kurve zum ersten Mal das Maximum, bedeutet dies, dass der Strahl vollständig auf den Turbulenzring trifft. Danach verringert sich der Auftreffanteil, da der Strahl durch die Aufwärtsbewegung des Kolbens den Turbulenzring verlässt und innerhalb der Mulde liegt. Das Minimum ist erreicht, wenn sich der Kolben im oberen Totpunkt befindet. Der darauffolgende Verlauf entspricht dem vorherigen, da der Strahl während der Abwärtsbewegung des Kolbens wieder auf den Turbulenzring trifft. Der Bereich, während dessen die Einspritzung in den entsprechenden Motorversuchen stattgefunden hat, ist hellgrün gekennzeichnet. Während dieses Kurbelwinkelbereichs trifft bei allen untersuchten Unterlegscheiben ein Teil des Strahls in der Mulde und der Rest auf dem Turbulenzring auf. Zusätzlich liegt bei allen Varianten der größte Auftreffanteil in der Mulde nahe dem oberen Totpunkt und der größte Auftreffanteil auf dem Muldenkragen nahe dem Spritzende. Die Verteilung zwischen dem unteren Sprayanteil, der in der Mulde auftrifft, und dem oberen Sprayanteil, der auf dem Muldenkragen auftrifft, wurde in diesem Versuch variiert.

Betrachtet man als erstes die Variante mit $GSU = -0,43$ mm, die die höchste Rußemission von allen liefert, kann festgestellt werden, dass der Anteil des Strahls, der in der Mulde trifft, mit maximal 38 % im oberen Totpunkt relativ gering ist. Durch die Vergrößerung des Auftreffanteils des Strahls in der Mulde auf 67,5 % im oberen Totpunkt mit $GSU = -0,03$ mm wird eine signifikante Verringerung der Rußemission verzeichnet, siehe Abbildung 7.16.

Eine weitere Reduzierung der Rußemission wird durch nochmalige Erhöhung des Auftreffanteils auf 80 % im oberen Totpunkt mit $GSU = 0,47$ mm bewirkt. Bei einer weiteren Erhöhung dieses Anteils auf 94,5 % mit $GSU = 0,97$ mm wird diesmal keine Absenkung der Rußemission, sondern eine leichte Erhöhung beobachtet. Da im oberen Totpunkt 75 % des Brennraumvolumens sich in der Mulde befindet, ist es wichtig, dass der Großteil des Kraftstoffes dort eingeleitet wird.

Aufgrund der Abwärtsbewegung des Kolbens nach dem oberen Totpunkt entsteht Raum oberhalb der Mulde, die bei Spritzende bei etwa 12 °KW nach OT 45 % des Brennraumvolumens einnimmt. Demnach muss bei zunehmendem Kurbelwinkel nach dem oberen Totpunkt ein zunehmend höherer Anteil des Kraftstoffs oberhalb der Mulde transportiert werden. Den besten Kompromiss zwischen diesen zwei Anforderungen stellt in der Variation der Verlauf des Auftreffanteils mit $GSU = 0,47$ mm dar.

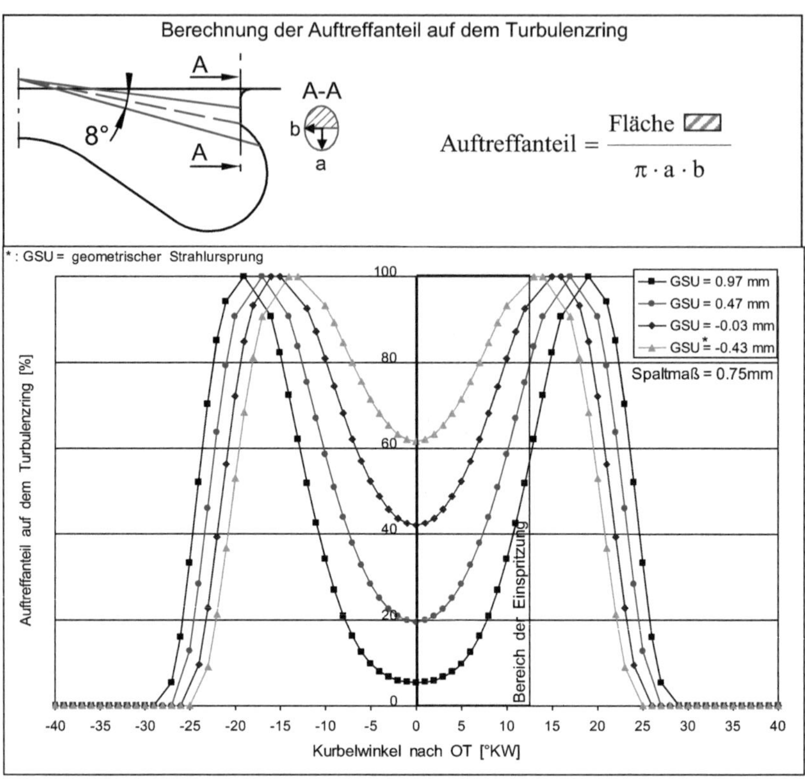



Abbildung 7.17: Berechneter Auftreffanteil auf dem Turbulenzring bei Variation der Düseneinragtiefe am Aggregat Nr. 1, angelehnt an [41]

Dieses Ergebnis zeigt, dass an dem untersuchten Teillastbetriebspunkt $n = 2000$ U/min und *pmi* = 8 bar eine gute Ausnutzung des Brennraumvolumens für eine rußarme Verbrennung benötigt wird. Eine hohe Volumenausnutzung erfordert eine starke Volumenvergrößerung des gasförmigen Freistrahls, der sich unmittelbar vor dem Auftreffen auf der Mulde befindet. Eine hohe Volumenvergrößerung des gasförmigen Strahls wird durch eine hohe Kraft bzw. eine hohe Impulsdichte des Strahls am Muldenrand und eine geeignete Muldengeometrie erreicht.

Im Brennraum eines Pkw-Dieselmotors herrschen gerichtete Luftbewegungen, die eine Verwehung des gasförmigen Strahls bewirken. Üblicherweise wird eine gerichtete Ladungsbewegung bei direkteinspritzenden Dieselmotoren durch eine geeignete Formgebung der Einlasskanäle erreicht. Dadurch entsteht beim Einströmvorgang in den Brennraum eine Drehbewegung der Luft um die Zylinderhochachse, auch Drallströmung genannt. Diese Strömung bewirkt nach den Beobachtungen von Uhl am Transparentmotor keine Verwehung der Flüssigphase des Strahls im Brennraum. Jedoch stellte Uhl eine Verwehung der Gasphase des Strahls fest, die bereits auf dem Muldenrand aufgetroffen war [35]. Aus einer Variation des Grunddrallniveaus am Einzylindermotor mit Vierventil-Technik berichtet Herrmann von einem signifikanten Einfluss der Geschwindigkeit der Drallströmung auf die Rußemission [67]. Aufgrund dieses Sachverhalts stellt sich die Frage, in welchem Zusammenhang der Einspritzdruck und die Drallströmung auf die Rußemission Einfluss nehmen. Da Uhl in seinen optischen Messungen keine merkbare Verwehung des Strahls (auch des dampfförmigen Anteils) von Düsenaustritt bis kurz vor dem Muldenrand feststellte, kann vermutet werden, dass der Einspritzdruck und die Drallströmung auf zwei verschiedenen Wegen auf die Russemission wirken. Um diese Hypothese zu überprüfen, wird zum einen anhand einer Berechnung der Geschwindigkeit der Drallströmung ein Vergleich der Impulsdichte der Drallströmung mit der Impulsdichte des Strahls aufgestellt. Zum anderen wird experimentell eine parallele Variation des Grunddrallniveaus und des Raildruckniveaus am Aggregat Nr. 1 durchgeführt, um den Einfluss beider Parameter auf die Rußemission zu vergleichen. Die Drallvariation erfolgt über eine Absenkung des Grunddrallniveaus durch Bearbeitung bzw. Aufweitung (durch Fräsen) der Einlasskanäle, siehe Abbildung 7.18.

Durch die Aufweitung der Einlasskanäle werden die Strömungsverluste aufgrund der engen Strömungs-querschnitte und der Strömungs-ablenkung kurz vor dem Ventilsitz reduziert. Eine Absenkung des Grunddrallniveaus durch Aufweitung der Einlasskanäle führt zu einer Erhöhung des Durchflussverhaltens des Zylinderkopfes. Eine detaillierte Beschreibung der Strömungsverluste bei der Drallentstehung findet sich in [68].

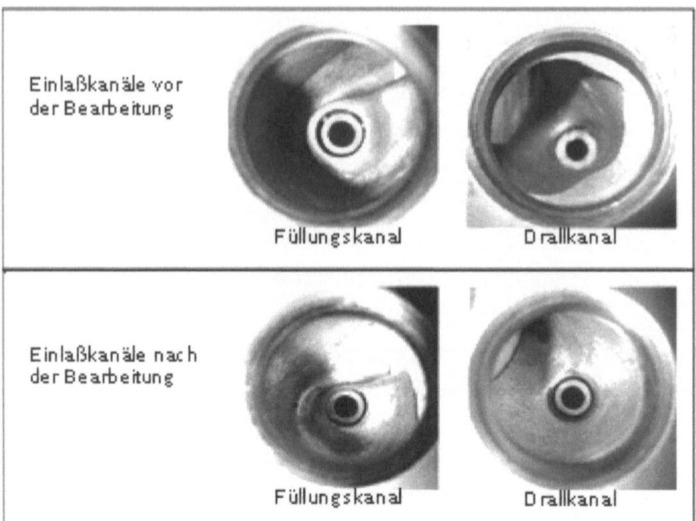


Abbildung 7.18: Aufnahme der Einlasskanäle vor und nach der Bearbeitung

Über eine Messung nach Thien [69] des stationär durchgeströmten Zylinderkopfs erhält man die Kennlinie der Drallzahl $c_u/c_a$ sowie der Durchflusszahl $\alpha_K$ über dem Hub der Einlassventile. $c_u$ ist die Umfangsgeschwindigkeit und $c_a$ ist die Axialgeschwindigkeit. $\alpha_K$ stellt das Verhältnis des mit dem Zylinderkopf stationär gemessenen Massenstroms zu dem theoretischen stationären Massenstrom durch den Motorzylinder ohne vormontierten Zylinderkopf dar.

Das Messprinzip nach Thien ist im Anhang 2 erklärt. Die gemessenen Kennlinien mit dem Zylinderkopf von Aggregat Nr. 1 vor und nach der Bearbeitung der Einlasskanäle sind in Abbildung 7.19 dargestellt. Der maximale Ventilhub der Einlassventile beträgt 8 mm am Zylinderkopf von Aggregat Nr.1. Vergleicht man die Drallzahl des Zylinderkopfes vor und nach der Bearbeitung bei 8 mm Ventilhub, so kann in etwa eine Halbierung dieser Zahl nach Bearbeitung festgestellt werden, $c_u/c_a = 0{,}9$. Diese signifikante Reduzierung führte zu einer Zunahme der Durchflusszahl $\alpha_K$ bei 8 mm um 26 % nach Bearbeitung der Einlasskanäle, $\alpha_K = 0{,}126$.

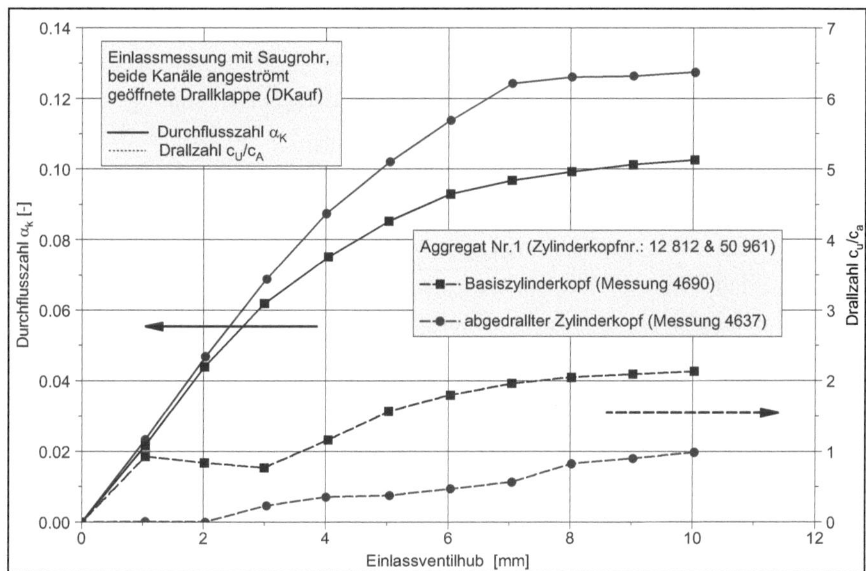


Abbildung 7.19: Messergebnisse des stationär durchströmten Zylinderkopfes

Mit Hilfe der am Strömungsprüfstand ermittelten Drallzahlen sowie der Kenntnis der im Versuchsträgers befindlichen Muldengeometrie kann ein charakteristischer Verlauf des Drallverhältnisses $c_u/c_m$ bis zum oberen Totpunkt berechnet werden. $c_m$ stellt die mittlere Kolbengeschwindigkeit dar. Dafür wird eine Berechnungsmethode angelehnt an [70] angewendet.

Das Ergebnis der Berührungslose Messung am Blasprüfstand von der Strömungsgeschwindigkeit im Zylinder mit dem gleichen Zylinderkopf wie bei Aggregat Nr. 1 [77] zeigt einen Profil der Radialgeschwindigkeit vom Zylinderhochachse in Richtung Zylinderwand ähnlich einer Wirbelströmung nach Rankine [63]. Diese Strömung verhält sich in dem Bereich nah an der Zylinderhochachse wie bei einer Starrkörperrotation und in dem Bereich weiter weg von der Zylinderhochachse wie bei einer Potentialströmung. Das gemessene Geschwindigkeitsprofil der Strömung in der Umfangsrichtung weicht von dem linearen Anstieg wie bei einer starren Rotation ab. Das in diese Arbeit gewählte Modell einer starren Rotation gibt trotzdem eine höhere Übereinstimmung mit der Messung als das Modell eines Potentialwirbels. Zur Berechnung des Verlaufs des

Drallverhältnisses während des Ansaugprozesses bis zum unteren Totpunkt werden die massengewichteten Summen der am Strömungsprüfstand gemessenen, ventilhubabhängigen Drallzahlen aufaddiert. In dieser Berechnung wird der Druck im Zylinder für jeden Kurbelwinkel neu berechnet, so dass sich ein neues Druckverhältnis zwischen Saugrohr und Zylinder für jeden Kurbelwinkel einstellt. Dafür wird jedem Kurbelwinkel während des Ansaugvorgangs ein Ventilhub $i$ zugeordnet. Um die Umfangsgeschwindigkeit der Ladungsbewegung für jeden Ventilhub $i$ zu erhalten, werden die entsprechenden Drallzahlen und die Axialgeschwindigkeit $c_a$ miteinander multipliziert. Die Umfangsgeschwindigkeiten $c_u$ werden anschließend nach der bei Ventilhub $i$ einströmenden Luftmasse gewichtet und diskret aufsummiert, so dass sich Gleichung 5.39 für die Umfangsgeschwindigkeit $c_{u,UT}$ der Ladungsbewegung im UT ergibt.

$$c_{u,UT} = \frac{\sum\limits_{i=1}^{i=i+1 \circ} \dot{m}_i \cdot \Delta t \cdot \left(\frac{c_u}{c_a}\right)_i \cdot c_{a_i}}{\sum\limits_{i=1}^{i=i+1 \circ} \dot{m}_i \cdot \Delta t} \qquad \text{Gl. 7.1}$$

$\Delta t$ stellt die Zeitdauer während 1 Grad Kurbelwinkel dar. $\dot{m}_i$ stellt den Massenstrom für die Zeitdauer $\Delta t$ dar. $(c_u/c_a)_i$ ist die Drallzahl aus der Zylinderkopfmessung in Abhängigkeit vom Ventilhub $i$. Und $(c_a)_i$ stellt die axiale Strömungsgeschwindigkeit zum Zeitpunkt des Ventilhubs $i$ dar. Die Berechnung des in Gleichung 7.1 benötigten Massenstroms $\dot{m}$ für die Zeitdauer $\Delta t$ erfolgt über dem Druckverhältnis zwischen Saugrohr und Zylinder. Dabei werden ein isentropes Einströmen der Luft sowie ein unmittelbarer Druckausgleich am Ende des Zeitintervalls $\Delta t$ vorausgesetzt, so dass für den Zylinderdruck $p_Z$ zum Zeitpunkt des Ventilhubs $i$ folgende Beziehung gilt.

$$p_{Z_i} = p_S \cdot \left(\frac{V_{i-1}}{V_i}\right)^{\kappa} \qquad \text{Gl. 7.2}$$

$p_S$ stellt dabei den gemessenen Druck im Saugrohr dar ($p_S$ beträgt 1450 mbar im Versuch), $V_i$ ist das Zylindervolumen zum Zeitpunkt des Ventilhubs $i$. Für die Berechnung des Startwerts von $p_Z$ in Gleichung 7.2 wird für das nicht gespülte

Restgas im Zylinder die Zustandsgleichung für Idealgase zugrunde gelegt. Dabei wird das Kompressionsendvolumen $V_c$ und die Abgastemperatur eingesetzt. Als Wert für den Isentropenexponent $\kappa$ wurde 1,4 eingesetzt.

Mittels der Durchflußfunktion und der dem Ventilhub entsprechenden Durchflußzahl $\alpha_K$ lässt sich der Massenstrom $\dot{m}_i$ ermitteln.

$$\dot{m}_i = \frac{p_S}{R_L \cdot T_S} \cdot \left(\frac{p_{Z_i}}{p_S}\right)^{\frac{1}{\kappa}} \cdot \frac{\pi \cdot D^2}{4} \cdot \sqrt{\frac{2 \cdot \kappa \cdot R_L \cdot T_S}{\kappa - 1} \cdot \left[1 - \left(\frac{p_{Z_i}}{p_S}\right)^{\frac{\kappa-1}{\kappa}}\right]} \cdot \alpha_{K_i} \qquad \text{Gl. 7.3}$$

$T_S$ ist die gemessene Temperatur im Saugrohr ($T_S$ beträgt 30°C im Versuch) und $D$ stellt den Bohrungsdurchmesser des Zylinderrohrs dar. Für die Bildung des Drallverhältnisses $c_u/c_m$ im unteren Totpunkt (UT) wird die durch Gleichung 7.1 ermittelte Umfangsgeschwindigkeit der Drallströmung im UT auf die mittlere Kolbengeschwindigkeit $c_m$ bezogen.

$$c_m = 2 \cdot n \cdot s \qquad \text{Gl. 7.4}$$

Dabei stellt $n$ die Motordrehzahl und $s$ den Kolbenhub dar. Auf Basis des so bestimmten Drallverhältnisses im UT kann das für die Gemischbildung relevante Drallverhältnis im oberen Totpunkt (OT), auch Muldendrall genannt, bestimmt werden.

Dazu wird der Zylinder als geschlossenes System betrachtet, in dem die Drallströmung verlustfrei mit zunehmender Aufwärtsbewegung des Kolbens unter Berücksichtigung der Drehimpulserhaltung vom Zylinderdurchmesser in den engeren Muldendurchmesser gezwungen wird. In diesem zweiten Berechnungsschritt wird die gesamte Luftmasse im Punkt *MTS* im Brennraum entsprechend dem Massenträgheitsschwerpunkt vereinigt. Es wird angenommen, dass dieser Massepunkt sich stets kreisförmig in einer Ebene bewegt, deren Normale die Zylinderhochachse ist. Für diese Kreisbewegung wird die Drehimpulserhaltung angewendet.

$$m \cdot r(\alpha) \cdot c_u(\alpha) = konstant \qquad \text{Gl. 7.5}$$

$\alpha$ ist eine Kurbelwinkelstellung zwischen UT und zOT, m stellt dabei die Punktmasse dar, $r(\alpha)$ der Trägheitsradius des *MTS*-Punktes bezogen auf die Zylinderhochachse, und $c_u(\alpha)$ ist die Umfangsgeschwindigkeit. $r(\alpha)$ wird für jeden Kurbelwinkel neu berechnet.

$$r(\alpha) = \sqrt{\frac{J_{Gesamt}(\alpha)}{\rho_a \cdot V_{Gesamt}(\alpha)}} \qquad \text{Gl. 7.6}$$

Dabei stellt $J_{Gesamt}(\alpha)$ das Massenträgheitsmoment bei der Kurbelwinkelstellung $\alpha$ für die Luft in dem Geometriebund der Kolbenmulde und dem Zylinder, zusammen betrachtet, bei dem entsprechenden Hub dar. Die Annahme einer stets homogenen Verteilung der Luftdichte wird getroffen. In Abbildung 7.20 ist das Brennraummodell für die Berechnung des Massenträgheitsmomentes zu sehen.

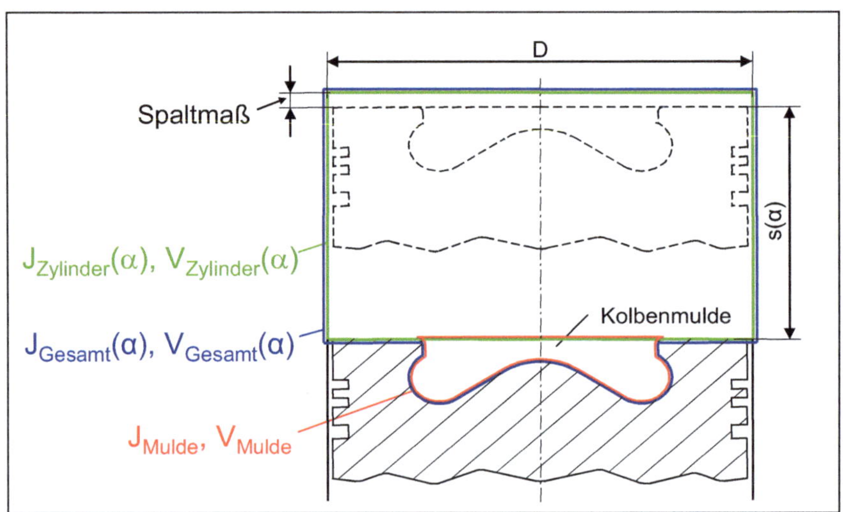


Abbildung 7.20: Brennraummodell zur Berechnung des Massenträgheitsmomentes

$s(\alpha)$ stellt die Hubfunktion dar. $J_{Gesamt}(\alpha)$ und $V_{Gesamt}(\alpha)$ werden danach wie folgt bestimmt.

$$J_{Gesamt}(\alpha) = J_{Mulde} + J_{Zylinder}(\alpha) \qquad \text{Gl. 7.7}$$

$$V_{Gesamt}(\alpha) = V_{Mulde} + V_{Zylinder}(\alpha)$$

Gl. 7.8

Für die Berechnung des Massenträgheitsmoments der Kolbenmulde wird angenommen, dass sie sich konzentrisch zum Zylinder im Kolben befindet. Weiterhin
muss die Muldenkontur rotationssymetrisch um die Zylinderhochachse sein. Auf
diese Weise reduzieren sich die für die Berechnung notwendigen Daten auf den
Linienzug eines Halbschnitts der Mulde, siehe Abbildung 7.21.

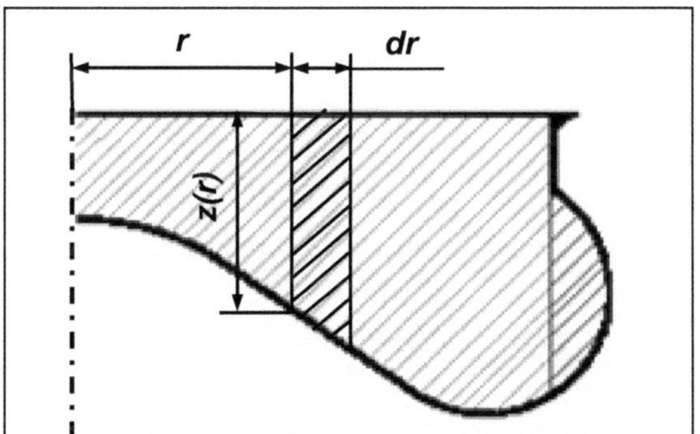


Abbildung 7.21: Halbschnitt der verwendeten Mulde

Die Bestimmung des Massenträgheitsmoments wird anhand eines CAD Programm (Solid-Edge) wie folgt durchgeführt.

$$J_{Mulde} = \rho_a \cdot \int r^2 \cdot z(r) \cdot 2\pi \cdot r \cdot dr$$

Gl. 7.9

Da $J_{Zylinder}(\alpha)$ ebenfalls linear von $\rho_a$ abhängt, kann in Gleichung 7.6 $\rho_a$ gekürzt
werden, so dass $r(\alpha)$ nur eine Funktion der vorhandenen Geometrie bei der Kurbelwinkelstellung $\alpha$ ist. Für die Omega-Mulde in Aggregat Nr. 1 ist ein auf die
Luftdichte bezogenes Massenträgheitsmoment von 6768000mm$^5$ bestimmt worden.

Die mittels Gleichung 7.5 berechneten Verläufe des Drallverhältnis $c_u/c_m(\alpha)$
gelten ausschließlich an dem *MTS*-Punkt, dessen Trägheitsradius sich mit dem

Kolbenhub $s(\alpha)$ ändert. Der berechnete Wert für $r(\alpha)$ im oberen Totpunkt ist 18.63mm. Für die Berechnung von $c_u/c_m(\alpha)$ während der Ansaugphase sind die Randbedingungen aus der Motormessung bei Teillast $n = 2000$ U/min und $pmi = 8$ bar eingesetzt worden. Im folgenden sind diese Randbedingungen aufgelistet:

- Einlaßtemperatur = 30°C
- Abgastemperatur = 340°C
- Einlaßdruck = 1450 mbar
- Abgasgegendruck = 1550 mbar

Für die Drallvariation mit beiden Einlasskanälen geöffnet (DKauf bedeutet Drallklappe auf) sind die berechneten $c_u/c_m$ - Werte in Abbildung 7.22 gezeigt. Anhand dieser Berechnung erhält man für den Basiszylinderkopf von Aggregat Nr.1 ein Drallverhältnis von 3,12 im oberen Totpunkt des Kompressionstaktes ausschließlich an dem *MTS*-Punkt mit einem Radius von $r = 18,63$ mm geltend.

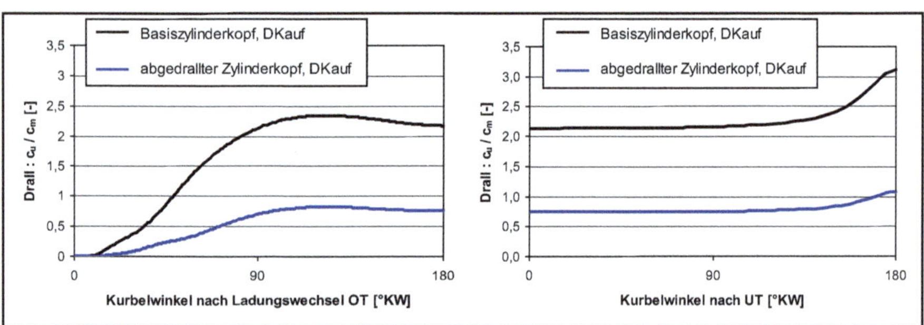


Abbildung 7.22: Berechnete Drallverhältnisse $c_u/c_m$ für die Drallvariation am Aggregat Nr.1

Mit der 7-Lochdüse ($d_{SL} = 132$ μm) wurde eine maximale Länge der Flüssigphase von $l_{Fl} = 16,7$ mm bei einer Gasdichte von 24 kg/m³ anhand der Korrelation aus den Messungen an der Brennkammer berechnet. Da der Radius des *MTS*-Punktes größer als die maximale Eindringtiefe der Flüssigphase für die 7-Lochdüse und kleiner als der Muldenkragenradius ist, ist dort ein Vergleich der Impulsdichte des gasförmigen Strahls mit der Impulsdichte der drallförmigen

Luftströmung sinnvoll. Multipliziert man das Drallverhältnis mit der bei $n = 2000$ U/min vorherrschenden mittleren Kolbengeschwindigkeit, so erhält man einen Wert für $c_u$ an dem *MTS*-Punkt von 18 m/s. Unter der Annahme, dass die Dichteverteilung der Luft im Zylinder homogen ist, ergibt sich für die Impulsdichte der drallförmigen Luftströmung an dem *MTS*-Punkt ein Wert von 432 kg/(m².s). Nimmt man einen Wert für den mittleren Einspritzdruck von 500 bar an, so weist der gasförmige Strahl aus der 7-Lochdüse an dem Abstand 18,63 mm eine Strahldichte von etwa 10000 kg/(m².s) auf, siehe Abbildung 6.10. Demnach beträgt die Impulsdichte der drallförmigen Luftströmung in diesem Beispiel 4,32 % von der Impulsdichte des gasförmigen Strahls an dem *MTS*-Punkt. Weil die Impulsdichte des Strahls in etwa 20-fach höher ist als die der drallförmigen Luftströmung, kann davon ausgegangen werden, dass in der kurzen zurückgelegte Strecke des Freistrahls bis zum Muldenrand durch die drallförmige Luftströmung nur eine geringe Verwehung des gasförmigen Strahls stattfindet. Aufgrund dieses Sachverhalts ist zu vermuten, dass die Effekte durch den Einspritzdruck und die drallförmige Strömung auf die Rußemission in der Strahlausbreitung im Brennraum nacheinander auftreten. Der Einspritzdruck würde über eine hohe Impulsdichte des Freistrahls am Muldenrand auf die Rußemission wirken; die Drallbewegung würde über eine Verwehung des Kraftstoffes, der seinen Impuls bereits am Muldenrand abgegeben hat, Einfluss auf die Rußemission nehmen. Stimmt diese Vermutung wirkt die Drallströmung zeitlich nach dem Einspritzdruck auf die Strahlausbreitung. Die Gültigkeit dieser Annahme ist experimentell zu überprüfen. Hierzu ist bei jedem eingestellten Drallniveau während der Motoruntersuchungen an dem stationären Teillastbetriebspunkt $n = 2000$ U/min und *pmi* = 8 bar zusätzlich eine Raildruckvariation mit den drei Stützstellen 900, 1100 und 1300 bar durchgeführt worden. Dabei wurde die Abgasrückführrate schrittweise erhöht, bis eine Rußemission oberhalb von 0,6 g/kg fuel im Abgas gemessen wurde. Die Indizierkurven sowie die dazugehörigen Rußemissionsergebnisse, gemessen bei der Drallvariation und bei der Raildruckvariation mit der 7-Lochdüse ($d_{SL}$ = 132 µm), sind in Abbildung 7.23 dargestellt.

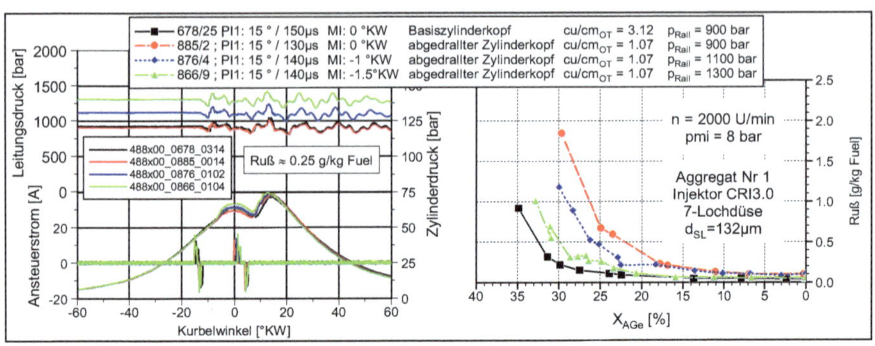


Abbildung 7.23: Ergebnisse aus der Drallvariation mit der 7-Lochdüse am Aggregat Nr. 1

Alle eingestellten Drallniveaus und Raildruckniveaus sind mit der Einspritzstrategie ‚Haupteinspritzung mit vorgelagerter Voreinspritzung' untersucht worden. Dabei ist die Einspritzdauer der Voreinspritzung zur Reduzierung des Vormischanteils angepasst worden, bis ein zwischen den Varianten vergleichbarer Druckanstiegsgradient der Verbrennung der Haupteinspritzung erzielt wurde. Im rechten Diagramm von Abbildung 7.23 kann als erstes festgestellt werden, dass eine Veränderung sowohl des Drallniveaus als auch des Einspritzdrucks eine signifikante Veränderung der Rußemission bewirken. Die Reduzierung des Drallniveaus von $c_u/c_m = 3{,}12$ auf $c_u/c_m = 1{,}07$ führt zu einer Abnahme von 33 % auf 23,5 % der Abgasrückführrate bis zur Rußgrenze von 0,6 g/kg fuel. Mit einer Erhöhung des Raildruckniveaus um 400 bar ist mit dem niedrigen Drallniveau eine Verbesserung der Rußemission erzielt worden. Bei 1300 bar Raildruck und $c_u/c_m = 1{,}07$ ist ein Wert von 31 % für die Abgasrückführrate an der Rußgrenze 0,6 g/kg fuel erreicht worden.

Da beide Parameter eine signifikante Veränderung der Rußemission in diesem Versuch bewirkt haben, wird eine Trennung der Wirkungsweise, wenn diese vorhanden ist, in Unterschieden der Brennverläufe sichtbar sein. In Abbildung 7.24 ist ein Vergleich der Umsatzpositionen von 5 %, von 50 % und von 90 % aus den berechneten Brennverläufen aus der gerade angeführten Raildruck- und Drallvariation dargestellt. Die Berechnungsgrundlage zur Ermittlung des Brennverlaufes anhand des Zylinderdrucksignals ist in [72] aufgezeigt. Betrachtet man in Abbildung 7.24 die Brenndauer zwischen dem 5 %- und dem 50 %-Umsatzpunkt bei konstanter Abgasrückführrate, so können bei der Reduktion des Drallniveaus von $c_u/c_m = 3{,}12$ auf $c_u/c_m = 1{,}07$ mit konstantem Raildruck von 900 bar keine signifikanten Unterschiede festgestellt werden, siehe rote und schwarze Kurve.

Im Gegensatz dazu ist bei der Raildruckerhöhung von 900 bar auf 1100 bar und dann auf 1300 bar eine Reduktion der Brenndauer zwischen dem 5 %- und dem 50 %-Umsatzpunkt bei jeder Erhöhung festzustellen. Vergleicht man die Kurven aus den Diagrammen für die Position des 90 %- und des 50 %-Umsatzpunktes, so kann ein Rückschluss auf das Verhalten der Brenndauer zwischen dem 50 %- und dem 90 %-Umsatzpunkt bei beiden Variationen gezogen werden. Da die zwei untersuchten Drallniveaus von $c_u/c_m = 3{,}12$ und von $c_u/c_m = 1{,}07$ mit gleichem Raildruck von 900 bar bei dem 50 %-Umsatzpunkt und gleicher Abgasrückführrate annähernd die gleiche Kurbelwinkelstellung aufweisen, und da bei dem 90 %-Umsatzpunkt mit der Variante mit dem hohen Drallniveau $c_u/c_m = 3{,}12$ eine frühere Position als mit der Variante mit $c_u/c_m = 1{,}07$ erreicht wird, kann schlußgefolgert werden, dass nach dem 50 %-Umsatzpunkt eine Steigerung der Umsatzgeschwindigkeit bei Erhöhung des Drallniveaus stattfindet. Bei der Raildruckvariation von 900 bar bis 1300 bar kann anhand der gleichen Auswertungsmethode ebenfalls eine Steigerung der Umsatzgeschwindigkeit nach dem 50 %-Umsatzpunkt festgestellt werden.

Bei Erhöhung des Drallniveaus von $c_u/c_m = 1{,}07$ auf $c_u/c_m = 3{,}12$ ist demnach erst nach dem 50 %-Umsatzpunkt ein Unterschied der Umsatzgeschwindigkeit festzustellen. Bei einer Raildruckerhöhung wird sowohl vor dem 50 %-Umsatzpunkt als auch nach dem 50 %-Umsatzpunkt eine Steigerung der Umsatzgeschwindigkeit beobachtet. Ferner liegt das Spritzende bei allen eingestellten Varianten auf ungefähr 12 °KW nach OT. Die Position des 50 %-Umsatzpunktes liegt nah hinter der Position des Spritzendes.

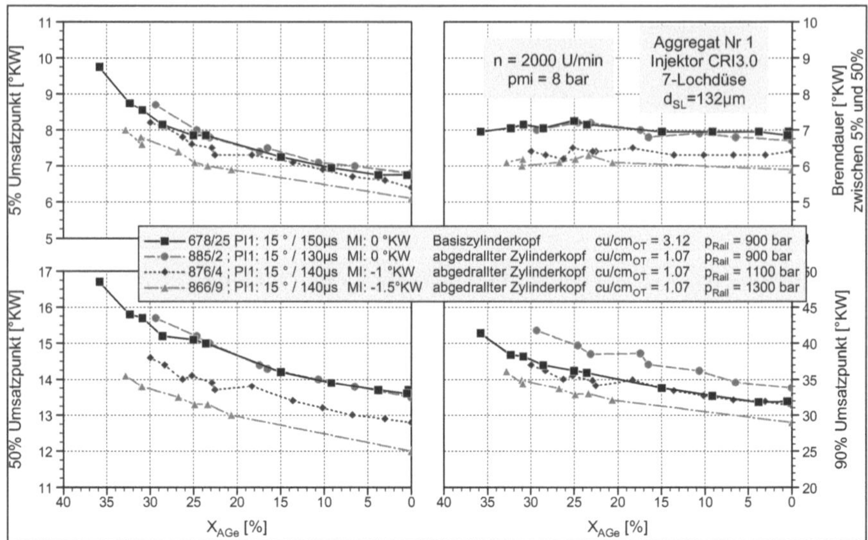



Abbildung 7.24: Vergleich der Umsatzpositionen aus der Drall- und Raildruck-variation

Diese Beobachtungen lassen sich erklären durch die Vorstellung, dass die Drall-strömung die Gemischbildung durch die Verwehung des gasförmigen Kraftstof-fes fördert, der bereits auf dem Muldenrand aufgetroffen ist und den Großteil seines Impulses abgegeben hat. Der zeitliche Versatz der Steigerung der Um-satzgeschwindigkeit zwischen der Erhöhung des Drallniveaus und des Einspritz-drucks kann durch die nacheinander stattfindende Auswirkung auf die gasförmi-gen Kraftstoffanteile von beiden Parametern während der Strahlausbreitung erklärt werden. In weiterer Folge nehmen die Drallströmung der Luft und der Einspritzdruck auf unterschiedliche Weise Einfluss auf die Rußemission im Abgas.

# 8 Zusammenfassung

Ziel dieser Arbeit ist die Charakterisierung der Umsetzung der kinetischen Energie der Einspritzstrahlen, die im Teillastbetrieb mit diffusiver Verbrennungsführung zu einer hohen AGR-Verträglichkeit führt. Die experimentellen Ergebnisse werden an zwei Pkw-Einzylinderversuchsmotoren mit Direkteinspritzung, Vierventiltechnik, einem Verdichtungs-verhältnis von 16:1 und Hochaufladung ermittelt. Die Hochdruckeinspritzung wird mittels des Common-Rail-Einspritzsystems CRS3.0 der Firma Robert Bosch GmbH realisiert. Die Messungen der Rußkonzentration im Abgas werden an dem für den europäischen Testzyklus relevanten Teillastbetriebspunkt mit einer Drehzahl von 2000 U/min und einer indizierten Last von 8 bar Mitteldruck durchgeführt.

Die Bearbeitung der Aufgabe erfolgt in vier Schritten. In der ersten Phase wird unter Einhaltung eines konstanten Einspritzdruckniveaus der Einfluss des rückgeführten Abgasanteils auf die Rußemission im Abgas ermittelt. Als Indikator für die Absenkung der Verbrennungsspitzentemperatur (somit $NO_x$-Absenkung) durch den rückgeführten Abgasanteil ist die Sauerstoffkonzentration im Ansauggemisch ermittelt worden. Für den Motorbetrieb mit externer Abgasrückführung wird das Gasgemischverhältnis $\lambda_G$ für das Gemisch aus Luft und extern rückgeführtem Abgas eingeführt. Das Gasgemischverhältnis

$$\lambda_G = \lambda \cdot \frac{\psi_{O_2,Gemisch}}{\psi_{O_2,Luft}}$$

setzt sich aus dem Luftverhältnis $\lambda$ und dem Verhältnis aus der Sauerstoffkonzentration $\psi_{O_2,Gemisch}$ im Gasgemisch und der Luft $\psi_{O_2,Luft}$ zusammen. An der Rußgrenze, die bei einem hohen Rußemissionsniveau im Abgas definiert wird, nimmt das Gasgemischverhältnis bei Motorbetrieb mit Abgasrückführung den gleichen Wert wie das Luftverhältnis bei Motorbetrieb ohne Abgasrückführung an. Das Ergebnis der ebenfalls durchgeführten Luftverhältnisvariation zeigt die Abhängigkeit der möglichen Abgasrückführrate vom Ausgangsluftverhältnis. Je höher das Ausgangs-luftverhältnis ist, desto mehr kann Abgas zugemischt werden, bis die Rußgrenze erreicht ist. Das Kombinieren der Kenntnis des Werts des

Gasgemischverhältnisses an der Rußgrenze und des Werts des Ausgangsluftverhältnisses ermöglicht eine genaue Vorausberechnung der möglichen Abgasrückführrate bis die Rußgrenze erreicht ist.

In der zweiten Teilaufgabe wird für den Motorbetrieb ohne Abgasrückführung die Rußemissionsminderung durch Anhebung des Einspritzdrucks durch eine halbempirische Korrelation beschrieben. Bei konstantem Luftverhältnis und Gasdichte wird der Zusammenhang zwischen Einspritzdruck und Rußemission im Abgas durch folgende Halbwertsfunktion wiedergegeben.

$$\ln\left(\frac{Ru\beta_{gesucht} - Ru\beta_{min}}{Ru\beta_{Messung} - Ru\beta_{min}}\right) = -\frac{\ln 2}{p_{inj,1/2}} \cdot \left(p_{inj,gesucht} - p_{inj,Messung}\right)$$

Nach dieser Formel wird bei jeder Erhöhung des Einspritzdrucks um den Betrag $p_{inj,1/2}$ die Rußemission im Abgas um die Hälfte des Betrags bis zum Sättigungswert $Ru\beta_{min}$ reduziert. Anhand eines Messwerts der Rußemission $Ru\beta_{Messung}$ bei niedrigem Einspritzdruckniveau kann mit dieser Relation der Verlauf der Rußemission über dem Einspritzdruck vorherbestimmt werden. Desweiteren ermöglichen die Werte von $p_{inj,1/2}$ und von $Ru\beta_{min}$ eine Charakterisierung der Güte des Brennverfahrens hinsichtlich Rußemission. Die Gasdichte zeigt den gleichen funktionalen Zusammenhang auf die Rußemission wie der Einspritzdruck. Anstelle des Einspritzdrucks $p_{inj}$ wird die Gasdichte im oberen Totpunkt $\rho_{OT}$ in die Halbwertsfunktion eingesetzt. Damit wird gezeigt, dass die Minderung der Rußemission durch eine Gasdichteerhöhung oder durch eine Einspritzdrucksteigerung auf demselben Effekt beruht.

In einem weiteren Schritt wird in Anlehnung an Siebers [47] ein weiterführendes Zweiphasen-Kraftstoffstrahlmodell entwickelt, welches neben dem Gasentrainment (das Einbringen von heißem umgebenden Gas in dem Freistrahl) und die damit einhergehende Verdampfung der Flüssigphase die mittlere Impulsdichte $\vec{g}$ des Strahls beim Auftreffen auf den Muldenrand berücksichtigt. Die mittlere Impulsdichte am Muldenrand

$$\vec{g} = \rho_{Strahl} \cdot \vec{v}_{Strahl}$$

wird durch die Multiplikation der mittleren Strahldichte $\rho_{Strahl}$ mit der mittleren Strahlgeschwindigkeit am Muldenrand $v_{Strahl}$ bestimmt. Als Kern des Modellgedankens wird der Anteil an der Gemischbildung durch die Vergrößerung des Strahlvolumens beim Auftreffen auf die Muldenwand angeführt. Wenn die Impulsdichte am Muldenrand konstant bleibt, ist die Kraft des Strahls am Muldenrand proportional zum Strahlmassenstrom. Die Impulsdichte stellt somit eine vom Spritzlochdurchmesser unabhängige Größe dar.

Anhand der vierten und abschließenden Phase wird das Modell verifiziert. Experimentell wird bestätigt, dass bei Spritzlochdurchmessern kleiner als 135 µm die Variationen des Düsendurchflusses und der Düsenlochanzahl zu vom Modell vorhergesagten Änderungen der Rußemissionswerte und der mittleren Impulsdichte führen. Bei den Düsen mit Spritzlochdurchmesser größer als 135 µm wird an dem Teillastpunkt eine Verschlechterung der Rußemission gemessen. Durch Brennkammeruntersuchungen wird nachgewiesen, dass die maximale Eindringtiefe der Flüssigphase linear mit dem Spritzlochdurchmesser ansteigt. Die verstärkte Rußbildung wird auf das Erreichen der Entflammungsorte im Freistrahlbereich durch die Flüssigphase zurückgeführt. Die zwei Relationen des Gasgemischverhältnisses bei externer Abgasrückführung und der Halbwertsfunktion für die Rußemission bei Erhöhung des Einspritzdrucks oder der Gasdichte können für eine effiziente Brennverfahrensentwicklung eingesetzt werden. Zur Berechnung der Luftverhältniswerte an einer definierten Rußgrenze mit oder ohne Abgasrückführung und bei anderen Niveaus von Einspritzdruck bzw. der Gasdichte sind nur wenige Messungen ohne Abgasrückführung zur Bestimmung der Parameter $p_{inj,1/2}$ bzw. $\rho_{OT,1/2}$ und $\lambda_{min}$ für die Halbwertsfunktionen notwendig.

In dem vorgestellten Impulsdichte-Modell führt eine hohe mittlere Impulsdichte am Muldenrand erst dann zu niedrigen Rußemissionen, wenn die Strahlkraft mit einem hohen Wirkungsgrad in Vergrößerung des Strahlvolumens umgesetzt wird. Auf diesen Wirkungsgrad übt die Kontur der Mulde einen wesentlichen Einfluss aus. Aus Sicht des Autors wäre ein neues Messverfahren, das die Bestimmung der Strahleigenschaften unter heißen Bedingungen ermöglicht (z.B. die mittlere Geschwindigkeit des gasförmigen Einspritzstrahls vor dem Muldenrand), für die weitere Abstimmung der Geometrie der Kolbenmulde und des Einspritzsystems zielführend.

# 9 Anhang

# Anhang 1:    Versuchsträger

**Viertakt-Pkw-Einzylindermotor, Aggregat Nr. 1**

- Zylinderkopf:             4-Ventiltechnik
- Hubraum:                 $416\ \text{cm}^3$
- Bohrung:                 78,3 mm
- Hub:                     86,4 mm
- Pleuellänge:             158 mm
- Verdichtungsverhältnis:  16:1
- max. Abgastemperatur:    820 °C
- max. Zylinderdruck:      160 bar
- Kolbenmulde:             Basis      „enge"
    - max. Durchmesser:    49,7 mm   44,9 mm
    - max. Tiefe:          14,3 mm   16,9 mm
    - Volumen:             21,0 cm³   21,0 cm³

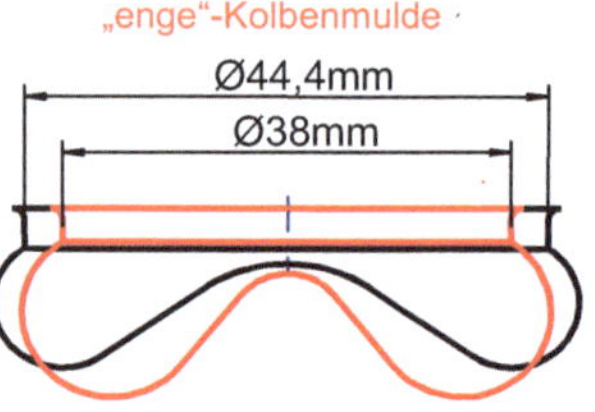

**Viertakt-Pkw-Einzylindermotor, Aggregat Nr. 2**

- Zylinderkopf:            4-Ventiltechnik
- Hubraum:                499 cm$^3$
- Bohrung:                84 mm
- Hub:                    90 mm
- Pleuellänge:            136 mm
- Verdichtungsverhältnis: 16:1
- max. Abgastemperatur:   820 °C
- max. Zylinderdruck:     180 bar
- Kolbenmulde:            Basis
    - max. Durchmesser:   51,6 mm
    - max. Tiefe:         14,9 mm
    - Volumen:            25,65 cm³

**Basis-Kolbenmulde**

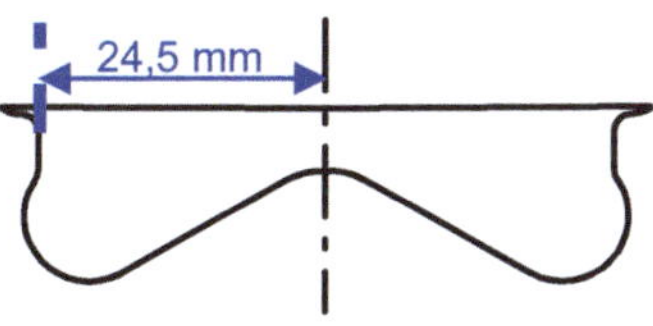

# Anhang 2:    Zylinderkopfströmungsmessung - Messprinzip nach Thien

Die Bestimmung des Drallniveaus und der Durchflusszahl des Zylinderkopfes des Versuchträgers erfolgte am stationären Strömungsprüfstand im Motorenprüffeld der Robert Bosch GmbH in Stuttgart. Dort wird mit Hilfe eines Flügelrads nach Thien die im Zylinderkopf erzeugte radiale Strömungsgeschwindigkeit $c_u$ der Luft bestimmt sowie mittels des gemessenen durchgesetzten Luftmassenstroms die Durchflusszahl berechnet. Abb. 3-11 zeigt den Aufbau der Messeinrichtung, deren Sensoren an einen Prüfstandsrechner angeschlossen sind.

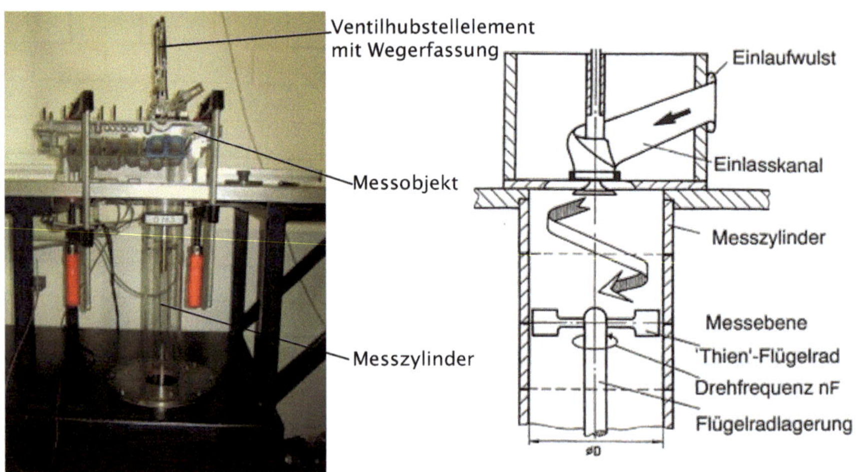


**Messbank des stationären Strömungsprüfstands (links) und Prinzipskizze der Messeinrichtuna (rechts)**

Der Zylinderkopf wird über einem Messzylinder auf einer Messbank montiert. Der Durchmesser des Messzylinders und die Abmessungen des Flügelrads entsprechen dabei der Bohrung des Motors. Wegaufnehmer übermitteln dem Prüfstandsrechner den momentanen Ventilhub der Einlassventile. Darüber hinaus werden mittels weiterer Sensoren der Druck im Saugrohr sowie der Druck und die Temperatur der Umgebungsluft kontinuierlich gemessen. Ein Seitenkanalverdichter erzeugt im Messzylinder einen festgelegten Druckunterschied zum Umgebungsdruck, wodurch bei definiert geöffneten Einlassventilen Umgebungsluft durch die Einlasskanäle gesaugt und bei entsprechender Kanalauslegung in Rotation versetzt wird. Das Flügelrad im Messzylinder, dessen Flügel parallel zur

Zylinderhochachse ausgerichtet sind, detektiert die für die entstandene Drallströmung relevante Umfangskomponente. Die der Drehzahl des Flügelrads entsprechende radiale Strömungsgeschwindigkeit gilt somit als Maß für den Drall bei einem bestimmten Ventilhub. Sie geht in die für die Strömung charakteristische Drallzahl $c_u/c_a$ ein, die das Verhältnis aus Umfangs- und Axialgeschwindigkeit der Strömung darstellt. Die Berechnung von Umfangs- bzw. Axialgeschwindigkeit erfolgt anhand folgender Beziehungen:

$$c_u = 2 \cdot \pi \cdot n \cdot r_{FR} \left( mit \; r_{FR} = 0,7275 \cdot r_{Zyl} \right) \; und \; c_a = \frac{\dot{m}_{tats}}{\rho_{Zyl} \cdot A_{Zyl}}$$

mit:

$c_u$ [m/s]: Umfangsgeschwindigkeit

$n$ [1/s]: Flügelraddrehzahl

$r_{FR}$ [m]: Radius Flügelrad

$c_a$ [m/s]: Axialgeschwindigkeit

$\dot{m}_{tats}$ [kg/s]: tatsächlicher Massenstrom

$\rho_{Zyl}$ [kg/m³]: Luftdichte im Messzylinder

$A_{Zyl}$ [m²]: Querschnittsfläche Messzylinder

Der tatsächliche Luftmassenstrom wird dabei mit Hilfe der idealen Gasgleichung, der gemessenen Lufttemperatur und des über eine Luftuhr ermittelten angesaugten Volumenstroms bestimmt. Die Durchflusszahl $\alpha_K$, die eine wichtige Größe zur Charakterisierung der Strömungsverluste im Zylinderkopf bei einem bestimmten Ventilhub darstellt, wird ebenfalls direkt am Strömungsprüfstand bestimmt. Dabei wird der bereits oben berechnete tatsächlich durchgesetzte Luftmassendurchfluss auf den theoretisch möglichen Luftmassendurchfluss bezogen. Der theoretisch mögliche Luftmassendurchfluss entspricht dabei dem Durchfluss bei isentroper Durchströmung eines Rohres mit dem Durchmesser der Zylinderbohrung. Er berechnet sich mit folgender Gleichung:

$$\dot{m}_{theor} = A_{Zyl} \cdot c_s \cdot \rho_s \quad mit \, c_s \text{ [m/s]: Strömungsgeschwindigkeit bei isentroper Durchströmung}$$

mung und $\rho_s$ [kg/m³]: Luftdichte bei isentroper Durchströmung.

Die isentrope Strömungsgeschwindigkeit sowie die isentrope Luftdichte können unter Einbeziehung der Durchflussfunktion und der Kontinuitätsgleichung bzw. der Isentropengleichung berechnet werden:

$$c_s = \sqrt{\frac{2 \cdot \kappa \cdot R \cdot T}{\kappa - 1} \cdot \left[ 1 - \left( \frac{p_{Zyl}}{p_{Saug}} \right)^{\frac{\kappa-1}{\kappa}} \right]}$$

und

$$\rho_s = \frac{p_{Saug}}{R \cdot T_{Saug}} \cdot \left( \frac{p_{Zyl}}{p_{Saug}} \right)^{\frac{1}{\kappa}}$$

mit:

$p_{Saug}$ [N/m²]: Druck im Saugrohr

$p_{Zyl}$ [N/m²]: Druck im Zylinder

Damit ergibt sich für die Durchflusszahl $\alpha_K$ folgende Gleichung:

$$\alpha_K = \frac{\dot{m}_{tats}}{\dot{m}_{theor}} = \frac{\dot{m}_{tats}}{A_{Zyl} \cdot c_s \cdot \rho_s}$$

Die Werte von $\alpha_K$ und von $c_u/c_a$ werden für jeden eingestellten Ventilhub stationär ermittelt. Die diskreten Werte über dem Ventilhub gemessen mit den verwendeten Zylinderköpfen in dieser Arbeit sind im folgenden Diagramm dargestellt.

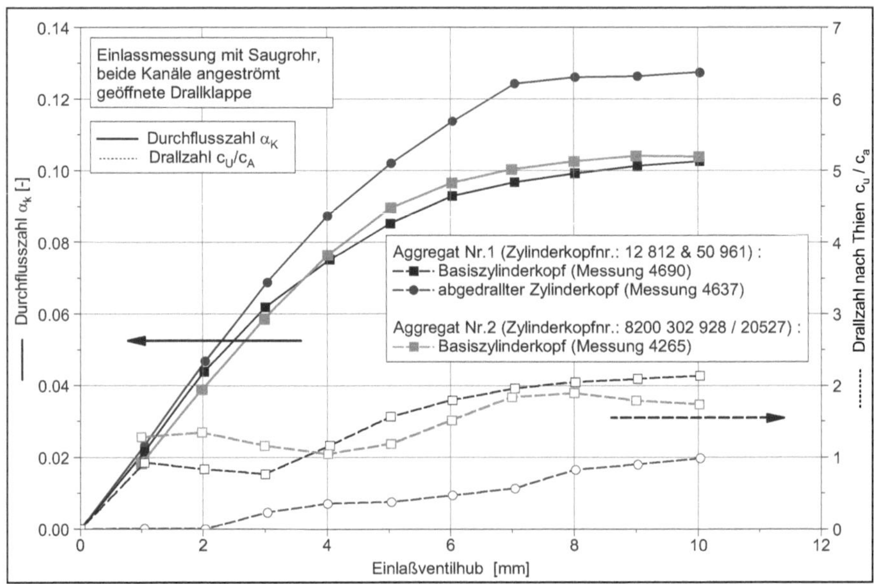

Messergebnisse der Strömungsmessung der verwendeten Zylinderköpfe

# Anhang 3:    Pkw Common-Rail-Einspritzsystem und -Injektoren

Die zwei verwendeten Versuchsträger sind mit einem Common-Rail-System der Robert Bosch GmbH ausgerüstet worden, dessen Systemaufbau schematisch dargestellt ist. Das wesentliche Merkmal von Common-Rail-Einspritzsystemen ist, dass im Gegensatz zu nockengesteuerten Einspritzsystemen der Einspritzdruck unabhängig von der Motordrehzahl und der Einspritzmenge erzeugt werden kann. Diese Entkopplung von Druckerzeugung und Einspritzung wird mittels eines Speichervolumens erreicht, welches sich aus einer gemeinsamen Verteilerleiste (Common Rail), den Zuleitungen sowie den Injektoren selbst zusammensetzt.

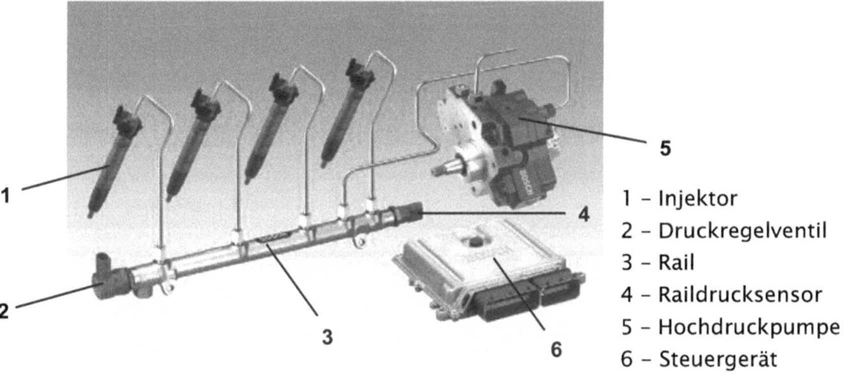


Am Versuchsträger ist eine Drei-Stempel-Radialkolbenpumpe vom Typ CP 3.2 der Robert Bosch GmbH montiert. Sie wird vom Motor über einen Zahnriemen in einem festen Übersetzungsverhältnis angetrieben, wobei sie - anders als in der Serienapplikation - immer die maximale Kraftstoffmenge fördert. Der zuvor in der Tankanlage des Prüfstands temperierte Kraftstoff wird dem System über eine externe Kraftstoffleitung unter einem Vordruck von 1,7 bar zugeführt und vor Eintritt in die Hochdruckkammern mittels einer in die Hochdruckpumpe integrierten Zahnrad-Vorförderpumpe auf einen Druck von 5 bar verdichtet. Anschließend erzeugt die Hochdruckpumpe einen maximalen Systemdruck von bis zu 1600 bar. Die Schmierung und Kühlung erfolgt durch den Kraftstoff, so dass kein Anschluss an den Schmiermittelkreislauf des Motors erforderlich ist. Zur Druckregelung im Rail befinden sich ein Hochdrucksensor sowie ein Druckregelventil am Hochdruckspeicher. Der Raildrucksensor misst hierbei den Druck im Kraftstoffrail und liefert ein entsprechendes Spannungssignal an das Motorsteuergerät. Eventuelle Abweichungen vom Sollwert werden über das Druckregelventil ausgeglichen. Auf diese Weise ist bei verschiedenen Volumenströmen ein konstanter Systemdruck darstellbar.

Das hochfeste Rail wird in Schmiedetechnik aus Stahl angefertigt. Es hat die Aufgabe, den Kraftstoff bei hohem Druck zu speichern und – bei Betrieb mehrerer Zylinder – auf die Injektoren zu verteilen. Dabei wird das Speichervolumen so groß gewählt, dass Druckschwingungen, die sich durch die pulsierende Pumpenförderung und die Einspritzungen entwickeln, gedämpft werden, andererseits ein rascher Druckaufbau beim Start gewährleistet ist. Das Kraftstoffrail des Versuchsträgers stammt von einem Serien-Vierzylinderreihenmotor, wobei für den Einzylinderbetrieb drei der vier Ablaufbohrungen verschlossen wurden.

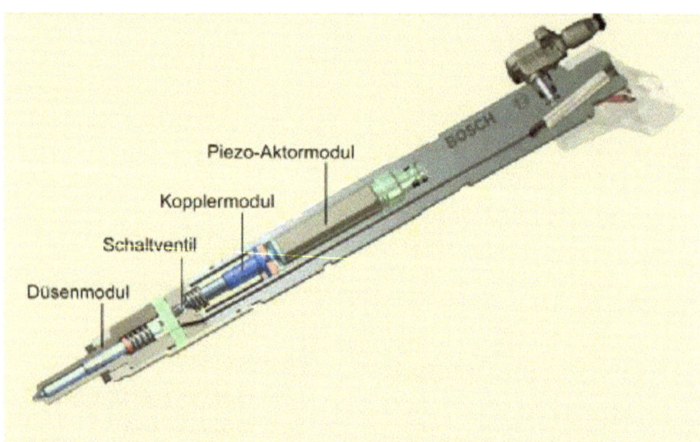


CRI3.0 – Injektor

Beide Versuchsträger sind mit dem Einspritzsystem CRI 3.0 der Robert Bosch GmbH ausgerüstet, in dem ein so genannter Piezo-Inline-Injektor verbaut ist. Der Aktor dieses Injektors bedient sich dabei des piezo-elektrischen Effekts, bei dem sich durch das Anlegen einer elektrischen Spannung an einen Quarzstapel eine Längen-änderung ergibt, welche zur Steuerung des Einspritzvorganges genutzt werden kann. Der Aufbau des Piezo-Inline-Injektors gliedert sich schematisch in folgende Baugruppen: Aktormodul, hydraulischer Koppler, Schaltventil und Düsenmodul. Die Düsennadel selbst wird beim Piezo-Inline-Injektor über das Servoventil indirekt angesteuert, dessen Funktionsweise unten schematisch dargestellt ist. Im nicht angesteuerten Zustand befindet sich der Aktor in der Startposition. Das Servoventil ist hier geschlossen. Der Hochdruckbereich ist somit vom Niederdruckbereich getrennt, so dass die Düse durch den im Steuerraum anliegenden Raildruck geschlossen gehalten werden kann. Mit dem Bestromen des Aktors dehnt sich der Quarzstapel aufgrund des piezo-elektrischen Effekts aus und öffnet dadurch das Servoventil, so dass der Kraftstoff im Steuerraum in den Niederdruckteil entweicht. Gleichzeitig blockiert das Ventil die Bypassbohrung, wodurch über das Durchflussverhältnis von Ablauf- und Zulaufdrossel der Druck im Steuerraum schnell abfällt. Aufgrund des an der Nadelsitzfläche anliegenden Raildrucks öffnet nun die Düse und der Injektor spritzt in den Brennraum ein.

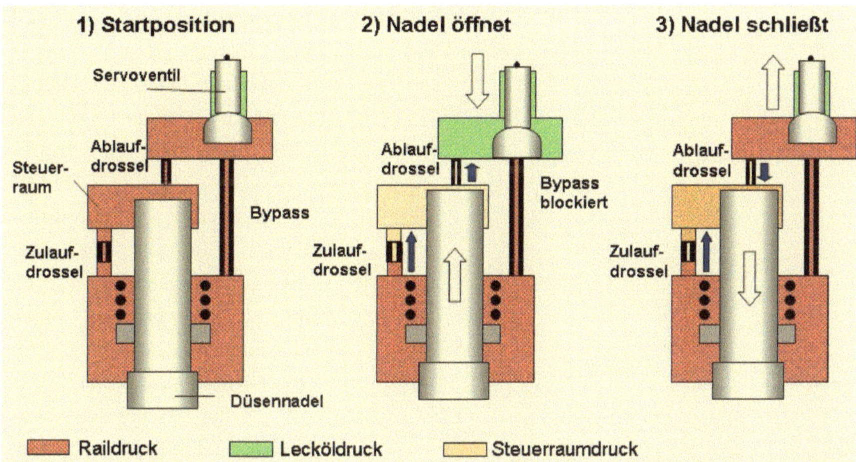


Um den Schließvorgang einzuleiten, wird der Aktor entladen. Der Quarzstapel verkürzt sich auf die ursprüngliche Länge. Das Servoventil gibt den Bypass wieder frei und trennt den Hochdruckteil vom Niederdruckteil. Über Zu- und Ablaufdrossel wird der Steuerraum wieder befüllt, wodurch sich der Druck im Steuerraum erhöht. Übersteigt dort die Druckkraft die Druckkraft an der Nadelsitzfläche schließt die Düsennadel und der Einspritzvorgang ist beendet. Die enge Kopplung des Servoventils an die Düsennadel ermöglicht eine unmittelbare Reaktion der Nadel auf das Ansteuern des Aktors. Die Verzugszeit zwischen dem elektrischen Ansteuerbeginn und der hydraulischen Reaktion ist mit etwa 150 µs sehr gering, was die gleichzeitige Realisierung hoher Nadelgeschwindigkeiten und kleinster reproduzierbarer Einspritzmengen erlaubt. Darüber hinaus ermöglicht das Einspritzsystem die Darstellung sehr kurzer Abstände zwischen den Einspritzungen, wodurch Mehrfacheinspritzungen mit flexiblen Strategien und Abständen zwischen den Einzeleinspritzungen realisierbar sind.

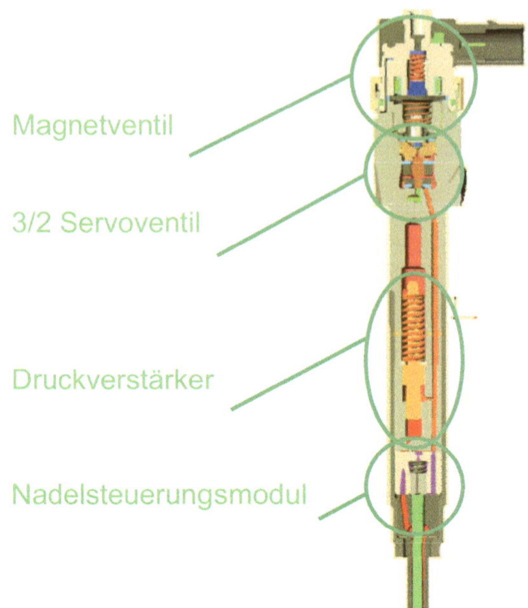


HADI – Injektor

Aggregat Nr. 2 wurde zusätzlich mit dem Injektor HADI der Robert Bosch GmbH ausgerüstet, in dem ein Druckverstärker verbaut ist. Mit Hilfe des hydraulisch verstärkten Diesel-Injektor HADI (Hydraulically Amplified Diesel Injector) wird der maximale Systemdruck von bis zu 1350 bar auf einen Düsenraumdruck von bis zu 2500 bar verstärkt. Der Injektor ist für passive Einspritzverlaufsformung ausgelegt, mit der zu Einspritzbeginn eine geringe Einspritzrate umgesetzt wird. Durch den während der Einspritzung zunehmenden Einspritzdruck wird die Einspritzrate auf den systemdruckabhängigen Maximalwert rampenförmig gesteigert.

Der Aufbau des HADI-Injektors gliedert sich schematisch in folgende Baugruppen: Magnetventil, 3/2-Servoventil, Druckverstärker und Nadelsteuerungsmodul. Die Düsennadel sowie der Druckverstärker werden über das 3/2-Servoventil indirekt angesteuert, dessen Funktionsweise unten schematisch dargestellt ist. Im nicht angesteuerten Zustand, wie in der Abbildung dargestellt, ist der Hochdruckbereich vom Niederdruckbereich getrennt, so dass die 3/2-Servoventil durch den im Steuerraum anliegenden Raildruck geschlossen gehalten werden kann. Mit dem Bestromen des Magnetventils wird die Trennung der Hochdruckbereich vom Niederdruckbereich aufgehoben, so dass der Kraftstoff im Steuerraum des 3/2-Servoventils in den Niederdruckteil entweicht und über das Durchflussverhältnis von Ablauf- und Zulaufdrossel der Druck im Steuerraum schnell abfällt. Bei ausreichendem Unterschied zwischen Raildruck und Steuerraumdruck bewegt sich das 3/2-Ventil in die andere Position. Dadurch wird die Verbindung zwischen der Steuerbohrung und dem Rücklauf frei, wodurch der Druck im Steuerraum des Druckverstärkers und oberhalb der Düse schnell absinkt. Aufgrund des Druckunterschieds zum Raildruck bewegt sich der Druckverstärker nach unten und die Düsennadel nach oben. Während der

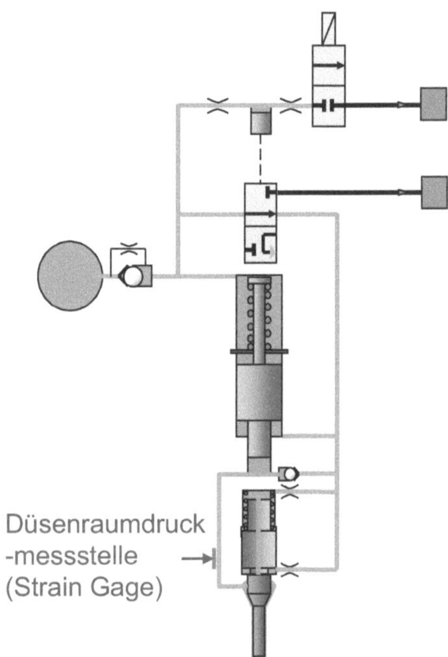



somit gestarteten Einspritzung wird der Druck vom Raildruckniveau aus rampenförmig bis auf das zweifache gesteigert. Um den Schließvorgang einzuleiten, wird die Bestromung des Magnetventils gestoppt. Dadurch wird die Trennung des Hochdruckteils vom Niederdruckteil wiederhergestellt. Über die Zulaufdrossel wird der Steuerraum des 3/2-Servoventils wieder befüllt, wodurch sich der Druck im Steuerraum erhöht. Bei ausreichendem Unterschied zwischen Steuerraumdruck und Raildruck bewegt sich das 3/2-Ventil in die Startposition. Die Verbindung zwischen der Steuerbohrung und dem Niederdruckteil wird somit getrennt, wodurch der Druck im Steuerraum des Druckverstärkers und oberhalb der Düse schnell ansteigt. Die Düsennadel bewegt sich dadurch in Richtung Nadelsitz, wo der Einspritzvorgang beendet wird. Der Druckverstärkerkolben bewegt sich aufgrund der größeren Druckkraft Steuerraumseitig als Railseitig langsam zurück in Richtung Startposition, welche vor Beginn der nächsten Einspritzung erreicht wird. Für die Motorversuche wird der Düsenraumdruck in der Zulaufbohrung zwischen dem Druckverstärker und der Düse mittels vier Dehnmessstreifen gemessen, die als Weathstone-Widerstandsbrücke angeordnet sind (siehe unten).

$$U_{V} = \frac{1}{4} \cdot k \cdot B \cdot U_{E} \cdot V \cdot \frac{\varepsilon_{max}}{P_{max}} \cdot p$$

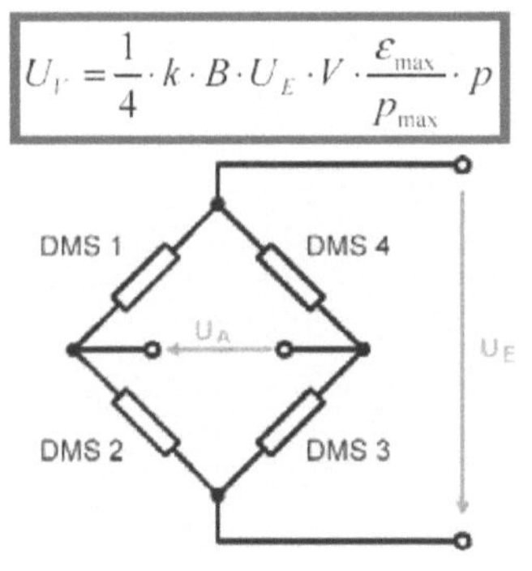



|  | |
|---|---|
| $U_{V}$ | amplifier output voltage |
| $k$ | strain gage sensitivity |
| $B$ | bridge factor |
| $U_{E}$ | bridge excitation |
| $V$ | amplifier gain |
| $\varepsilon_{max}$ | strain at max. pressure |
| $P_{max}$ | maximum pressure |
| $p$ | pressure |

# Anhang 4:   Übersicht von phänomenologischen Rußmodellen

| Modell | Formeln | Eingangsgrößen | Ergebnis | Besonderheit |
|---|---|---|---|---|
| **Hiroyasu**<br>Universität Hiroshima (1986) | 1. Russbildung<br>$\dfrac{dm_{R,B}}{dt} = A_B \cdot m_{FG} \cdot p^{0.5} \cdot e^{-\frac{E_B}{R \cdot T}}$<br>2. Russoxidation<br>$\dfrac{dm_{R,O}}{dt} = A_O \cdot m_{Ruß} \cdot \chi^O \cdot p^{1.8} \cdot e^{-\frac{E_O}{R \cdot T}}$<br>3. Differenz<br>$\dfrac{dm_R}{dt} = \dfrac{dm_{R,B}}{dt} - \dfrac{dm_{R,O}}{dt}$ | • $A_B$ Konstante für die Russbildung [$1/(Pa^{0.5} \cdot kg)$]<br>• $m_{FG}$ verdampfte unverbrannte Kraftstoffmasse [kg]<br>• $p$ Zylinderdruck [Pa]<br>• $E_B$ Aktivierungsenergie für Bildung [kcal/kmol]<br>• $R$ allg. Gaskonstante [J/(kgK)]<br>• $T$ Temperatur [K]<br>• $A_O$ Konstante für die Russoxidation [$1/(Pa^{1.8} \cdot kg)$]<br>• $m_{Ruß}$ Russmasse [kg]<br>• $\chi^O$ Molanteil $O_2$ [-] → aus $O_2$ Partialdruckverhältnis<br>• $E_O$ Aktivierungsenergie für Oxidation [kcal/kmol] | • $dm_{R,B}/dt$ [kg/s] Russbildungsrate<br>• $dm_{R,O}/dt$ [kg/s] Russoxidationsrate<br>• $dm_R/dt$ [kg/s] Russrate | • ältestes Modell mit Rußbildung<br>• Kammerdruckabhängig<br>• Zeitabhängig<br><br>Literatur:<br>JSME Vol.26, No. 214, 1983, Hiroyasu |
| **Boulouchos**<br>ETH Zürich (2001) | 1. Russbildung<br>$\dfrac{dm_{R,B}}{d\varphi} = A_B \cdot \dfrac{dm_{BS,Diff}}{d\varphi} \cdot \left(\dfrac{p_{Cyl}}{p_{Ref}}\right)^{n1} \cdot e^{-\frac{T_{A,B}}{T_{Mittel}}}$<br>2. Russoxidation<br>$\dfrac{dm_{R,O}}{d\varphi} = A_O \cdot \dfrac{1}{\tau_{Char}} \cdot (m_{Ruß})^m \cdot \left(\dfrac{p_{O_2}}{p_{O_2,Ref}}\right)^n \cdot e^{-\frac{T_{A,O}}{T_{Mittel}}}$<br>3. Differenz<br>$\dfrac{dm_R}{d\varphi} = \dfrac{dm_{R,B}}{d\varphi} - \dfrac{dm_{R,O}}{d\varphi}$ | • $A_B$ Konstanten für die Russbildung [-]<br>• $dm_{Diff}/d\varphi$ umgesetzte Kraftstoffmasse in der Diffusionsverbrennung [kg]<br>• $p_{cyl}$ Zylinderdruck [Pa]<br>• $p_{Ref}$ Referenzdruck (Umgebungsdruck) [Pa]<br>• $T_{A,B}$ Aktivierungstemp. der Bildung/Oxidation [K]<br>• $T_{Mittel}$ mittlere Zylindertemperatur [K]<br>• $A_O$ Konstante für die Russoxidation [-]<br>• $1/\tau_{Char}$ charakteristische Mischungszeit [$°KW^{-1}$]<br>• $m_{Ruß}$ Russmasse [kg]<br>• $p_{O2}/p_{O2,Ref}$ Partialdruckverhältnis [-]<br>• $T_{A,O}$ Aktivierungstemp. der Oxidation [K]<br>• $n_1, n_2, n_3$ Modellkonstanten [-] | • $dm_{R,B}/d\varphi$ [kg/°KW] Russbildungsrate<br>• $dm_{R,O}/d\varphi$ [kg/°KW] Russoxidationsrate<br>• $dm_R/d\varphi$ [kg/°KW] Russrate | • $\tau_{Char}: \dfrac{dQ_v}{d\varphi} = \dfrac{1}{\tau_{Char}} \cdot Q_{Verfügbar}$<br>• dimensionslose Konstanten ($A_B, A_O$)<br>• statt nur der verdampften Kraftstoffmasse (siehe Hiroyasu) wird die gesamte beachtet<br><br>Literatur:<br>Dissertation Schubiger, MTZ 5/2002 |
| **Warth**<br>ETH Zürich (2003) | 1. Russbildung<br>$\dfrac{dm_{R,B}}{d\varphi} = A_B \cdot \dfrac{dm_{BS,Diff}}{d\varphi} \cdot \left(\dfrac{p_{Zyl}}{p_{Ref}}\right)^n \cdot f(T_{Bild}, \phi_{Bild})$<br>2. Russoxidation<br>$\dfrac{dm_{R,O}}{d\varphi} = A_O \cdot \dfrac{1}{\tau_{Char}} \cdot (m_{Ruß})^a \cdot \left(\dfrac{p_{O_2}}{p_{O_2,Ref}}\right)^a \cdot e^{-\frac{T_{A,O}}{T_{O_2,A}}}$<br>3. Differenz<br>$\dfrac{dm_R}{d\varphi} = \dfrac{dm_{R,B}}{d\varphi} - \dfrac{dm_{R,O}}{d\varphi}$ | Modifikationen zu Boulouchos (siehe oben):<br><br>• $f(T_{Bild}, \phi_{Bild})$ $T_{Bild}$: Temp.verlauf der Russbildungszone, $\phi_{Bild}$: Äquivalenzrate = $1/\lambda_{Russbildzone}$ nach Akihama → ersetzt exp-Abhängigkeit der Temperatur bei der Russbildung<br>• $T_{O2,A}$ Temperaturverlauf für $\lambda_{O2,A} ? 1{,}0$ [K] → ersetzt $T_{Mittel}$ bei der Russoxidation<br>• OH Term Zusatzterm für Wassereintrag bei der Russbildung → wird hier vernachlässigt | • $dm_{R,B}/d\varphi$ [kg/°KW] Russbildungsrate<br>• $dm_{R,O}/d\varphi$ [kg/°KW] Russoxidationsrate<br>• $dm_R/d\varphi$ [kg/°KW] Russrate | • Verwendung von neuem Algorithmus zur Bestimmung der Parameter<br>• Zusatz: $f(\phi_{Bild}, T_{Bild})$<br>$f(T,\phi) = \left(\dfrac{0{,}75 - 1/\phi_{Bild}}{0{,}65}\right)^{1.5} \cdot e^{-\frac{(T_{Bild}-\sigma_v)^2}{2\sigma_v^2}}$<br>$\mu_v = 210 - 100 \cdot (1/\phi_{Bild})$, $\sigma_v = 2160 - 400 \cdot (1/\phi_{Bild})$<br><br>Literatur:<br>9. Tagung TU Graz (Warth) |

| Modell | Formeln | Eingangsgrößen | Ergebnis | Besonderheit |
|---|---|---|---|---|
| **Kozuch**<br><br>Universität Stuttgart<br>(2003) | 1. Russbildung<br><br>$\dfrac{dm_{R,B}}{d\varphi} = A_B \cdot \dfrac{dm_B}{d\varphi} \cdot f \cdot e^{-\frac{T_{A,B}}{T_B}}$<br><br>2. Russoxidation<br><br>$\dfrac{dm_{R,O}}{d\varphi} = A_O \cdot m_{Russ}{}^n \cdot \left(m_V \cdot \chi_{O2,V}\right)^p \cdot e^{-\frac{T_{A,O}}{T_V}} \cdot \dfrac{1}{6n}$<br><br>3. Differenz<br><br>$\dfrac{dm_R}{d\varphi} = \dfrac{dm_{R,B}}{d\varphi} - \dfrac{dm_{R,O}}{d\varphi}$ | $\bullet$ $A_B$   Konstante für die Russbildung $[cm^x/(mol^y{*}s)]$<br>$\bullet$ $dm_B/d\varphi$   umgesetzte Kraftstoffmasse über $\varphi$ [kg]<br>$\bullet$ $f$   fetter Anteil der Flamme $\rightarrow$ Russbildung<br>$\bullet$ $T_{A,B/O}$   Aktivierungstemp. der Bildung/Oxidation [K]<br>$\bullet$ $T_{Ff}$   Flammentemperatur bei $\lambda_F$=0,6<br>$\bullet$ $A_O$   Konstante für die Russoxidation $[1/(s{*}kg^{m_1+m_2})]$<br>$\bullet$ $m_{Russ}$   Russmasse [kg]<br>$\bullet$ $m_V$   Masse der verbrannten Zone [kg]<br>$\bullet$ $\chi_{O2,V}$   Sauerstoffkonzentration im Verbrannten<br>$\bullet$ $n_{1,2}$   Modellkonstanten Potenzen<br>$\bullet$ $T_V$   Temperatur der verbrannten Zone<br>$\bullet$ $n$   Drehzahl [1/min] | $\bullet$ $dm_{R,B}/d\varphi$   [kg/°KW]<br>Russbildungsrate<br><br>$\bullet$ $dm_{R,O}/d\varphi$   [kg/°KW]<br>Russoxidationsrate<br><br>$\bullet$ $dm_R/d\varphi$   [kg/°KW]<br>Russrate | $\bullet$ keine Druckabhängigkeit<br><br>$\bullet$ Konstanten mit Einheiten<br><br>$\bullet$ Zusatzfunktion $f$<br><br>$f = c_f * \dfrac{m_{BV,uv}}{u_{Turb} * Anz_D}$<br><br>Literatur:<br>Optische Thermodynamik<br>FVV Heft 772 |
| **Patterson**<br><br>USA<br>(1994) | 1. Rußbildung<br><br>$\dfrac{dm_{R,B}}{dt} = A_B \cdot m_{FG} \cdot p^{0,5} \cdot e^{-\frac{E_B}{R \cdot T}}$<br><br>2. Rußoxidation<br><br>$\dfrac{dm_s}{dt} = 12 A_s \left[ \left( \dfrac{K_1 p_{O_2}}{1 + K_2 p_{O_2}} \right) X + K_3 p_{O_2}(1-X) \right]$<br><br>3. Differenz<br><br>$\dfrac{dm_R}{d\varphi} = \dfrac{dm_{R,B}}{d\varphi} - \dfrac{dm_{R,O}}{d\varphi}$ | $\bullet$ $A_B$   Konstante für die Russbildung $[1/(Pa^{0,5} \cdot kg)]$<br>$\bullet$ $m_{FG}$   verdampfte unverbrannte Kraftstoffmasse [kg]<br>$\bullet$ $p$   Zylinderdruck [Pa]<br>$\bullet$ $E_B$   Aktivierungsenergie für Bildung [kcal/kmol]<br>$\bullet$ $R$   allg. Gaskonstante [J/(kgK)]<br>$\bullet$ $T$   Temperatur [K]<br>$\bullet$ $A_n$   Modellkonstanten [-]<br>$\bullet$ $K_n$   Modellkonstanten [-]<br>$\bullet$ $p_{O2}$   Sauerstoffpartialdruck [bar] | $\bullet$ $dm_{R,B}/dt$   [kg/s]<br>Russbildungsrate<br><br>$\bullet$ $dm_s/dt$   [kg/s]<br>Massenabnahme durch<br>Oxidation<br><br>$\bullet$ $dm_R/dt$   [kg/s]<br>Russrate | $\bullet$ mit dem KIVA-<br>Simulationstool<br>modelliert<br><br>$\bullet$ Konstanten der<br>Oxidation:<br><br>$X = \dfrac{1}{1 + \dfrac{K_4}{K_3 p_{O_2}}}$<br><br>$K_n = A_n e^{\frac{E_n}{RT}}$ |
| **Kennedy**<br><br>USA<br>(1997) | 1. Keimbildung<br><br>$W_K = C_n \cdot e^{-(f_B - f_{Bn})^2 / \sigma_n^2}$<br><br>2. Oberflächenwachstum<br><br>$W_O = 6^{2/3} \cdot \pi^{1/3} \cdot N_m \cdot \phi^{2/3} \cdot F$<br><br>3. Rußoxidation<br><br>$W_A = \phi^{2/3}([OH](f_B) + C_1 p_{O_2} T^{-1/2} \cdot e^{-C_2/T})$<br><br>4. Rußkonzentration<br><br>$\dfrac{\partial \phi}{\partial t} + v_i \dfrac{\partial \phi}{\partial x_i} = W_K + W_O - W_A$ | $\bullet$ $C_n$   maximale Keimbildungsrate (=1018) [m³s]<br>$\bullet$ $f_B$   Mischungsbruch<br>$\bullet$ $f_{Bn}$   Mischungsbruch bei $C_n$ (=0,12)<br>$\bullet$ $\sigma_n$   Standardabweichung (=0,02)<br>$\bullet$ $N_m$   mittlere Anzahldichte (=1016)<br>$\bullet$ $\phi$   Rußvolumenbruch [m³ Ruß/m³ Gas]<br>$\bullet$ $F$   Funktion F (abhängig von $f_B$ und T)<br>$\bullet$ $OH$   OH-Radikale<br>$\bullet$ $C_1$   Modellkonstante<br>$\bullet$ $C_2$   Modellkonstante<br>$\bullet$ $pO_2$   Sauerstoffpartialdruck<br>$\bullet$ $T$   Temperatur | $\bullet$ Keimbildung $W_K$<br><br>$\bullet$ Oberflächenwachstum $W_O$<br><br>$\bullet$ Rußoxidation $W_A$<br><br>$\bullet$ Rußvolumenbruch $\Phi$<br>$\rightarrow$ Verlauf der<br>Rußkonzentration | $\bullet$ Mischungsbruch $f_B$<br><br>$f_B = \dfrac{m_{B,verb} + m_{B,unverb}}{m_{Gesamt}}$<br><br>Literatur:<br>Bockhorn p506-524 [5] |

| Modell | Formeln | Eingangsgrößen | Ergebnis | Sonstiges |
|---|---|---|---|---|
| **Nagle/Strickland**<br><br>London<br>(1962) | 1. Russmassenabnahme<br><br>$$\frac{dm_s}{dt} = 12A_s\left[\left(\frac{K_1 p_{O_2}}{1+K_2 p_{O_2}}\right)X + K_3 p_{O_2}(1-X)\right]$$<br><br>mit<br><br>$$X = \frac{1}{1+\dfrac{K_4}{K_3 p_{O_2}}} \qquad K_n = A_n e^{\frac{E_n}{RT}}$$ | • $A_n$   Modellkonstanten [-]<br>• $K_n$   Modellkonstanten [-]<br>• $p_{O2}$   Sauerstoffpartialdruck [bar]<br>• T   Temperatur<br>• E   Modellkonstante<br>• R   allg. Gaskonstante [J/(kgK)] | • $dm_s/dt$   [kg/s]<br>Massenabnahme durch Oxidation | • Gültigkeitsbereich: T= 1000-2000℃<br>• bei 1300 K kommt es zum Einfrieren der Oxidation<br>• reines Oxidationsmodell einer Diffusionsflamme<br><br>Literatur:<br>5th carbon conference p.154-164,<br>Nagle- Strickland |
| **Lee/Thring/Beer**<br><br>London<br>(1962) | 1. Russkonzentration<br><br>$$\frac{d_{C_s}}{dt} = \frac{k_1}{\rho_S \cdot d_S} \cdot p_{O_2} \cdot T^{-\frac{1}{2}} \cdot c_S \cdot e^{\frac{E}{T}}$$ | • $K_1$   Modellkonstante [-] (laut Borghi K1=6.5)<br>• $\rho_S$   Rußdichte (2000 kg/m³)<br>• $d_S$   Partikeldurchmesser (25nm)<br>• T   Temperatur [K]<br>• $C_s$   Rußkonzentration<br>• E   Modellkonstante [K] (laut Borghi E=19750) | • $dc_s/dt$<br>Konzentration des oxidierten Rußes über der Zeit | • Gültigkeitsbereich: T= 1300-1700K<br>• reines Oxidationsmodell einer Diffusionsflamme<br><br>Literatur :<br>VDI Bericht 399 (Stiesch) |
| **Fusco**<br><br>USA<br>(1994) | 1. Teilchendichte<br>$$\frac{d[N_P]}{dt} = N_A \cdot r_5 - r_8$$<br>2. Rußvorläufer-Radikale<br>$$\frac{d[VR]}{dt} = r_1 - r_3 - r_5$$<br>3. Wachstumspezies<br>$$\frac{d[C_2H_2]}{dt} = r_2 - r_4 - r_6$$<br>4. Volumenbruch Ruß<br>$$\frac{d(vf_r)}{dt} = \frac{1}{\rho_R}\cdot(r_5\cdot MW_{VR}+r_6\cdot MW_C-r_7\cdot MW_C)$$ | Reaktionsraten mit vorgegebenen Parametern<br>• $r_1$   Radikalbildung<br>• $r_2$   $C_2H_2$ Bildung<br>• $r_3$   Radikaloxidation<br>• $r_4$   $C_2H_2$ Oxidation<br>• $r_5$   Prim. Russbildung<br>• $r_6$   Partikelwachstum<br>• $r_7$   Partikeloxidation<br>• $r_8$   Koagulation<br><br>Molekulargewichte<br>• $MW_{VR}$   Molekulargewicht Vorläuferradikale<br>• $MW_C$   Molekulargewicht Kohlenstoff | • $N_P$   [1/cm⁻³]<br>Teilchendichte<br><br>• VR   [mol/cm⁻³]<br>Konz. Rußvorläufer<br><br>• $C_2H_2$   [mol/cm⁻³]<br>Konz. Wachstums-Spezies<br><br>• $Vf_R$   [cm⁻³/cm⁻³]<br>Volumenbruch Ruß | • mit dem KIVA-Simulationstool modelliert<br>• es müssen keinerlei Konstanten angepasst werden ➔ hohe Allgemeingültigkeit<br><br>Literatur :<br>VDI Bericht 399 (Stiesch) |

# Anhang 5:    Berechnung der Abgasrückführrate und der Ansaugmasse

Die Berechnung der externen Abgasrückführrate $X_{AGe}=\dot{m}_{AGe}\,/\,\dot{m}_g$ für die diskutierten Mess-punkte erfolgt mit einem Programm, das den vom Motor angesaugten Gasmassenstrom $\dot{m}_g$ berechnet. Da der Frischluftmassenstrom $\dot{m}_L$ bei jeder Messung mittels einer Luftuhr (Drehkolbenzähler) bestimmt wird, kann dann der rückgeführte Abgasmassenstrom $\dot{m}_{AGe}$ aus der Substraktion $\dot{m}_g - \dot{m}_L$ berechnet werden. Im folgenden wird die Methode zur Be-stimmung von $\dot{m}_g$ gezeigt.

Berechnung der Mischtemperatur $T_{2m}$ über zwei Berechnungswege aus
• Massendurchfluss (1)
• Massen- und Energiebilanz (2)

Berechnung von $T_{2m}$ über dem Massendurchfluss (1):
Das verwendete Modell für die Strömung am Ort der Einlaßventile entspricht einer Ex-pansionsströmung in einer einfachen Düse:

$$\frac{1}{2}\cdot\left(c_Z{}^2-c_2{}^2\right) = -\int_2^z vdp + g\cdot\left(z_Z-z_2\right) - Wdiss_{von2nachZ}$$

Unter den Annahmen:

- $g\cdot\left(z_Z-z_2\right)$ vernachlässigbar
- Zuströmgeschwindigkeit $c_2$ vernachlässigbar
- reibungsfreie Düsenströmung: $Wdiss_{von\,2\,nachZ}=0$

$$\left.\right\}\quad \frac{1}{2}\cdot c_Z{}^2 = -\int_2^Z vdp$$

wird der mittlere Massendurchfluss während der Ansaugphase am Ort der Einlaßventile aus der Kontinuitätsgleichung $\dot{m}_g = A_E\cdot c_Z\cdot\rho_Z$ ermittelt. Die Umformung von $c_Z\cdot\rho_Z$ unter Berücksichtigung einer isentropen Zustandsgleichung idealer Gase ergibt die Formel:

$$\dot{m}_g=A_E\cdot p_2\cdot\sqrt{\frac{2}{R\cdot T_2}\cdot\underbrace{\sqrt{\frac{\kappa}{\kappa-1}\cdot\left(\frac{p_z}{p_2}\right)^{\frac{2}{\kappa}}\cdot\left[1-\left(\frac{p_z}{p_2}\right)^{\frac{\kappa+1}{2}}\right]}_{\psi:\text{Durchflussfunktion}}}}$$

$A_E$    Einlassquerschnittsfläche
$c$    Strömungsgeschwindigkeit
$\kappa$    Isentropenexponent
$p$    Druck
Index: $z$ – Zylinder
$E$ - Enlassventil
$2$ – Saugrohr

Um den unbekannten mittleren Strömungsquerschnitt $A_E$ zu bestimmen, wird eine Vergleichsmessung bei Motorbetrieb ohne Abgasrückführung durchgeführt. Hierbei entspricht der Frischluftassenstrom $\dot{m}_L$, der gemessen wird, dem gesamten vom Motor angesaugten Gasmassenstrom $\dot{m}_g$, wodurch der Faktor $k$ berechnet werden kann.

$$\dot{m}_g = \dot{m}_L = \underbrace{A_E \cdot \psi \cdot \sqrt{\frac{2}{R}} \cdot \frac{p_2}{\sqrt{T_2}}}_{k} \quad \text{mit} \quad k = \dot{m}_L \cdot \frac{\sqrt{T_2}}{p_2}$$

Mit dem bei Abgasrückführung gemessenen Saugrohrdruck $p_{2m}$ und mit der Bestimmung von $k$ im Motorbetrieb ohne Abgasrückführung, kann $T_{2m}$ bestimmt werden:

$$T_{2m} = \left[ k \cdot p_{2m} \middle/ \dot{m}_g \right]^2 \qquad \text{Gl. 1}$$

<u>Berechnung von $T_{2m}$ über die Massen- und Energiebilanz (2):</u>
Unter der Annahme einer adiabaten Mischung von Frischluft und Abgas ($Q_{ab}=0$) und der Verknüpfung des Massenbilanzen $\dot{m}_g = \dot{m}_L + \dot{m}_{AGe}$ im Saugrohr mit dem Energiebilanz im Saugrohr $\dot{m}_g \cdot h_g = \dot{m}_L \cdot h_L + \dot{m}_{AGe} \cdot h_{AGe} - Q_{ab}$ kann folgende Relation aufgestellt werden:

$$\dot{m}_L \cdot h_g + \dot{m}_{AGe} \cdot h_g = \dot{m}_L \cdot h_L + \dot{m}_{AGe} \cdot h_{AGe}$$

$$\Leftrightarrow \quad \dot{m}_L \cdot (h_g - h_L) = \dot{m}_{AGe} \cdot (h_{AGe} - h_g)$$

Nachdem die zwei folgenden Vereinfachungen getroffen werden: die spez. Wärmekapazität bleibt während der Enthalpieänderung konstant und die spezifischen Wärmekapazitäten von Abgas, Frischluft und deren Gemisch sind gleich groß, kann die Formel

$$\dot{m}_L \cdot (T_{2m} - T_L) = \dot{m}_{AGe} \cdot (T_{AGe} - T_{2m})$$

aufgestellt werden. Diese Formel kann wie folgt nach $T_{2m}$ umgestellt werden:

$$T_{2m} = \frac{\dot{m}_g \cdot T_{AGe} + \dot{m}_L \cdot (T_L - T_{AGe})}{\dot{m}_g} \qquad \text{Gl. 2}$$

<u>Bestimmung von $\dot{m}_g$:</u>
Durch Gleichsetzen von $T_{2m}$ berechnet nach Gl. 1 und Gl. 2 erhält man eine quadratische Gleichung, aus der der Gemischmassenstrom $\dot{m}_g$ berechnet werden kann:

$$\left( k \cdot \frac{p_{2m}}{\dot{m}_g} \right)^2 = \frac{\dot{m}_g \cdot T_{AGe} + \dot{m}_L \cdot (T_L - T_{AGe})}{\dot{m}_g}$$

Da die negative Lösung der Gleichung keine plausible Lösung darstellt, wird sie vernachlässigt. Die positive Lösung der quadratischen Gleichung wird wie folgt bestimmt:

$$\dot{m}_g = \frac{1}{2} \cdot \left[ \left( 1 - \frac{T_L}{T_{AGe}} \right) \cdot \dot{m}_L + \sqrt{ \left( \frac{T_L}{T_{AGe}} - 1 \right)^2 \cdot \dot{m}_L^2 + 4 \cdot k^2 \cdot p_{2m}^2 \cdot \frac{1}{T_{AGe}} } \right]$$

Berechnung von $X_{AGe}$:

Definitionsgemäß ergibt sich damit für die Abgasrückführrate:

$$X_{AGe} = 1 - \frac{\dot{m}_L}{\dot{m}_g}$$

Diese Methode ist empfindlich gegenüber der Genauigkeit der Messung des Luftmassenstroms $\dot{m}_L$, der Temperaturen $T_L$ und $T_{AGe}$, sowie der Drücke $p_2$ und $p_{2m}$. Eine experimentelle Überprüfung durch Messungen an einem Versuchsmotor mit $CO_2$-Entnahme im Saugrohr ergab maximale Abweichungen von 1,5 % zwischen berechneter und gemessener Abgasrückführrate, was eine ausreichend hohe Genauigkeit für die Untersuchung im Rahmen dieser Arbeit darstellt.

# Anhang 6:    Luftverhältnissenkung durch Abgasrückführratenerhöhung aus 4.2.1

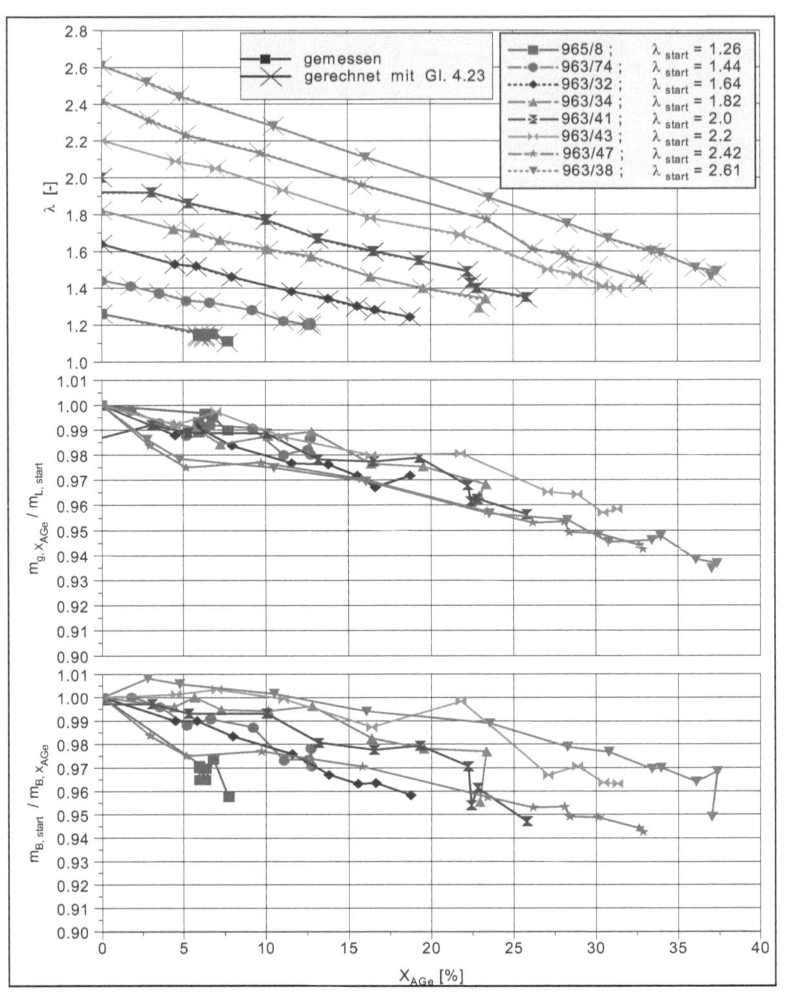



Messwerte der Einspritzmassenerhöhung zur Einhaltung einer konstanten indizierten Last von 8 bar pmi und Messwerte der Ansaugmassensenkung bei Einhaltung konstantem Ladedruck = 1450 mbar, Abgasgegendruck = 1550mbar und Ladelufttemperatur = 30 °C

# Anhang 7: Rußverhalten bei Steigerung des Einspritzdrucks am Aggregat Nr. 1 ausgerüstet mit Basiszylinderkopf und -kolben

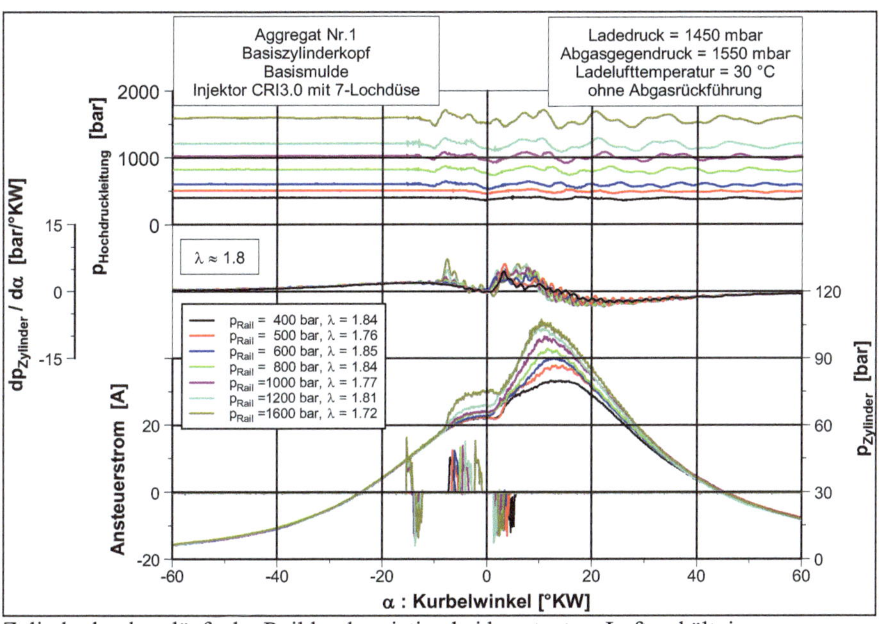



Zylinderdruckverläufe der Raildruckvariation bei konstantem Luftverhältnis

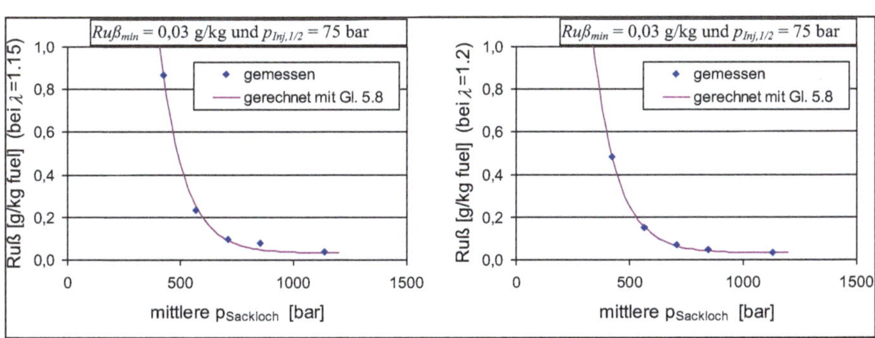



Vergleich zwischen der Mess- und der berechneten Werte von Rußemission

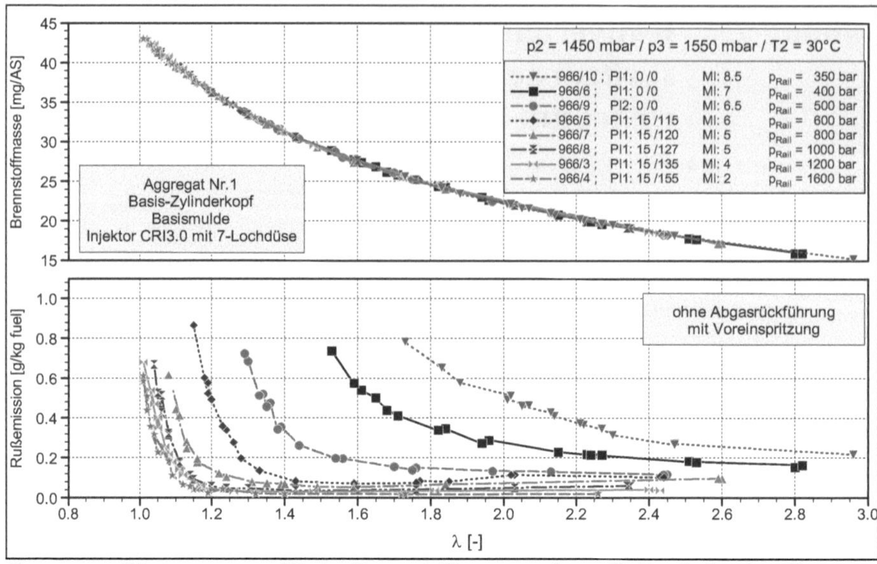



Gemessene Werte von zugeführter Brennstoffmasse und von Rußemission im Abgas aus den Luftverhältnisabsenkungen ohne Voreinspritzung

| $\lambda$ | $p_{Rail}$ | $m_B$ | Formfaktor | mittlere $p_{Inj}$ | $Ru\beta$ |
|---|---|---|---|---|---|
| [-] | [bar] | [mg/Einspritzung] | [-] | [bar] | [g/kg] |
| 1,20 | 600 | 36,6 | 0,768 | 423 | 0,490 |
| 1,20 | 800 | 36,6 | 0,768 | 564 | 0,140 |
| 1,20 | 1000 | 36,6 | 0,768 | 706 | 0,068 |
| 1,20 | 1200 | 36,6 | 0,768 | 847 | 0,045 |
| 1,20 | 1600 | 36,6 | 0,768 | 1129 | 0,030 |
| 1,15 | 600 | 38,0 | 0,773 | 426 | 0,865 |
| 1,15 | 800 | 38,0 | 0,773 | 568 | 0,230 |
| 1,15 | 1000 | 38,0 | 0,773 | 710 | 0,094 |
| 1,15 | 1200 | 38,0 | 0,773 | 852 | 0,075 |
| 1,15 | 1600 | 38,0 | 0,773 | 1136 | 0,036 |

Tabellarische Darstellung der berechneten Werte des mittleren $p_{Inj}$

| $p_{Rail}$ | $m_B$ | Formfaktor | mittlere $p_{Inj}$ | $\lambda$ |
|---|---|---|---|---|
| [bar] | [mg/Einspritzung] | [-] | [bar] | [-] |
| 350 | 23,5 | 0,71 | 228 | 1,87 |
| 400 | 28,0 | 0,73 | 269 | 1,57 |
| 500 | 33,0 | 0,75 | 346 | 1,32 |
| 600 | 37,0 | 0,77 | 424 | 1,18 |
| 800 | 40,5 | 0,78 | 575 | 1,07 |
| 1000 | 42,0 | 0,79 | 723 | 1,04 |
| 1200 | 42,6 | 0,79 | 869 | 1,02 |
| 1600 | 43,0 | 0,79 | 1161 | 1,01 |

Tabellarische Darstellung der berechneten Werte von mittlerer $p_{Inj}$

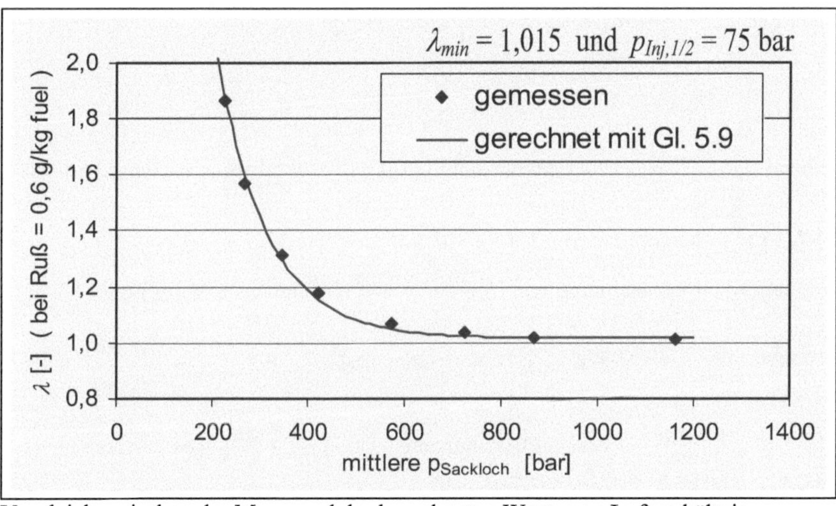


Vergleich zwischen der Mess- und der berechneten Werte von Luftverhältnis

# Anhang 8:  Lösung der polynomialen Modellgleichungen

- Die reelle Lösung der zu Gleichung 5.26 äquivalenten kubischen Gleichung:

$$0 = U(x)^3 \cdot \frac{1}{\tau} \cdot \frac{d_{SL}}{l_{Fl}} \cdot n_{SL} \cdot k \cdot C_W \cdot \pi \cdot \frac{x}{2} \cdot \left( \frac{x}{2} \cdot \tan(\frac{\alpha}{2}) + \frac{d_{SL}}{3} \right)$$

$$+ U(x)^2 \cdot U_{aus} \cdot \frac{1}{\tau} \cdot \frac{d_{SL}}{l_{Fl}} \cdot n_{SL} \cdot k \cdot C_W \cdot \pi \cdot \frac{x}{3} \cdot \left( \frac{x}{2} \cdot \tan(\frac{\alpha}{2}) + \frac{d_{SL}}{2} \right)$$

$$+ U(x) \cdot \left[ 1 + U_{aus}^2 \cdot \frac{1}{\tau} \cdot \frac{d_{SL}}{l_{Fl}} \cdot n_{SL} \cdot k \cdot C_W \cdot \pi \cdot \frac{x}{3} \left( \frac{x}{4} \cdot \tan(\frac{\alpha}{2}) + \frac{d_{SL}}{2} \right) \right]$$

$$- U_{aus}$$

wird anhand der Cardanischen Formeln ermittelt. Hierbei wird die Gleichung wie folgt umgestellt:

$$0 = a \cdot U(x)^3 + b \cdot U(x)^2 + c \cdot U(x) + d$$

um anschließend eine Substitution von *U(x)* durch *u* vorzunehmen: $u = U(x) + \dfrac{b}{3a}$

Dies ergibt die Gleichung:   $0 = u^3 + pu^2 + q$   mit   $p = \dfrac{3ac - b^2}{3a^2}$   und

$q = \dfrac{2b^3}{27a^3} - \dfrac{bc}{3a^2} + \dfrac{d}{a}$   deren Diskriminante $D = 4p^3 + 27q^2$ ist.

Da hier *D>0* ist, gibt es eine reelle und zwei komplexe Lösungen. Für die mittlere Strahlgeschwindigkeit *U(x)* wird in folgender Formel die reelle Lösung *u* herangezogen.

$$U(x) = u - \frac{b}{3a} \quad \text{mit} \quad u = \sqrt[3]{-\frac{q}{2} + \sqrt{\left(\frac{q}{2}\right)^2 + \left(\frac{p}{3}\right)^3}} + \sqrt[3]{-\frac{q}{2} - \sqrt{\left(\frac{q}{2}\right)^2 + \left(\frac{p}{3}\right)^3}}$$

- Die biquadratische Gleichung 5.33 wird auch mittels der Cardanischen Formeln gelöst.

$$0 = A \cdot V^4 + B \cdot V^3 + C \cdot V^2 + D \cdot V + E$$

reduziert sich mit der Substitution $V = u - \dfrac{B}{4A}$ und den Festlegungen:

$$\alpha = -\frac{3B^2}{8A^2} + \frac{C}{A}$$

$$\beta = \frac{B^3}{8A^3} - \frac{BC}{2A^2} + \frac{D}{A}$$

$$\gamma = \frac{-3B^4}{256A^4} + \frac{CB^2}{16A^3} - \frac{BD}{4A^2} + \frac{E}{A}$$

zu $\qquad 0 = u^4 + \alpha u^2 + \beta u + \gamma$ ,

deren Lösung mittels folgenden Substitutionen berechnet wird:

$$P = -\frac{\alpha^2}{12} + \gamma$$

$$Q = -\frac{\alpha^3}{108} + \frac{\alpha\gamma}{3} - \frac{\beta^2}{8}$$

Die vier Lösungen für $u$, zwei reelle und zwei komplexe,

$$R = \sqrt[3]{\frac{Q}{2} + \sqrt{\frac{Q^2}{4} + \frac{P^3}{27}}}$$

$$y = -\frac{5}{6}\alpha - R + \frac{P}{3R}$$

$$W = \sqrt{\alpha + 2y}$$

werden wie folgt berechnet:

$$u_{1,2,3,4} = \frac{s \cdot W + r \cdot \sqrt{-(\alpha + 2y) - 2\left(\alpha + \dfrac{\beta}{s \cdot W}\right)}}{2} \quad \text{mit} \quad r, s \in \{-1;1\} \text{ wählen,}$$

um alle Lösungen zu erhalten. Schließlich werden die zwei reellen Lösungen von $u$ zur

Bestimmung von $V$ in der Gleichung $V = u - \dfrac{B}{4A}$ eingesetzt.

# Anhang 9:  Stoffdaten des einkomponentigen Ersatzkraftstoffs n-Tridekan

| Temperatur | Flüssig | | Dampfförmig | |
| | spezifische Wärmekapazität | Verdampfungsenthalpie | spezifische Enthalpie | Dampfdruck |
| [K] | [J/(kg·K)] | kJ/kg | [kJ/kg] | [bar] |
|---|---|---|---|---|
| 270 | 2153,26 | 362,43 | 324,39 | 0,03 |
| 280 | 2165,89 | 357,40 | 340,42 | 0,03 |
| 290 | 2185,03 | 352,55 | 356,88 | 0,04 |
| 300 | 2210,68 | 347,87 | 373,77 | 0,04 |
| 310 | 2242,86 | 343,33 | 391,09 | 0,05 |
| 320 | 2281,54 | 338,92 | 408,82 | 0,06 |
| 330 | 2325,01 | 334,62 | 426,97 | 0,07 |
| 340 | 2368,58 | 330,39 | 445,53 | 0,08 |
| 350 | 2412,15 | 326,22 | 464,51 | 0,10 |
| 360 | 2455,73 | 322,08 | 483,88 | 0,11 |
| 370 | 2499,30 | 317,96 | 503,66 | 0,13 |
| 380 | 2542,87 | 313,82 | 523,84 | 0,16 |
| 390 | 2586,45 | 309,66 | 544,41 | 0,19 |
| 400 | 2630,02 | 305,44 | 565,36 | 0,22 |
| 410 | 2673,59 | 301,15 | 586,71 | 0,26 |
| 420 | 2717,17 | 296,76 | 608,43 | 0,30 |
| 430 | 2760,74 | 292,25 | 630,53 | 0,36 |
| 440 | 2804,32 | 287,60 | 653,01 | 0,42 |
| 450 | 2847,89 | 282,78 | 675,86 | 0,49 |
| 460 | 2891,46 | 277,78 | 699,07 | 0,58 |
| 470 | 2935,04 | 272,56 | 722,65 | 0,68 |
| 480 | 2978,61 | 267,12 | 746,58 | 0,80 |
| 490 | 3022,18 | 261,42 | 770,87 | 0,94 |
| 500 | 3065,76 | 255,45 | 795,50 | 1,10 |
| 510 | 3109,33 | 249,18 | 820,49 | 1,30 |
| 520 | 3152,91 | 242,59 | 845,81 | 1,53 |
| 530 | 3196,48 | 235,66 | 871,48 | 1,79 |
| 540 | 3240,05 | 228,36 | 897,48 | 2,11 |
| 550 | 3283,63 | 220,68 | 923,81 | 2,48 |
| 560 | 3327,20 | 212,59 | 950,47 | 2,92 |
| 570 | 3370,77 | 204,07 | 977,45 | 3,43 |
| 580 | 3414,35 | 195,09 | 1004,75 | 4,03 |
| 590 | 3457,92 | 185,65 | 1032,37 | 4,74 |
| 600 | 3501,50 | 175,70 | 1060,29 | 5,57 |
| 610 | 3545,07 | 165,23 | 1088,53 | 6,55 |
| 620 | 3588,64 | 154,23 | 1117,07 | 7,71 |
| 630 | 3632,22 | 142,65 | 1145,90 | 9,06 |
| 640 | 3675,79 | 130,50 | 1175,04 | 10,65 |
| 650 | 3719,36 | 117,73 | 1204,46 | 12,53 |
| 660 | 3762,94 | 104,34 | 1234,18 | 14,73 |

Ersatzkraftstoff n-Tridekan:

| | | | |
|---|---|---|---|
| Molmasse | $M_D =$ | 184,365 | [kg/kmol] |
| Spezifische Gaskonstante | $R_D =$ | 45,09695 | [J/(kg·K)] |
| Van der Waals – Realgaskoeffizienten: | | | |
| Kohäsionsdruck | $a_D =$ | 227,486 | [kg·m$^5$/kmol$^2$/s$^2$] |
| Kovolumen | $b_D =$ | 0,00221165 | [m$^3$/kg] |

# Anhang 10: Stoffdaten der Luft

| Temperatur [K] | spez. Enthalpie [kJ/kg] |
|---|---|
| 0 | 0,00 |
| 300 | 301,48 |
| 400 | 402,45 |
| 500 | 504,90 |
| 600 | 609,39 |
| 700 | 716,16 |
| 800 | 825,24 |
| 900 | 936,64 |
| 1000 | 1050,14 |
| 1100 | 1165,57 |
| 1200 | 1282,70 |
| 1300 | 1401,38 |
| 1400 | 1521,37 |
| 1500 | 1642,54 |

Molmasse $\quad M_a = 28{,}964$ [kg/kmol]
spez. Gaskonstante $\quad R_a = 287{,}056$ [J/(kg·K)]

Van der Waals – Realgaskoeffizienten:
Kohäsionsdruck $\quad a_a = 161{,}592$
$$[kg·m^5/kmol^2/s^2]$$
Kovolumen $\quad b_a = 0{,}001259294$
$$[m^3/kg]$$

# Anhang 11: Stoffdaten von Verbrennungsgasen

Standardwerte der Enthalpie und freien Enthalpie der Stoffe $O_2$, $N_2$, $CO$, $CO_2$, $H_2$, $H_2O$, $NO$, $NO_2$, $O$, $H$, $OH$ und $N$ können dem Anhang „Tabelle A.10" der zweiten überarbeiteten Auflage des Werkes „Thermodynamik der Verbrennungskraftmaschine, Der Fahrzeugantrieb" entnommen werden, das in 2002 von den Autoren Rudolf Pischinger, Manfred Klell und Theodor Sams herausgegeben wurde. Die Tabellen für die aufgeführten Stoffe beziehen sich auf den Standardzustand von Gasen und wurden aus JANAF Thermochemical Tables berechnet.

Für den Dieselkraftstoff ist bei den Berechnungen ein unterer Heizwert von 40 MJ/kg verwendet worden.

# 10 Literaturverzeichnis

[1] Heywood, J. B.,
„Internal Combustion Engine Fundamentals",
McGraw-Hill Series in Mechanical Engineering, 1988

[2] Pischinger, F., Lepperhoff, G., Houben, M.,
„Soot Formation and Oxidation in Diesel Engines",
Band 59, Springer Series in Chemical Physics, Springer Verlag, 1994

[3] Hansen, J.,
„Untersuchung der Verbrennung und Rußbildung in einem Wirbelkammer-Dieselmotor mit Hilfe eines schnellen Gasentnahmeventils"
Dissertation, RWTH Aachen, 1989

[4] Egermann, J., Leipertz, A.,
„Lokales Luft-Kraftstoff-Verhältnis während des Verdampfungsprozesses eines Einspritzstrahls unter dieselmotorischen Bedingungen",
MTZ 62 10/2001

[5] Bockhorn, H.,
„Soot Formation in Combustion: Mechanisms and Models",
Band 59, Springer Series in Chemical Physikal, 1994

[6] Pungs, A.,
„Untersuchungen zur Rußoxidation im Dieselmotor",
FVV-Vorhaben Nr. 526 + 607, Abschlußbericht, Heft 637, 1997

[7] Bockhorn, H., Peters, N., Mayr, B., Häntsche, J.,
„Kinetik der Rußentstehung und –oxidation in DI-Dieselmotoren bei Abgasrückführung",
FVV-Vorhaben Nr. 644, Zwischenbericht, Heft R495, 1997

[8] Nagle, J., Strickland-Constable, F.,
„Oxidation of carbon between 1000-2000°C",
Proceeding of the fifth conference on carbon, pp. 154-164, Perg. Press, London 1962

[9] Hopp, M., Pungs, A.,
„Russoxidationsmodell",
Fortschrittsbericht FVV, Nr.659, 1999

[10] Friße, H.-P.A.,
„Sauerstoffanreicherung in Kombination mit Abgasrückführung als Konzept zur Verminderung der Schadstoffemission des Dieselmotors",
Dissertation RWTH Aachen, 1993

[11] Mattes, P., Remmels, W., Sudmanns, H.,
"Untersuchung zur Abgasrückführung am Hochleistungsdieselmotor",
MTZ Motortechnische Zeitschrift 60, 1999

[12] Zeldovich, Y.B.,
„The Oxidation of Nitrogen in Combustion and Explosions",
Acta Physicochimica USSR Vol.21, 1946

[13] Pischinger, R., Klell, M., Sams, T.,
„Thermodynamik der Verbrennungskraftmaschine",
Springer Verlag, Zweite überarbeitete Auflage, der Fahrzeugantrieb, 2002

[14] Jungemann, M.,
„1D-Modellierung und Simulation des Durchflussverhaltens von Hydraulik-komponenten bei sehr hohen Drücken unter Beachtung der thermodynamischen Zu-standsgrößen von Mineralöl",
Fortschr.-Ber. VDI Reihe 7 Nr. 473, Düsseldorf VDI-Verlag 2005

[15] JANAF Thermochemical Tables, 2d ed.,
NSRDS-NB537, U.S. National Bureau of Standards, June 1971

[16] Boecking, F., Dohle, U., Hammer, J., Kampmann, S.,
„Pkw-Common-Rail-Systeme für künftige Emissionsanforderungen",
MTZ Motortechnische Zeitschrift, 7-8 / 2005

[17] Pauer, T.,
„Laseroptische Kammeruntersuchungen zur dieselmotorischen Hochdruckeinsprit-zung, Wirkkettenanalyse der Gemischbildung und Entflammung",
Dissertation Universität Stuttgart, 2001

[18] Hiroyasu, H., Kadota, T.,
„Development and Use of a Spray Combustion Modelling to Predict Diesel Engine Efficiency and Pollutant Emissions",
JSME, Vol. 26, No. 214, 1983

[19] Stiesch, G., Eiglmeier, C., Merker, G.P., Wirbeleit, F.,
„Möglichkeiten und Anwendung der phänomenologischen Modellbildung im Die-selmotor",
MTZ 60, 1994

[20] Kozúch, P.,
„Optische Thermodynamik",
FVV-Vorhaben Nr.769, Abschlussbericht Heft 772, 2003

[21] Appel, J.,
„Numerische Simulation der Rußbildung bei der Verbrennung von Kohlenwasser-stoffe",
Dissertation, Fortschrittsbericht VDI, Nr.423, 2000

[22] Wittig, S., Müller, A., Lester, T.W.,
„Time-Resolved Soot Particle Growth in Shock Induced High Pressure Methane Combustion",
Seventeenth Symposium (International) on Shock Tubes and Shock Waves, 1989

[23] Vanhaelst, R.,
"Optische und thermodynamische Methoden zur Untersuchung der teilhomogenen Dieselverbrennung",
Dissertation Otto-von-Guericke-Universität Magdeburg, 2003

[24] FVV-Vorhaben,
„Rußkinetik, Kinetik der Rußentstehung und -oxidation in DI-Dieselmotoren bei Abgasrückführung",
Vorhaben Nr. 644, 1999

[25] Dec, J.E.,
"A conceptual model of direct injection diesel combustion based on laser-sheet imaging",
Sandia National Lab. in Livermore USA, SAE-Paper 970873, 1997

[26] Abgasgesetzgebung der Europäischen Union
PKW und leichte Nutzfahrzeuge (70/220/EWG)

[27] Schubiger, R.A., Boulouchos, K., Eberle, M.K.,
„Rußbildung und Oxidation bei der dieselmotorischen Verbrennung"
MTZ 63/5, 2002

[28] Warth, M.,
„Vorausberechnung von NO-und Rußemissionen beim Dieselmotor"
Der Arbeitsprozess des Verbrennungsmotors, 9. Tagung, 2003

[29] Hentschel, W., Richter, J.-U.,
"Time-Resolved Analysis of Soot Formation and Oxidation in a Direct-Injection Diesel Engine for Different EGR-Rates by an Extinction Method"
SAE 952517, 1995

[30] Merker, G.P., Stiesch, G.,
„Technische Verbrennung, Motorische Verbrennung"
Teubner, 1999

[31 Christian, R., Knopf, F., Jaschek, A., Schindler, W.,
„Eine neue Meßmethodik der Bosch-Zahl mit erhöhter Empfindlichkeit"
MTZ 54/1, 1993

[32] Stiesch, G.,
„Phänomenologisches Multizonen-Modell der Verbrennung und Schadstoffbildung im Dieselmotor",
Dissertation, VDI Fortchrittsberichte Reihe 12, Nr. 399, VDI-Verlag, 1999

[33] Robert Bosch GmbH,
„Kraftfahr Technisches Handbuch",
VDI Verlag, 22. Auflage

[34] Renner, G., Maly, R.R.,
„Moderne Verbrennungsdiagnostik für die dieselmotorische Verbrennung",
Dieselmotorentechnik, Band 533, Malmsheim 1998

[35] Uhl, M.,
„Simultane laseroptische Detektion der flüssigen und dampfförmigen Phase bei der Diesel Direkteinspritzung",
Dissertation, Universität Stuttgart, 2004

[36] Fettes, C.,
„Untersuchungen zur Common-Rail-Einspritzung für PKW-Dieselmotoren mittels kombinativer Applikation optischer Meßmethoden",
Dissertation, Universität Erlangen, 2002

[37] Hay, N., Jones, J. L.,
„Comparison of the Various Correlations for Spray Penetration",
SAE Paper 720776, 1972

[38] Badock, C.,
„Untersuchungen zum Einfluss der Kavitation auf den primären Strahlzerfall bei der dieselmotorischen Einspritzung",
Dissertation, TU Darmstadt, 1999

[39] Reitz, R.D., Bracco, F.V.,
„Mechanism of Breakup of Round Liquid Jets",
Encyclopedia of Fluid Mechanics, 3, p233-249, 1986

[40] Pilch, M., Erdmann, C.A.,
„Use of Breakup Tme Data and Velocity History Data to Predict the Maximum Size of Stable Fragments for Accekeration-Induced Breakup of a Liquid Drop",
Int. J. of Multiphase Flow, 13, 6, p. 741-757, 1987

[41] Mattes, P.,
„Untersuchung der Spray-/Wand Wechselwirkung am Beispiel der dieselmotorischen Gemischbildung",
Dissertation, Universität Stuttgart,1998

[42] Hohmann, S., Klingsporn, M., Renz, U.,
„An improved model to describe spray evaporation under Diesel-like conditions"
SAE 960630, 1996

[43] Arai, M., Tabata, M., Hiroyasu, H., Shimizu, M.,
„Disintegrating Process and Spray Characterisation of Fuel Jet Injected by a Diesel Nozzle",
SAE Paper 840275, 1984

[44] Naber, J.D., Siebers, L.,
„Effect of gas density and vaporization on penetration and dispersion of diesel sprays",
SAE 960034,1996

[45] Espey, C., Dec, J.E.,
„The effect of TDC temperature and density on the liquid-phase fuel penetration in a D.I. Diesel Engine",
Transactions of the SAE, Vol.104, Sect.4, pp1400-1414, 1995

[46] Browne, K.R., Partridge, I.M., Greeves, G.,
„Fuel property effects on fuel/air mixing in an experimental diesel engine"
SAE paper 860223, 1986

[47] Siebers, L.,
„Scaling liquid-phase fuel penetration in diesel sprays based on mixing-limited vaporization",
SAE Paper 1999-01-0528, 1999

[48] Merker, G., Schwarz, C., Gunnar, S., Otto, F.,
„Simulation der Verbrennung und Schadstoffbildung",
Teubner Verlag, Wiesbaden 2004

[49] Lefebvre, A.,
„Atomization and Sprays",
Hemisphere Publishing Company, New York, 1989

[50] Chan, J.U.,
„Methodenentwicklung zur Bestimmung des Gas-Entrainments bei dieselmotorischer Einspritzung",
Diplomarbeit Hochschule Esslingen, 2006

[51] Sasaki, S., Akagawa, H., Tsujimura, K.,
„A study on surrounding air flow induced by diesel sprays",
SAE paper 980805, 1998

[52] Kamimoto, T., Akiyoshi, M., Kosaka H.,
"A numerical Simulation of Ignition Delay in Diesel Engines",
SAE Paper 980501, 1998

[53] C. F. Powell, Y. Yue, R. Poola, J. Wang, M. C. Lai, J. Schaller,
"X-ray Measurements of High-Pressure Diesel Sprays",
SAE Paper 2001-01-0531, 2001

[54] Maly, R.R., Mayer, G.W., Reck, B., Schaudt, R.A.,
"Optical Diagnostic for Diesel-Sprays with μs-Time Resolution",
SAE Paper 910727, 1991

[55] Hiroyasu, H., Arai, M., Tabata, M.,
"Empirical equations for the Sauter Mean Diameter of a diesel spray",
SAE Paper 890464, 1989

[56] Schmalzing, C.-O.,
"Theoretische und experimentelle Untersuchung zum Strahlausbreitungs- und Verdampfungsverhalten aktueller Diesel-Einspritzsysteme",
Dissertation Universität Stuttgart, 2001

[57] Bai, C., Gosman, A.D.,
„Development of methodology for spray impingement simulation",
SAE Paper 950283, 1995

[58] Naber, J.D., Reitz, R.D.,
„Modelling engine spray/wall impingement",
SAE Paper 880107, 1988

[59] Eisen, S.-M.,
"Visualisierung der dieselmotorischen Verbrennung in einer schnellen Kompressionsmaschine",
Dissertation TU München, 2003

[60] Pischinger, S., Duvinage, F., Weber, S.,
„Der 4-Zylinder DE-Dieselmotor mit 1 Liter Hubvolumen – Vision oder Realität",
Wiener Motorensymposium, 1996

[61] Hertlein, D.,
„Untersuchung von Mehrlochdüsen an der Hochtemperatur-/ Hochdruckbrennkammer bei Variation der Gasdichte",
Interner Vortrag der Robert Bosch GmbH, Abteilung CR/AEE3-Schillerhöhe, 2006

[62] Espey, C., Dec, J., Litzinger, T., Santavicca, D.,
"Quantitative 2-D Fuel Vapor Concentration Imaging in a Firing D.I. Diesel Engine Using Planar Laser-Induced Rayleigh Scattering",
Transactions of the SAE, Vol. 103, Sect. 4, pp.1145-1160, 1994

[63] Schlichting, H., Gersten, K.,
„Grenzschicht-Theorie",
9. Auflage Springer Verlag, pp.10, 1997

[64] Dörrie, H.,
„Kubische und biquadratische Gleichungen",
München, 1948

[65] Tamim, J., Hallett, L. H.,
"A continuous thermodynamics model for multicomponent droplet vaporization",
Chem. Eng. Science, Vol. 50, Nr. 18, pp. 2933-2942, 1995

[66] Daubert, T. E., Danner, R. P.,
„Physical and Thermodynamic Properties of Pure Chemicals",
Hemisphere Publishing, 1997

[67] Hermann, H., O.,
„Grundsatzuntersuchungen an einem 4-Ventil direkteinspritzenden PKW-Dieselmotor",
Dissertation RWTH Aachen, 1995

[68] Nolz, D.,
„Potenzialabschätzung eines Niederdrallbrennverfahrens am PKW-DI-Dieselmotors mit Common-Rail-Einspritzsystem",
Diplomarbeit Universität Karlsruhe, 2006

[69] Frank, W.,
„Beschreibung von Einlasskanaldrallströmungen für 4-Takt-Hubkolbenmotoren auf Grundlage stationärer Durchströmversuche",
Dissertation RWTH Aachen, 1985

[70] Kopp, C.,
„Variable Ventilsteuerung für Pkw-Dieselmotoren mit Direkteinspritzung",
Dissertation Otto-von-Guericke-Universität Magdeburg, 2006

[71] Kunte, S.,
„Untersuchungen zum Einfluss von Brennstoffstruktur und –sauerstoffgehalt auf die Rußbildung und –oxidation in laminaren Diffusionsflammen",
Dissertation LAV/ETH-Zürich, 2003

[72] Bargende, M.,
„Berechnung und Analyse innermotorischer Vorgänge",
Vorlesungsskript p.144, IVK Universität Stuttgart, 2004

[73] „AMESim 4.0 Documentation"
Imagine S.A.

[74] Breitbach, H., Schommers, J.,
„Brennverfahren und Abgasnachbehandlung im Mercedes-Benz-BLUETEC-Konzept",
7. Internationales Stuttgarter Symposium, Stuttgart 2007

[75] Baritaud, T.A., Heinze, T.A., Le Coz, J.F.,
„Spray and Self-Ignition Visualization in a DI Diesel Engine"
SAE-Paper 940681, 1994

[76] Thiemann, W.,
„Messungen und Rechnungen zur Bestimmung der Abhängigkeit des Verbrennungsablaufs vom Einspritzvorgang im schnellaufenden Dieselmotor mit direkter Kraftstoffeinspritzung",
Dissertation Hochschule der Bundeswehr Hamburg, 1988

[77] Staudt, M.,
„Strömungsuntersuchungen am Audi V6 2,5 TDI Zylinderkopf mit der Laser-Doppler-Anemometrie (LDA)",
Interner Vortrag der Robert Bosch GmbH, CR/AEE2-Schwieberdingen, 2007

[78] Reichelt, L.,
„Hydrauliksimulation mittels AMESim des Sacklochdruckverlaufes des verwendeten CRI3.0-Injektors"
Persönliche Mitteilung, Robert Bosch GmbH, DS/ETI2-Stuttgart-Feuerbach, 2006

[79] Koch, R.,
„Hydrauliksimulation mittels AMESim des Sacklochdruckverlaufes des verwendeten HADI-Injektors"
Persönliche Mitteilung, Robert Bosch GmbH, DS/ETI1-Stuttgart-Feuerbach, 2006

[80] Brown R.L., Stein S.E.,
„Boiling Point Data in NIST Chemistry Book, Standard Reference Database n° 69"
National Institute of Standards and Technology, Gaithersburg MD, 2005

WWW.VIEWEGTEUBNER

# Vieweg+Teubner Research

## Wir veröffentlichen Ihre wissenschaftliche Arbeit

Mit unserem Programm Vieweg+Teubner Research möchten wir der Fachwelt herausragende wissenschaftliche Arbeiten aus Technik und Naturwissenschaft präsentieren. Wir veröffentlichen Dissertationen, Habilitationen, Tagungs- und Sammelbände sowie dazu passende Schriftenreihen.

**Wir bieten Ihnen:**

- Ein ausgesuchtes Umfeld in einem namhaften Verlag der Verlagsgruppe Springer Science+Business Media
- Veröffentlichung von Monografien und kumulativ generierten Qualifikationsschriften als hochwertiges Buch
- Zusätzlich die Recherchier- und Zitierbarkeit online via SpringerLink
- Attraktive Autorenkonditionen (KEIN Zuschuss; günstige Bezugsmöglichkeiten für Autorenexemplare)
- Individuelle Betreuung durch das Lektorat des Vieweg+Teubner Verlags

**Möchten Sie Autor bei Vieweg+Teubner werden? Kontaktieren Sie uns!**

Ute Wrasmann | ute.wrasmann@viewegteubner.de | Tel.: +49(0)611.7878-239

TECHNIK BEWEGT.

MIX
Papier aus verantwortungsvollen Quellen
Paper from responsible sources
FSC® C105338

If you have any concerns about our products,
you can contact us on
ProductSafety@springernature.com

In case Publisher is established outside the EU,
the EU authorized representative is:
Springer Nature Customer Service Center GmbH
Europaplatz 3, 69115 Heidelberg, Germany

Printed by Libri Plureos GmbH
in Hamburg, Germany